Fritz R. Glunk:

Der gemittelte Deutsche

Eine statistische Spurensuche

Mit Tabellen und zahlreichen Graphiken

Deutscher
Taschenbuch
Verlag

dtv

Von Fritz R. Glunk
ist im Deutschen Taschenbuch Verlag erschienen:
Schreib-Art (30434)

Originalausgabe
November 1996

Umschlaggestaltung: Klaus Meyer unter Verwendung einer Illustration
von Michael Keller
Gesamtherstellung: C. H. Beck'sche Buchdruckerei, Nördlingen
Printed in Germany · ISBN 3-423-30567-3

Die Deutschen, einst Europas rätselhafte Wesen, sind durch die Fortschritte der Meinungsumfragen heute recht gründlich erforscht. Sie essen gut (nur 6 Prozent leiden unter Appetitlosigkeit), sie trinken gern (mit 11,5 Litern reinem Alkohol pro Person und Jahr halten sie den Weltrekord), sie fahren gern mit dem Auto zum Einkaufen (obwohl sie da nur mit 25,7 Stundenkilometern vorankommen), sie arbeiten weniger als andere und gönnen sich dennoch die teuersten Auslandsurlaube; sie sind ungeheuer sparsam (ihr Notgroschen: 4 Billionen Mark) und haben nachweisbar Ideale: Sie sind pflichtbewußt, zuwendungsbedürftig, wahrheitsliebend und sauberkeitsbewußt. Und sie sind bescheiden – nicht in allen Lebenslagen halten sie sich für die Größten. Ihre Nachbarn geben ihnen gute Leistungsnoten, nicht ganz so gute fürs Betragen. – Mit einer Fülle statistischen Materials aus den Archiven des renommierten Marktforschungs-Instituts »Infratest Burke« beantwortet das Buch detaillierteste Fragen. Etwa: Welches Bundesland hat die sichersten Gefängnisse, die höchste Recycling-Quote, die meisten Handfeuerwaffen? Welche Stadt die wenigsten Mörder, Schwarzfahrer und Kinogänger. Durch die oft verblüffenden Statistiken werden tiefe Unterschiede zwischen alten und neuen Bundesländern deutlich. Ungleiche historische Erfahrungen und Erinnerungen wachsen nicht rasch zusammen, und so gehen Wünsche und Selbstgefühle erkennbar eigene Wege.

Fritz R. Glunk, geboren 1936, war nach dem Studium der Geschichte und der Germanistik von 1966 bis 1981 in der deutschen Auslandskulturpolitik tätig. Er lebt heute als freier Schriftsteller in München. Zahlreiche Publikationen, darunter 1994 die Stilkunde ›Schreib-Art‹.

Inhalt

Vorbemerkung

Wir danken dem renommierten Forschungsunternehmen Infratest Burke AG, München, für seine große Unterstützung.

Die Infratest Burke AG hält Rang sieben unter den zehn größten Forschungsgruppen der Welt. Infratest arbeitet seit 50 Jahren für private und öffentliche Auftraggeber: für 700 der europäischen Top-1000-Unternehmen, für zahlreiche Ministerien, Behörden und Stiftungen.

In mehr als 30 Infratest-Gesellschaften in elf Ländern Europas, in Fernost und in den USA arbeiten 750 Mitarbeiter – davon mehr als 320 Projektmanager, Forscher und Berater. 5000 Interviewer führen pro Jahr für 1350 Kunden in 2600 Projekten rund 1,8 Millionen Interviews durch.

Infratest Burke liefert das Wissen für Entscheidungen in vielen Arbeitsfeldern aus Wirtschaft und Gesellschaft: für Automobilhersteller und Finanzdienstleister, für öffentliche und private Akteure im Gesundheitswesen, für Anbieter von Informations- und Kommunikationstechnologien, für die Investitionsgüter- und Konsumgüterindustrie, für die Medien, für Verkehrsträger und die Tourismusbranche, für die Sozialpolitik.

›Der gemittelte Deutsche‹ ist ein Bild, das sich aus Informationen aus Hunderten von Infratest-Studien der letzten fünf Jahre zusammensetzt: Untersuchungen, die Infratest-Forscher entweder im eigenen Auftrag als Grundlagenforschung durchgeführt haben oder die im Auftrag von Bundes- und Länderministerien, hochschulnahen Einrichtungen oder Organen der Europäischen Union entstanden sind. Darüber hinaus haben eine ganze Reihe führender Unternehmen aus verschiedenen Wirtschaftsbereichen einzelne Daten aus vertraulichen Infratest-Gutachten für die Veröffentlichung in diesem Buch freigegeben.

Neben diesen Primärdaten hat der Autor intensiv die Infratest-Datenbank FAKT genutzt, die zahlreiche nationale und internationale Branchendaten enthält. Deshalb ein besonderer Dank an die

Spezialisten des Informations- und Dokumentationszentrums von Infratest, die dem Autor bei der Informationsbeschaffung professionell (und sehr liebenswürdig) zur Seite standen.

Autor und Verlag

Gebrauchsanweisung

Wenn man etwas zählt und das Ergebnis hat, ist immer irgendeine Frage beantwortet. Zahlen haben etwas Beruhigendes. Sie sind von starker Aussagekraft, eine Art Versicherung und endgültige Botschaft.

So stellt ein aktuelles Jahrbuch 1993 fest: Die Bundesrepublik hat eine Fläche von 356 910 Quadratkilometern. Dasselbe aktuelle Jahrbuch 1994: Die Fläche beträgt 357 010 Quadratkilometer. Und wieder ein Jahr später: 356 733 Quadratkilometer. Anscheinend, obschon weitgehend unbemerkt, hat Deutschland in diesen Jahren erst 100 Quadratkilometer erobert und seinem Staatsgebiet zugeschlagen, dann aber auch 377 verloren.

Als kürzlich eine süddeutsche Zeitung die Einwohnerzahl der Bundesrepublik vermeintlich falsch wiedergab, verbesserte sie prompt ein aufmerksamer Leser. »Zahlen sind Glückssache«, schrieb er, und Deutschland habe 1992 ganz genau »80 980 343 Millionen Einwohner«. Abgesehen davon, daß so penible Exaktheit stutzig machen müßte, würde es damit schon etwas eng im Land. Denn die hingeschriebene Zahl bedeutet 81 Billionen Menschen, das wäre 13mal die gesamte Erdbevölkerung.

Es ist das Privileg der Jugend, ihre Meinung über Nacht zu ändern. Das läßt sich auch an zwei fast zeitgleichen Befragungen zum Traumberuf ablesen. Der einen zufolge wollen die Jugendlichen vor allem Künstler oder Künstlerin werden; nach der anderen streben nur noch die Mädchen zur Ästhetik, die Jungen aber haben plötzlich Prosaischeres im Sinn, Handwerker und Sportler. So schnell kann es gehen.

Statistiker, sagte ein deutscher Professor, ist der einzige Beruf, in dem man mit einer Wahrscheinlichkeit von fünf Prozent dauernd Fehler machen darf.

Trotzdem: Auffälligkeiten

Manchmal kommt sogar beim einfachen Nachzählen etwas Ordentliches heraus. Zum Beispiel, daß die drei deutschen Reiche immer schneller zusammenbrachen, wohingegen die dritte Republik die bisher langlebigste der Geschichte ist. Das könnte zumindest nachdenklich machen.

Oder dies: Was steckt eigentlich dahinter, daß vielen Deutschen die Engländer sympathisch sind, diese die Sympathie aber bei weitem nicht so heiß erwidern? Und wieso verläuft zwischen Rußland und Deutschland das Sympathiegefälle genau andersherum?

Es bedeutet etwas, daß vollzeitbeschäftigte Frauen sich vielfach andere, kürzere Arbeitszeiten wünschen, während die phantasieloseren Männer auf der 35-Stunden-Woche beharren.

Auch manche Alltagsweisheit kann nach der zahlenmäßigen Überprüfung nur kleinlaut abtreten. Es ist zwar richtig, daß die Singles in Deutschland zunehmen. Aber das sind nicht alles aufstiegsorientierte Jung-Deutsche, sondern vor allem ältere Damen. Und das angeblich »verflixte siebte Jahr« ist eine glatte Erfindung. Die kritische Stolperschwelle, wenn es denn eine gibt, liegt ganz woanders.

Einiges klingt statistisch eher kurios. So etwa, wenn sich Bayern als das autodiebstahlsicherste Bundesland herausstellt oder Hannover als Stadt mit der höchsten Mordgefahr. Daß geprügelte Männer nicht so oft aus der Wohnung ausziehen wie Frauen im gleichen Fall. Oder daß der Hautausschlag Akne die partnersuchende Frau stärker stört als diejenige, die schon einen hat.

Andere, verblüffendere Einsichten kommen erst mit einer entwickelten Erhebungstechnik zum Vorschein. Dafür zwei Beispiele:

Ganz allgemein nach ihrem täglichen Fernsehkonsum gefragt, antworten die Deutschen mit einer bestimmten Stundenzahl. Erfragt man nun weiter die Fernsehzeit an einem bestimmten Stichtag, so liegen die Angaben durchwegs höher. Symmetrisch dazu die Auskünfte zum Bücherlesen: Man liest angeblich und generell ziemlich oft ein Buch, aber halt just am Stichtag war es leider nicht so. Da liegt der Anfangsverdacht nahe, die Deutschen genierten sich doch ein wenig, so viel fernzusehen und so wenig zu lesen.

Und: Bei Umweltproblemen herrscht eine stillschweigende Augen-zu-Mentalität. Der Zustand der ferneren Umwelt, sozusagen die Umwelt der anderen, wird oft erheblich negativer bewertet als die eigene nahe Umgebung. Das wird besonders deutlich bei den Wasser- und Luftqualitäten. Bei der letzteren sind sogar viele überzeugt, daß die Luft im Haus noch gesünder ist als die im Garten. Schlecht geht es also immer nur den anderen.

Was wächst hier zusammen?

Es stimmt schon: Je genauer man hinschaut, um so größer werden die Unterschiede. Vieles, was zwischen Ost- und Westdeutschland als ungleich gesehen wird, mag also allein durch die Fragestellung bestimmt sein. Wenn man jede westdeutsche Statistik nach Nord und Süd unterteilte, käme wahrscheinlich auch nicht immer dasselbe heraus. Der Skeptiker zieht hier den Schluß, man müsse nur geschickt fragen, um das gewünschte Ergebnis zu erhalten.

Und doch bestehen viele tatsächliche Diskrepanzen zwischen den alten und den neuen Ländern der Bundesrepublik, so daß an vielen Stellen nur eine separate Betrachtung sinnvoll ist.

Einige – materielle – Unterschiede wird die Zeit beheben. Aber noch jahrelang sind oft zwei verschiedene Instrumentarien nötig. Das sprechendste Beispiel dafür ist die sogenannte »Armutsgrenze«: Legte man das westliche Armutsniveau an den Osten an, so wären die neuen Bundesbürger in unverhältnismäßig großer Zahl notleidend. Der gleiche Maßstab ergäbe ein falsches Bild. Manchmal muß man wirklich näher hingehen, um genauer zu sehen.

Schließlich macht eine noch feinere Untersuchung deutlich, wie in den Ländern der früheren DDR eine neue Mentalität, vielleicht das Selbstgefühl einer eigenen Regionalkultur entsteht. Ziemlich deutlich finden die Ostdeutschen im vertrauten kleineren Raum eher ein inneres Zuhause als in der größeren Bundesrepublik. Und das mag durchaus als bleibender Unterschied heranwachsen.

Technische Hinweise

Manches ist ja von allein klar. Cricket-Unfälle zum Beispiel sind in diesem Land ausgesprochen rar. Das heißt aber nicht, daß Cricket eine überaus sichere Sportart wäre. Es gibt eben fast keine Cricket-Spieler hier.

Bei allen Prozentangaben lohnt sich immer ein prüfender Blick auf die Basis-Menge, auf die sich die Prozentzahl bezieht. Es ist nicht dasselbe, ob neun Prozent der deutschen Jugendlichen im Urlaub nach Frankreich fahren oder neun Prozent der deutschen Frankreich-Urlauber 14 bis 19 Jahre alt sind.

Zur Nomenklatur: Die Begriffe Osten, Ostdeutschland, neue Bundesländer bedeuten hier dasselbe, und zwar das Gebiet der früheren DDR einschließlich Ost-Berlin (wenn nichts anderes gesagt ist).

Der Lesbarkeit zuliebe wurde auf verkrampft geschlechtsneutrale Bezeichnungen verzichtet. Man findet im Text also keine »Mitglieder und Mitgliederinnen«, »und -innen«, »-er/innen«, »-erInnen« oder ähnliches. Deshalb die Bitte, bei Begriffen wie »Autofahrer« und »Student« jeweils eine Autofahrerin und eine Studentin mitzuverstehen.

Im übrigen gilt für alle folgenden Statistiken die alte Lebensweisheit, daß man auch in einem See, der durchschnittlich nur einen halben Meter tief ist, ertrinken kann.

Die Berliner Republik

Drei Reiche und zwei Republiken haben die Deutschen verbraucht, bis sie zu dem Staat kamen, in dem sie heute leben.

Aber nur dem oberflächlichen Blick, ohne den Vergleich mit Nachbarnationen, bedeutet dieser aufhaltsame Weg einen Mangel an Stetigkeit, wie Fremde ihn diesem Land seit 200 Jahren zuweilen vorhalten. Genau besehen ist etwa Italien eine ebenso »verspätete Nation«, da sie erst im 19. Jahrhundert staatlich vereint wurde. Und Frankreich begründete nach jeder Revolution eine neue Monarchie und findet heute nichts dabei, seine – offiziell so gezählte – Fünfte Republik zu haben.

Das erste Reich der Deutschen dauerte immerhin, so seltsam es klingt, gut tausend Jahre, das zweite nur noch 42, und das selbsternannte »Dritte Reich« war schon nach 12 Jahren an seinem blutigen Ende.

Den deutschen Republiken war dagegen eine eher steigende Lebensdauer beschieden. Die Weimarer Republik brachte es nur auf 14, die Deutsche Demokratische Republik schon auf 40 Jahre. Und der heutige Staat, die Bundesrepublik Deutschland, geht nach dem »Beitritt« der DDR auf den 50. Geburtstag zu. Allem Augenschein nach hat dieses Musterland demokratischer Verläßlichkeit eine lange, friedliche, europäische Zukunft.

Diese wohltuende Ruhe trat ein, nachdem die Diskussion über die deutsche Ostgrenze endlich verstummte.

Schon Tacitus nennt für »Germania« eine noch heute gültige »natürliche Grenze«, den Rhein. Einen weiteren Grenzfluß, die Donau, haben die Deutschen später bis zu den Alpen hin überschritten. »Von den Sarmaten und Dakern«, fährt der römische Historiker fort, ist das Land »durch gegenseitige Furcht oder Gebirgszüge abgegrenzt.« Das bezieht sich auf Stämme Südosteuropas, die heute nicht mehr unsere Nachbarn sind. Überraschend ist Tacitus aber mit dem folgenden Satz: »Die übrigen Teile umspült der Ozean.« Seine Aktualität liegt in dem, was er nicht sagt.

Denn der Ozean umspült ja kaum den ganzen »Rest« Germaniens, sondern allenfalls den Nordrand Germaniens. Im Osten jedoch verliert sich der Blick, von keinem Fluß oder Gebirge gehemmt, in offene Weiten und die Unübersichtlichkeit rastlos wandernder Stämme. Da kann auch der systematischste Geschichtsschreiber keine klare Linie ziehen. Tacitus verschweigt hier also ein Grenzproblem, das die »Deutschen« fast zwei Jahrtausende lang mit Gewalt zu lösen versuchten. Erst in der allerjüngsten Vergangenheit hat es sich durch Selbstbescheidung endgültig erledigt. Denn jetzt hat sich die Bundesrepublik ein für allemal zwischen Rhein und Oder/Neiße, Nordsee und Alpen eingerichtet.

Man hat das nun geeinte Deutschland die »Berliner Republik« genannt. Das geschah nicht eigentlich im Scherz, auch nicht als Erinnerung an die Weimarer Republik, sondern mit einem Hintergedanken: Die neue Hauptstadt rückt ja näher zur Mitte des Kontinents. Dadurch hat die in einem noch kaum begriffenen Sinn »andere« Republik spürbarer als zuvor jene Staaten zu Nachbarn, die jahrzehntelang hinter dem Eisernen Vorhang lagen. Die Verlagerung des Schwerpunkts vom Rhein an die Spree wird diesem Land einen neuen, bisher ungeübten Standort geben. Ganz abgesehen davon, daß die Politiker der nächsten zwei, drei Generationen die Schwierigkeiten der neuen Bundesländer genauer sehen werden, wenn sie in Berlin aus dem Bürofenster schauen.

Ein einig Volk von Brüdern?

Die Öffnung der Mauer kam für alle unerwartet, auch wenn hinterher einige alles besser gewußt haben. Aus größerem Abstand betrachtet war das Ereignis ganz und gar nicht selbstverständlich. Man wird sehen müssen, was da zusammenwächst. Möglicherweise gibt es in diesem Land ja von Haus aus mehrere »deutsche Kulturen«, eine südliche, eine nördliche und nun noch eine östliche dazu.

Der 3. Oktober und seine aufhaltsame Vorgeschichte

Im Jahr 800 wurde in Rom Karl der Große durch den Papst zum »Kaiser der Römer« gekrönt; schon manche Zeitgenossen meinten, er sei selbst am meisten überrascht gewesen von der Ehrung. Sein Herrschaftsgebiet umfaßte damals die heutigen Beneluxstaaten, fast ganz Frankreich, die Schweiz, Tschechien, Österreich, das nördliche Italien und die frühere Bundesrepublik. Im Osten hatte dieses Reich seine noch unsichere Grenze versuchsweise bis zur Oder vorgeschoben.

Die Konstruktion hielt nicht lange. Im berühmten Vertrag von Verdun (843) einigten sich die Nachfolger auf eine Dreiteilung. Im Westen entstand ein abgeschlanktes Frankreich, im Osten ein späteres »Deutschland«, das der alten Bundesrepublik schon ziemlich ähnlich sah, und in der Mitte ein schmaler Landstreifen von Holland bis zur Provence und Oberitalien.

Eingeklemmt zwischen den künftigen Großmächten Frankreich und Deutschland hatte dieses Mittelreich Lothar I. keine Überlebenschance. Sein namentlicher Überrest, Lothringen, wechselte noch in den deutsch-französischen Kriegen 1871, 1918, 1940 und 1945 jedesmal den Besitzer.

Im Hochmittelalter, in der sogenannten Ostkolonisation des Deutschen Ordens im 12. und 13. Jahrhundert, dehnte sich Deutschland auf Kosten des heutigen Polens aus. An der Ostseeküste entstanden die Herzogtümer Pommern und – schon immer ohne klare Landverbindung – Ostpreußen, und nach Südosten wurde der Keil des Herzogtums Schlesien bis nach Ungarn vorangetrieben.

Zweite Teilung Deutschlands

Die Reformation trennte das Reich ein zweites Mal, auf andere Weise, aber folgenreicher als der Vertrag von Verdun. Vereinfacht gesagt: Der Norden wurde protestantisch, der Süden blieb katholisch. Ein Jahrhundert danach brach der religionspolitische Konflikt mit ungeahnter Gewalt aus. Der 30jährige Krieg 1618-1648 hinterließ rund 10 Millionen Tote, eine verängstigte Restbevölkerung, eine zerstörte Wirtschaft, vor allem aber 300 souveräne Staaten und Kleinstaaten. Deutschland als Ganzes bestand nur noch als

Idee, auf der Landkarte suchte man es vergeblich. 150 Jahre später, zur Zeit der Französischen Revolution, waren es immer noch 39 unabhängige Bundesstaaten aller Art: Königreiche, Kurfürstentümer, Großherzog- und Herzogtümer, Grafschaften und Fürstentümer.

Auch nach den Napoleonischen Kriegen und der Neuordnung Mitteleuropas durch den Wiener Kongreß blieb die Zahl dieser Staaten genau gleich, allerdings sah jetzt ihre Zusammensetzung wieder anders aus. Die großen Länder Österreich, Preußen und Bayern führten wie zuvor die Liste an, ihnen folgten die Königreiche Hannover und Württemberg, sodann Baden und Sachsen, Mecklenburg-Schwerin und Kurhessen. In zwei Dutzend anderen Ländernamen verewigte sich fast nur noch das jeweilige Herrschergeschlecht, etwa in den Ländern Schaumburg-Lippe, Hohenzollern-Sigmaringen, in »Reuss, ältere Linie« und »Reuss, jüngere Linie«. Immerhin: Nicht nur Hamburg und Bremen, auch Lübeck und Frankfurt waren Freie Städte.

Bis 1806 existierte dabei, wenn auch nur in der Theorie, das Heilige Römische Reich Karls des Großen weiter. Rein juristisch war es nie untergegangen. Der letzte amtierende Kaiser, der Habsburg-Lothringer Franz II., legte erst am 6. August 1806 die Kaiserkrone ab. Damit gab es in dem Puzzle der Zwergstaaten überhaupt nichts mehr, was den Namen Deutschland verdient hätte. Und es tauchte ein neuartiges Problem auf, die Wiedervereinigung. Genauer gefragt: Sollten die Deutschen ihre Wiedervereinigung wünschen oder nicht?

Die Kleinstaaterei

Einerseits genoß man die Gemütlichkeit, auch die Freiheiten der kleinen Räume. Jeder Teilstaat hatte sein eigenes Geld, eigene Maße und Gewichte, eine fürstliche Hauptstadt für sich allein, spezielle Privilegien, Traditionen, Vereine und Bräuche. Die Isolierung in der kleinen Form wurde durch Lokalpatriotismus und Gemeindesinn wettgemacht. Andererseits blickte man seit dem 18. Jahrhundert neidvoll auf so glänzende Großstädte wie London oder Paris und ihre kulturelle Weltbedeutung.

Das Ausland war mit dem deutschen Flickenteppich eigentlich recht zufrieden. Solange Deutschland derart zersplittert war, machte es niemandem angst. Noch 1865 verteidigte der französische Premierminister Thiers die »deutschen Freiheiten« und bat die Deutschen, »daran zu denken, daß das oberste Prinzip europäischer Politik darin besteht, daß sich Deutschland aus unabhängigen Staaten zusammensetzt, die nur durch einen losen föderativen Faden verbunden sind«. Weit vorausschauend befürchtete er, daß ein »collectiver« Staat »ein erobernder Staat würde, was kein ächter Deutscher wollen kann.«

Die Befreiungskriege gegen Napoleon hatten aber auch eine Art Sehnsucht nach nationaler Identität ausgelöst. Sie verschaffte sich hörbar Luft in einer Inflation des Eigenschaftsworts »deutsch«, als würde dieses schmückende Beiwort jedem Gegenstand auf geheimnisvolle Weise höhere Weihen schenken; nun tauchte allüberall der »deutsche Wein« auf, das »deutsche Lied«, die »deutsche Frau«, »deutscher Fleiß«, »deutscher Mut«, »deutsche Treue« und vor allem der »deutsche Wald«. Es war offenbar für alles und jeden etwas ganz Besonderes, deutsch zu sein. Aber das herumirrende Suchen nach der Antwort auf die Frage »Was ist deutsch?« schürte das Mißtrauen der Nachbarn: Wohin führte diese Überbetonung alles Deutschen am Ende?

> Nach dem gänzlichen Verfall des deutschen Wesens, nach dem fast gänzlichen Erlöschen der deutschen Nation infolge der unbeschreiblichen Verheerungen des Dreißigjährigen Krieges, war es diese innerlichst heimische Welt, aus welcher der deutsche Geist wiedergeboren ward. Deutsche Dichtkunst, deutsche Musik, deutsche Philosophie sind heutzutage hoch geachtet von allen Völkern der Welt: in der Sehnsucht nach »deutscher Herrlichkeit« kann sich der Deutsche aber gewöhnlich noch nichts anderes träumen als etwas der Wiederherstellung des römischen Kaiserreichs Ähnliches.
>
> Richard Wagner, Was ist deutsch, 1865

Wiedervereinigungen

Bismarck schließlich löste das Einigungsproblem auf seine Weise, 65 Jahre nach der Auflösung des alten Deutschen Reiches und, wie er es ausdrückte, »mit Blut und Eisen«. Er bevorzugte die »kleindeutsche Lösung«, das hieß, Österreich war nicht mehr dabei. Da immer noch viele unabhängige Staaten in dem neuen Gebilde zusammenkamen, hieß es nun wiederum Reich und hatte erneut einen Kaiser als Oberhaupt.

Dieser zweite deutsche Einheitsstaat wurde im Ersten Weltkrieg übermütig aufs Spiel gesetzt und ging in einer Niederlage unter. Eine Republik, ein Drittes Reich und einen Zweiten Weltkrieg später war Deutschland abermals geteilt, immerhin nur in zwei, nicht mehr in 300 oder 39 Einzelstaaten. Abermals fanden die Großmächte solch deutsche Mehrstaatlichkeit insgesamt ganz bequem, und auch die Deutschen selbst richteten sich darin ein. Aber dieses Mal dauerte es nur 45 Jahre, bis die beiden Teile zusammenkamen. Am Abend des 9. November 1989, ganz und gar ungeplant und eher durch ein Versehen, öffnete sich die Berliner Mauer.

TV-Pressekonferenz mit Günter Schabowski, Mitglied des Politbüros der DDR, 9. November 1989, 18.57 Uhr

Schabowski: »Äh, ständige Ausreisen können über alle Grenzübergangsstellen der DDR zur BRD erfolgen. Damit entfällt die vorübergehend ermöglichte Erteilung von entsprechenden Genehmigungen in Auslandsvertretungen ...«

Stimmengewirr, Frage: »Und wann?«

Schabowski: »[...] Äh, die Paßfrage kann ich jetzt nicht beantworten. Das ist ja auch eine technische Frage. Ich weiß ja nicht, die Pässe, Pässe müssen ja, damit jeder in den Besitz eines Passes [...], wir wollen aber erst einmal ...«

Stimmengewirr, Frage: »Wann tritt das in Kraft?«

Schabowski: »Das tritt nach meiner Kenntnis ... ist das sofort. Unverzüglich.«

Mit der Wiedervereinigung hatten es die Westdeutschen aber erst einmal nicht so eilig. Im März 1990 fand sich nicht einmal eine Mehrheit dafür.

Bei einer Umfrage zu diesem Zeitpunkt konnten sich sogar 18 Prozent der alten Bundesbürger ein neues Deutschland nur in den Grenzen von 1937 vorstellen, ein überraschend hoher Anteil. Besonders hoch fiel er bei Frauen aus (20 Prozent), bei Rentnern und Arbeitslosen (21 und 22 Prozent), bei den über 50jährigen und Personen mit ausschließlich Volksschulbildung (24 und 27 Prozent).

Näher an der Realität hatten die Befragten zwischen drei Möglichkeiten zu wählen: 1. Die beiden deutschen Staaten sollen bestehen bleiben, also nicht vereinigt werden; 2. die beiden deutschen Staaten sollen sehr bald vereinigt werden; 3. man sollte zunächst eine Konföderation bilden und erst in einigen Jahren die Vereinigung vollziehen. Bei den Antworten auf die Frage »Welche dieser drei Möglichkeiten würden Sie persönlich bevorzugen?« lag die Konföderation mit 46 Prozent klar an der Spitze. Nur die über 50jährigen waren in ihrer Mehrheit (53 Prozent) für die baldige Vereinigung.

Aber es kam anders, und es ging alles sehr schnell, manchem sogar zu hastig. Am 1. Juli 1990 trat der Staatsvertrag über die Wirtschafts-, Währungs- und Sozialunion in Kraft, am 23. August erklärte die Volkskammer die DDR zum Beitrittsgebiet, und am 3. Oktober 1990, dem Einigungstag selbst, fand in Berlin die erste gesamtdeutsche Bundestagssitzung statt.

Die neue Bundesrepublik ist im Vergleich zu 1793, 1830 und 1895 das kleinste Deutschland, das es je gab: Seine Fläche ist auf die Hälfte geschrumpft, darauf leben heute aber dreimal so viele Menschen wie 1793.

Staatsrechtlich gesehen existierte in den beiden letzten Jahrhunderten die meiste Zeit, nämlich 109 Jahre, kein vereintes Deutschland. Betrachtet man nicht die staatlichen Gebilde, sondern die gelebte Praxis, so sieht die Einigkeitsbilanz noch trister aus. Da war Deutschland spätestens vom Ende des Dreißigjährigen Krieges 1648 bis zum Einigungstag 1990, also während gut 350 Jahren, überhaupt nur ganze 74 Jahre lang ein zusammenhängender Staat.

Aus dieser Perspektive ist die staatliche Einheit alles andere als von der deutschen Geschichte erzwungen.

Deutsche Länder 1995		
	Qu.kilometer	Bev. (1000)
Thüringen	16175	2533
Schleswig-Holstein	15730	2695
Sachsen-Anhalt	20445	2778
Sachsen	18407	4608
Saarland	2572	1085
Rheinland-Pfalz	19845	3926
Nordrhein-Westfalen	34070	17759
Niedersachsen	47600	7648
Mecklenburg-Vorpommern	23170	1843
Hessen	21114	5967
Hamburg	755	1703
Bremen	404	683
Brandenburg	29475	2538
Berlin	889	3475
Bayern	70552	11863
Baden-Württemberg	35800	10234
Summe	357003	81338

Das Hauptstadtproblem

Zeitweilig sah es so aus, als wäre die Frage »Was ist des Deutschen Vaterland?« leichter zu beantworten als die, was denn nun seine Hauptstadt sein sollte.

Es kamen ja außer den naheliegenden Bonn oder Berlin sogar noch andere Städte auf die Wunschliste, wenn auch nur von sehr kleinen Minderheiten gestützt, so etwa Frankfurt am Main oder München. Aber von vornherein war ausgemacht, daß der Stichentscheid zwischen der bisherigen und der früheren Hauptstadt fallen mußte.

Berlin oder Bonn?

Noch bevor der Bundestag die Hauptstadtfrage debattiert hatte, war die Meinung in der Bevölkerung eindeutig für Berlin, verständlicherweise im Osten stärker (77 Prozent dafür, 7 dagegen) als im Westen (63 Prozent dafür, 23 dagegen). Am 20. Juni 1991 bestimmte das nunmehr gesamtdeutsche Parlament nach einer leidenschaftlichen Debatte Berlin zur neuen Hauptstadt. Die Umzugskosten wurden verschieden hoch angesetzt; die Schätzungen reichten von 20 bis zu 100 Milliarden Mark.

Vielleicht liegt es an der bislang ungewohnten Milliarden-Rechnung, daß zwei Jahre nach dem Bundestagsbeschluß die Stimmung vollkommen umschlägt. Jetzt, im deutlicheren Bewußtsein der entstehenden Kosten, erscheint den Deutschen der Umzug der Regierung nach Berlin geradezu unmöglich. Eine klare Mehrheit spricht sich dagegen aus. Im Westen sind nur elf Prozent für einen »Umzug so schnell wie möglich«, selbst im Osten (allerdings ohne die Berliner) sind es nicht mehr als 21 Prozent (in Berlin immerhin 49 Prozent). Gegen den Parlamentsbeschluß sprechen sich sogar 49 Prozent aller Deutschen aus, allein im Osten 54 Prozent (und sogar ein Drittel der Berliner). Die Grundsatzentscheidung für den neuen Regierungssitz scheint in Fragen und Zweifeln unterzugehen.

Die Ablehnung ist in Westdeutschland zwar erheblich entschiedener als in den neuen Bundesländern, aber nur die Berliner und im übrigen die Brandenburger sind noch mehrheitlich für Berlin als Hauptstadt.

Gewichtige Gründe werden gegen den Umzug ins Feld geführt. Das Argument mit der größten Zustimmung sind natürlich die Kosten; das Geld, sagen die Ostdeutschen, sollte besser in den Aufbau Ost gesteckt werden (»stimme voll zu« überwältigende 70, »stimme eher zu« noch immer 19 Prozent). Insgesamt 62 Prozent begründen ihre ablehnende Haltung auch damit, daß Bonn als Hauptstadt sich doch gut bewährt habe.

Auch nach Gründen, die für den Regierungssitz Berlin sprechen, wurden die Ostdeutschen befragt. So zum Beispiel: Der Umzug sei doch die Voraussetzung für den Aufschwung (Nein oder eher Nein sagen dazu 56 Prozent), man müsse an dem während der Teilungszeit gepredigten Beschluß festhalten (58 Prozent), und nur eine

Regierung vor Ort werde die Probleme der neuen Bundesländer richtig verstehen (67 Prozent). Die Antworten sind eindeutig: In allen Fällen überwiegt die Ablehnung.

Von dieser Tendenz gehen wiederum nur die Berliner selbst ab, begreiflicherweise. Die Gründe gegen den Umzug weisen sie überdurchschnittlich stark zurück, den Gründen für den Umzug stimmen sie deutlicher zu. Lediglich das Kosten-Argument, das wohl einsichtigste, findet auch bei ihnen eine Mehrheit (64 Prozent).

Neben solchen regionalen Unterschieden in der Ablehnung ergeben sich jedoch weitere Differenzen hinsichtlich des Alters und der Schulbildung der Befragten. Je jünger der Ostdeutsche und je geringer seine Schulbildung, desto eher lehnt er den Umzug ab. Die relativ meisten Anhänger der neuen Hauptstadt Berlin findet man bei den über 60jährigen mit akademischem Abschluß.

Scheinbare Uneigennützigkeit

In dieser Meinungsbildung kann man keinerlei Überlegungen zu persönlichen Vor- oder Nachteilen entdecken. Zwei Drittel der Ostdeutschen glauben nicht, daß ein Regierungsumzug für sie privat irgendwelche Folgen haben wird. Selbst die Berliner sind zu 39 Prozent dieser Auffassung: Nur 14 Prozent von ihnen nehmen an, daß ihnen dadurch eher Vorteile erwachsen, und 35 Prozent befürchten sogar eher persönliche Nachteile. Das Urteil gegen die neue Hauptstadt scheint mit bemerkenswerter Selbstlosigkeit gefällt.

Oder doch nicht ganz. Die Ostdeutschen, weitgehend unabhängig von Alter und Schulbildung, haben nämlich im zweiten Jahr nach der Vereinigung ganz andere, dringlichere Sorgen und Wünsche. Sie wollen Arbeitsplätze, Schutz vor Verbrechen und sichere Renten. Erst an vorletzter Stelle in der Rangliste taucht der Regierungsumzug auf.

Wachstumsstörungen

Auf dem Höhepunkt der Einigungseuphorie wurde der Spruch Willy Brandts, nun werde zusammenwachsen, was zusammengehört, zum geflügelten Wort. Wenig später taugte es eher zur Ironie, zur Rede vom »Zusammenwuchern«. Am Ende war beides voreilig und falsch zudem. Das Verhalten der Menschen läßt sich nicht mit biologischen Metaphern vorhersagen.

Die Erwartung der Ostdeutschen war kurz nach der Währungsunion noch durchaus rosig. Beinahe zwei Drittel, 64 Prozent, sahen im August 1990 optimistisch in die Zukunft. Gerade die Jüngeren dachten so (74 Prozent der 18- bis 29jährigen gegenüber nur 56 Prozent der skeptischen über 60jährigen), ebenso die offenbar dynamischeren Unverheirateten (77 Prozent).

Natürlich zuckten die neuen Bundesländer unter dem Kapitalismusschock zusammen, denn nach der Umstellung auf die D-Mark wurde erst einmal vieles kostspieliger. Der tägliche Bedarf war plötzlich »sehr verteuert« für 30 Prozent und »etwas verteuert« für 48 Prozent der Menschen. Nur einige, die späteren Gewinner der Einheit, kamen ungeschoren davon: Bei 15 Prozent hatten sich die Lebenshaltungskosten nicht geändert, und überraschende sieben Prozent lebten sogar billiger als vor der Wende. Aber es gab auch allgemein unübersehbar Positives zu verzeichnen. Die Preise für langlebige Anschaffungen wie Möbel und Haushaltsgeräte waren tatsächlich für die meisten Ostdeutschen (88 Prozent) gesunken. Und die Qualität des Warenangebots hatte sich für viele »sehr verbessert« (32 Prozent) oder »etwas verbessert« (50 Prozent).

So war es kaum verwunderlich, daß 88 von hundert Ostdeutschen meinten, sie wollten auf keinen Fall ihren Wohnsitz verlassen. Lediglich sechs Prozent machten ihr Bleiben von einer deutlicheren Verbesserung ihrer Lage abhängig. Nur ein verschwindender Anteil plante, »möglicherweise« oder »bestimmt« in den Westen umzusiedeln (3 bzw. 1 Prozent).

Die Vereinigung in der alten Republik

Nicht ganz so optimistisch war man im Westen. Hier machte sich, wenn auch in noch geringem Umfang, die Sorge um den Wohlstand breit. Im Februar 1990 antworteten auf die Frage nach der künftigen Wirtschaftslage der Bundesrepublik 29 Prozent, sie erwarteten eine Verschlechterung. 29 Prozent nahmen an, die Lage werde sich bessern, und eine gelassene Mehrheit von 43 Prozent sah keinerlei Änderung voraus.

Deutlicher wurden die leisen, aber steigenden Ängste der Westdeutschen in Detailantworten etwa zur Frage nach der Sicherheit ihrer Renten nach der Wende oder der Stärke der D-Mark, überhaupt nach der Fähigkeit der Bundesrepublik, die nun erforderlichen Finanzhilfen überhaupt zu schaffen. Die Ergebnisse sind einen Kommentar wert.

Insgesamt ist das Ja zur Solidarität scheinbar erfreulich hoch. Aber darin versteckt sich ein gewisser Unterschied nach Geschlechtern: Männer stimmen der Verpflichtung in höherer Zahl zu als Frauen. Eine deutlich schwächere Mehrheit ist der Meinung, die Bundesrepublik werde die Sanierung schon verkraften. Eine knappe Mehrheit hält auch die Stabilität der D-Mark nach der Vereinigung für weiterhin gefestigt. Hinsichtlich der Sicherheit der Renten allerdings fehlt es überwiegend an Zuversicht.

Die Westdeutschen und die Sanierung der DDR			
	Gesamt	Männer	Frauen
Wir Bundesbürger sind zur Solidarität verpflichtet			
stimme zu	68	73	64
stimme nicht zu	26	24	29
Die Bundesrepublik kann das alles nicht verkraften			
stimme zu	40	29	49
stimme nicht zu	56	67	46
Die Stabilität der D-Mark ist durch die Vereinigung gefährdet			
stimme zu	38	32	44
stimme nicht zu	51	60	43
Rentensystem und Sozialversicherung sind gefährdet			
stimme zu	53	46	60
stimme nicht zu	39	46	33
Jeder einzelne Bundesbürger muß seinen Beitrag leisten			
stimme zu	47	52	43
stimme nicht zu	48	43	53
Besserverdiener sollen einen besonderen Beitrag leisten			
stimme zu	43	44	43
stimme nicht zu	52	52	52

Bei der Frage nach dem eigenen finanziellen Beitrag kneifen die Befragten jedoch, in flagrantem Widerspruch zur vorherigen Solidaritätsbekundung. Wenn jemand Geld für die Sanierung der DDR hergeben soll, dann bitte die Besserverdienenden.

Sehr viel mehr Frauen als Männer glauben nicht, daß die Bundesrepublik zu der nötigen Kraftanstrengung in der Lage ist, und halten die D-Mark für gefährdet. Bemerkenswert ist, daß die Mehrheit derer, die Angst um ihre Altersversorgung haben, überhaupt erst durch die Frauen zustande kommt. Was den persönlichen Beitrag angeht, sind ebenfalls weniger Frauen als Männer dazu bereit. Vollkommen einig mit ihnen sind sie nur im Sankt-Florians-Prinzip: Zahlen sollen die anderen.

Im Oktober 1993 rechneten 67 Prozent der Westdeutschen und 84 Prozent der Ostdeutschen damit, daß jeder nur noch an sich selber denkt, wenn die Probleme größer werden.

Zu diesem Zeitpunkt waren jedoch 90 Prozent der Menschen im Westen und 71 Prozent im Osten »mit dem Leben zufrieden«. Trotzdem weigerten sich beide mit klaren Mehrheiten, auf einen Teil ihres Einkommens zu verzichten, um die Lebensverhältnisse in der Ex-DDR zu verbessern. Nein dazu sagten 60 Prozent der Deutschen im Westen und 79 im Osten.

Enttäuschungen

Um die behauptete Solidarität stand es also nicht zum besten. Die Ostdeutschen fühlten sich unter Wert behandelt und forderten ein stärkeres Engagement der westdeutschen Wirtschaft (81 Prozent). Wenigstens in dieser Auffassung fanden sie eine starke Unterstützung im Westen (46 Prozent). Daß die Regierung in Bonn zu wenig für die Verbesserung der Lebensverhältnisse tat, warfen ihr 81 Prozent der Ostdeutschen vor (28 im Westen); daß Bonn genug tat, fanden nur 18 Prozent (gegenüber 49 Prozent im Westen, wo überdies 15 Prozent meinten, es sei schon des Guten zuviel).

Die schleichende Enttäuschung der Ostdeutschen zeigen mit aller Deutlichkeit ihre Antworten auf die Frage, wie viele Jahre es bis zur Angleichung der Verhältnisse in Ost und West dauern werde. Innerhalb von nur zwei Jahren ist der Optimismus des Neuanfangs verflogen und hat einer tiefen Ernüchterung Platz gemacht.

In einer anderen Befragung befürchteten sogar 44 Prozent der Ostdeutschen, die wirtschaftlichen Probleme seien auch in den nächsten zehn Jahren nicht gelöst (55 Prozent meinten, es sei in dieser Zeit doch möglich). Die gute Nachricht dieser Umfrage war, daß die Erwartungen in Ost- und Westdeutschland gleich hoch oder, je nach Standpunkt, ebenso herabgeschraubt waren. Wenigstens in der realistischeren Einschätzung der Situation waren die Deutschen wenn schon nicht zusammengewachsen, so doch übereingekommen.

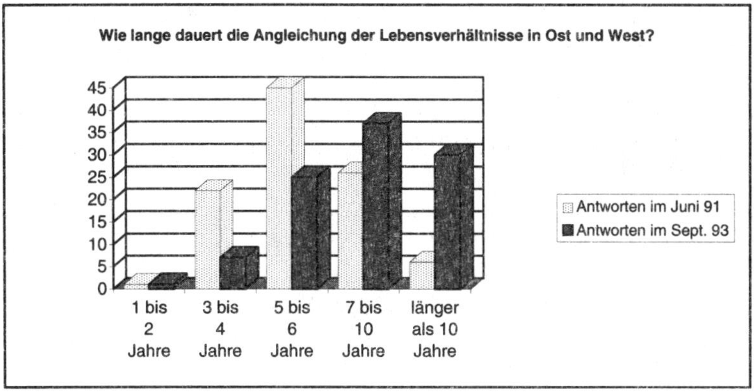

Die Situation der neuen Länder

Noch immer leben die Menschen auf einem hohen Sockel an Hoffnungen. 56 Prozent blicken ihrer Zukunft eher mit Optimismus entgegen (33 Prozent sind da pessimistischer). Interessanterweise sind die Optimisten überdurchschnittlich zahlreich unter Personen mit Hochschulreife (68 Prozent) und selbstverständlich bei denen, die noch Arbeit haben (65 Prozent). Ganz besonders hoffnungsvolle Aussichten haben die meisten (80 Prozent) der Jüngeren, die sich in Ausbildung befinden. Sogar weit über die Hälfte (58 Prozent) derer, die in nächster Zukunft den Verlust ihres Arbeitsplatzes befürchten müssen, sind mit ihrer gegenwärtigen Lebenssituation zufrieden oder gar sehr zufrieden, und 45 Prozent von ihnen bleiben »optimistisch«.

52 Prozent der Ostbevölkerung über 14 Jahre sind berufstätig. Wer kann, und anscheinend können es sehr viele, leistet sich etwas. An der Spitze der Neuanschaffungen rangiert wie selbstverständlich das neue Auto (43 Prozent, vor allem Männer), dicht gefolgt vom Videorekorder (39 Prozent, und wieder brauchen ihn besonders häufig die Männer), der Wohnungsrenovierung (ebenfalls 39 Prozent) und der Auslandsreise (32 Prozent). Einen Computer (17 Prozent insgesamt) schaffen sich natürlich eher die Jüngeren an (39 Prozent der 14- bis 19jährigen), aber noch die über 50jährigen sind mit neun Prozent dabei. In vielem sind die Ostberliner überdurchschnittlich ausgabenfreudig, so bei Auslandsreisen (53 Pro-

zent), Videorekordern (49), HiFi-Anlagen (29 Prozent) und Computern (25).

Kontaktschwierigkeiten
Die Mobilität führt nicht unbedingt zu menschlichen Begegnungen. Die Frage, ob sie in Westdeutschland oder auch nur in Westberlin neue Freunde oder wenigstens Bekannte gewonnen hätten, wird von genau zwei Dritteln der Ostdeutschen glatt verneint. Fast alle Älteren über 60 Jahre gehen hier leer aus (84 Prozent), nur geringfügig besser geht es den 20- bis 29jährigen (49 Prozent ohne neue Bekanntschaften). Das wächst also nicht eben stürmisch zusammen.

30 Prozent der Ostdeutschen haben einen westdeutschen Vorgesetzten kennengelernt. Immerhin berichten dabei 47 Prozent von »guten Erfahrungen«, nur 13 von »schlechten«, und 39 Prozent sehen das gemischt. Die Erlebnisse mit westdeutschen Arbeitskollegen sind noch etwas positiver: 59 Prozent finden die Erfahrungen mit ihnen gut, 20 teils-teils und nur 12 überwiegend schlecht.

Trotz solcher Erfolgsmeldungen im kleinen bleiben erhebliche Verständigungsschwierigkeiten zwischen den Menschen, die einander, halb im Scherz, Ossis und Wessis nennen. Zwar: Die Ostdeutschen weisen zu 89 Prozent die defätistische Aussage zurück: »Die Verständigungsprobleme sind so groß, daß sie sich kaum beseitigen lassen.« Und fast ebensoviele (88 Prozent) sind der Auffassung: »Es gibt zwar Verständigungsprobleme, aber die sind mit der Zeit lösbar.« Wenn jedoch genauer nachgefragt wird, gehen Zustimmung und Ablehnung etwas weiter auseinander.

Der Meinung:

– »Man merkt zwar, daß wir viele Jahre in unterschiedlichen Systemen gelebt haben, aber im großen und ganzen kommen wir gut miteinander aus« stimmen 66 Prozent zu, 32 eher nicht;

– »Zwischen Ost- und Westdeutschland gibt es keine größeren Verständigungsschwierigkeiten als beispielsweise zwischen Nord- und Süddeutschland« stimmen nur 39 Prozent zu, eine Mehrheit von 59 Prozent eher nicht;

– »Die Ungleichheit der derzeitigen Lebensverhältnisse ist der eigentliche Grund für die Verständigungsprobleme zwischen Ost-

und Westdeutschen« stimmen überwältigende 77 Prozent zu, nur 22 eher nicht.

Der Stellungnahme zur letzteren Meinung ist sicher mit Skepsis zu begegnen. Es scheint nicht recht vorstellbar, daß die wechselseitige Verständigung plötzlich klappen sollte, wenn erst alle Deutschen in Ost und West gleich flächendeckend mit Zweitwagen, Wochenendhäusern und Kindergärten versehen sind. Tatsächlich merkt man den Deutschen die 40 getrennten Jahre in zwei verschiedenen Systemen an. Was sie voneinander fernhält, liegt aber nicht in den äußeren Lebensumständen, sondern erheblich tiefer, in der Einstellung zu der bisherigen Lebenswelt. Da liegt der Unterschied: Die Welt der Westdeutschen ist noch in Ordnung, die Ostdeutschen haben ihre Umgebung verloren.

Die Klage um das Verlorene

Die Auffassung, der Osten solle doch froh sein über alles, was mit der Wende über ihn kam, wird dort – um es freundlich zu sagen – nur sehr differenziert bestätigt. Verbessert haben sich in der Einschätzung der Ostdeutschen zwar

– die Einkommen (79 Prozent der Befragten, demgegenüber verschlechtert nur bei 8 Prozent),

– die technische Ausstattung des Arbeitsplatzes (69 gegenüber 4 Prozent),

– auch die Eigenverantwortung in der Arbeit (52 gegenüber 7 Prozent),

– weniger eindeutig die Effizienz der Arbeit (46 gegenüber 13 Prozent) und

– die Anwendungsmöglichkeiten beruflicher Kenntnisse und Fähigkeiten (41 gegenüber 14 Prozent).

Die Vorteile sind aber mit deutlichen und stark empfundenen Verschlechterungen erkauft:

– bei Aufstiegschancen (42 gegenüber 23 Prozent, bei denen sie sich verbessert haben),

– bei der Arbeitszeitregelung (32 gegenüber 22 Prozent),

– im Arbeitsklima (32 gegenüber 16 Prozent),

– in der Zusammenarbeit mit den Kollegen (23 gegenüber 12 Prozent) und

– im Verhältnis zu den Vorgesetzten (20 gegenüber 12 Prozent).

Dabei kommen all diese Aussagen wohlgemerkt von den glücklicheren Ostdeutschen, die noch Arbeit haben. An den Erwerbslosen gehen selbst die relativen Vorteile der neuen Arbeitswelt vorüber.

Spürbar negativer wird nach der Wende der Bereich Freizeit und Kultur bewertet. Natürlich freut man sich über die neuen Reisemöglichkeiten, die sich, wenig überraschend, für 97 Prozent der Bevölkerung verbessert haben. Ebenso begrüßt man den unzensierten Zugang zu Büchern (81 Prozent) und politischen Informationen (nur noch 54 Prozent). Bei vielen anderen Angeboten aber sieht man eher Verschlechterungen, so bei privaten Hobbys und Interessen, der Teilhabe am Kulturleben, der Qualität und Vielfalt des Kulturangebots und ganz ausdrücklich bei den Freizeitmöglichkeiten für Jugendliche.

Auch die Privatsphäre bleibt nicht von Wendefolgen verschont. Für 37 Prozent sind die Rückzugsgebiete Familie und Partnerschaft seitdem wichtiger geworden, aber 28 Prozent haben nicht mehr so viel Zeit für das familiäre Zusammenleben (so mit überdurchschnittlichen 41 Prozent der 20- bis 39jährigen, also der jungen Mütter und Väter), fast ein Viertel hat weniger Zeit für Freunde. Und 43 Prozent sind der Meinung, es sei heute schwieriger, Kinder zu erziehen.

Schöne Erinnerungen

Die Vereinigung der deutschen Staaten wird nicht grundsätzlich in Frage gestellt. Im Gegenteil: Neun von zehn Ostdeutschen waren schon seit November 1989 dafür. Die große Mehrheit freut sich sogar, »daß wir wieder vereinigt sind« (55 Prozent stimmen dem voll und ganz zu), auch wenn sie überzeugt sind, daß erst die nachwachsende Generation die Vorteile genießen wird (59 Prozent). Aber irgendwie anders hätte man sie sich doch gewünscht. Nur 26 Prozent sind voll und ganz der Auffassung, sie hätte nach Lage der Dinge damals nicht anders verwirklicht werden können.

Die sichtbare Enttäuschung hält sich also in Grenzen. Die meisten Ostdeutschen sind überzeugt, die Vereinigung habe ihnen eher Vorteile gebracht und ihnen die Wirtschaftsmisere der ehemaligen

Ostblockländer erspart. Tiefer, wenn auch kaum versteckt, liegen aber die Ursachen einer stillen Verärgerung. Die Hälfte der Bevölkerung hätte es lieber gesehen, sie hätten erst einmal die Probleme der DDR selbständig gelöst, ohne die Mithilfe der forschen Landsleute aus dem Westen. Und überaus deutlich wird der Verlust all dessen empfunden, worauf man doch auch ein wenig stolz sein konnte, selbst in der DDR.

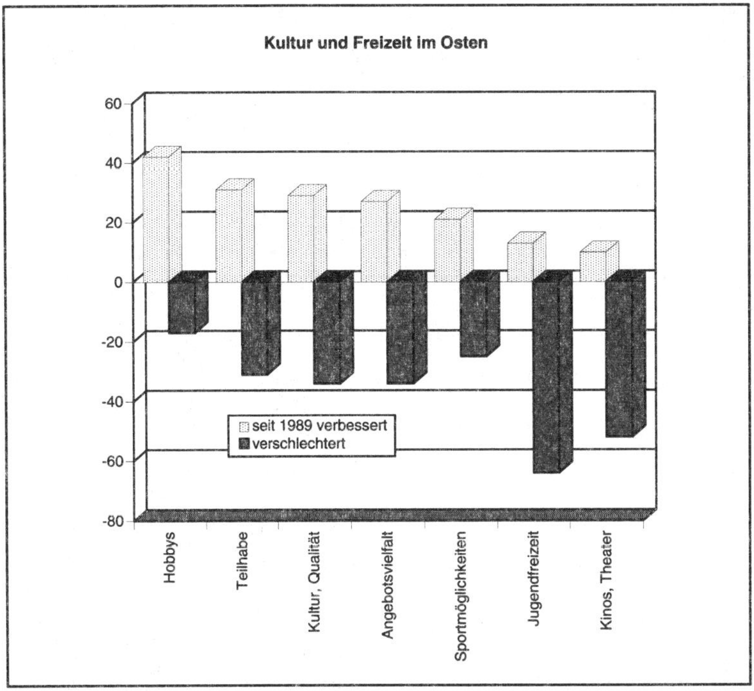

Der Wessi hält die Erinnerungen an das Verlorene im stillen oder ausgesprochen für Larmoyanz und leeres Gejammer. Was gab es denn in der offenkundig verrotteten DDR Erinnernswertes, gar mit Stolz?

Die Antworten sind zum Teil überraschend. Zu den Stärken der alten DDR werden nämlich nicht nur die Sicherheit des Arbeitsplatzes und die soziale Sicherheit gerechnet, das war nach dem

Ausbruch der Arbeitslosigkeit zu erwarten. Dem vergangenen Regime wird auf ganz anderen Feldern eine haushohe Überlegenheit vor der Bundesrepublik bescheinigt, etwa bei den Ausbildungsmöglichkeiten für Jugendliche und im Schulsystem, ebenso entschieden bei der Gleichberechtigung von Mann und Frau sowie im menschlichen Umgang miteinander. Vollends verblüffend ist der äußerst knappe Vorsprung der Bundesrepublik, was die Möglichkeiten der politischen Mitwirkung betrifft. Erst beim Schutz vor Staatswillkür, bei Lebensstandard, Freiheit, Konsum und Wirtschaft gesteht man der Bundesrepublik den klaren Vorrang zu.

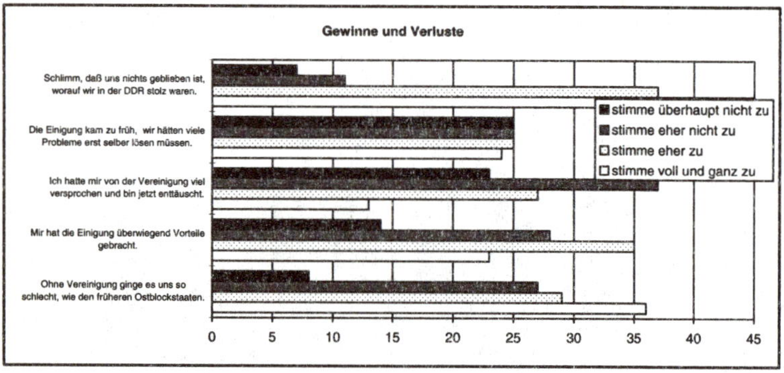

Nach anderen Untersuchungen hat der Anteil derer, die der DDR Überlegenheit bescheinigen, zwischen 1990 und 1995 sogar zugenommen. Beispiele: bei der Gleichberechtigung (von 67 auf 87 Prozent), dem Schutz vor Verbrechen (von 62 auf 88 Prozent) oder der sozialen Sicherheit (von 65 auf 92 Prozent).

Es ist natürlich riskant, eine solche Aufzählung von Stärken und Schwächen als abschließende Bilanz zu nehmen. Aber soviel wird man dazu sagen können:

1. Es dürfte schwer fallen, sich noch ein paar weitere Kriterien auszudenken, auf denen die Bundesrepublik siegreich wäre, um das sichtbare Übergewicht der DDR-Stärken wettzumachen. Mit ihren privaten und Konsum-Freiheiten sind die wesentlichen guten Seiten der alten Bundesrepublik eigentlich schon beschrieben. Al-

lenfalls hätte man sich als Wessi für soziale Sicherung etwas mehr Pluspunkte erwartet.

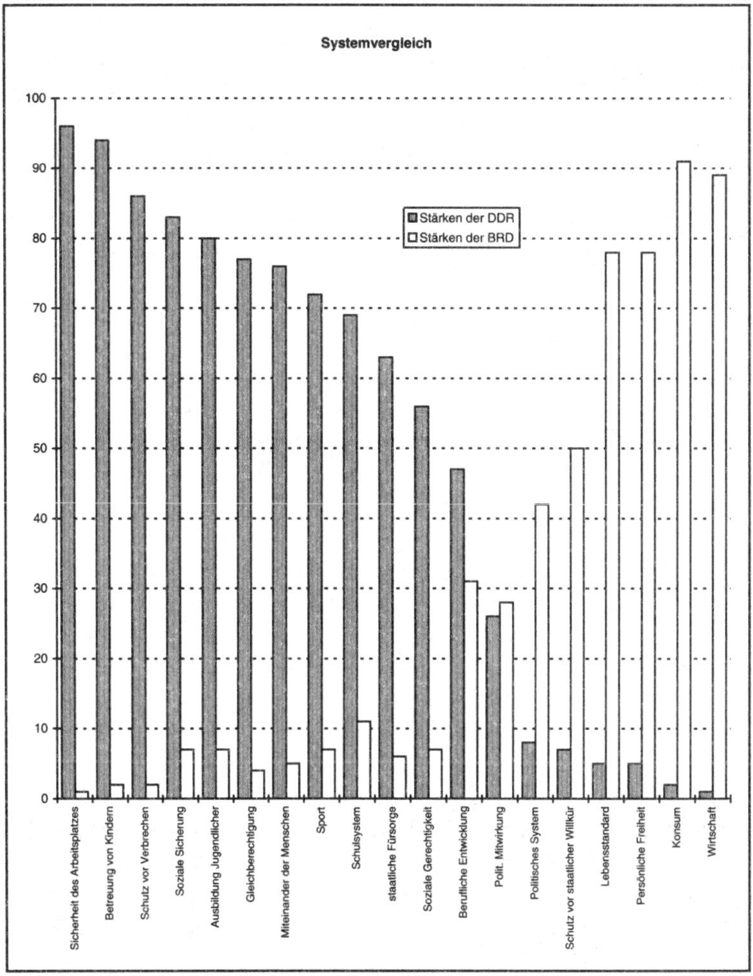

2. Gegenüber den westlichen Werten wie Konsum und Lebensstandard fällt auf, daß die erinnerten Stärken der DDR »weiche Werte« darstellen. Sie beziehen sich gerade nicht auf leicht Zähl-

und Meßbares, sondern auf – so auch wörtlich vorkommend – menschliches Miteinander, auf soziale Werte wie Kinderbetreuung, Gleichberechtigung und Fürsorge (wie staatlich auch immer).

Wer hier genau hinsieht, könnte erkennen, was mit dem rätselhaften Ausdruck gemeint war, die DDR hätte doch auch vieles in die neue Bundesrepublik »einbringen« können. Solcher Wunsch war verständlich, aber eine Selbsttäuschung. Hart gesagt: Wie man die selbstsichere Bundesrepublik kennt, gab es da zu keinem Zeitpunkt etwas einzubringen. Aber kann man es den Ostdeutschen übelnehmen, daß sie gerade dies bedauern? Daß sie sich an die schönen Seiten ihrer Vergangenheit halten, wenn ihnen die Gegenwart ruppig vorkommt?

Gewinner und Verlierer der Einheit

Dem erschütterten Selbstgefühl kommt eine weitere Antwortgruppe noch näher. Gefragt wurde, wie man seine eigene Lebenslage in der Gesellschaft einstuft auf einer Zehnerskala von »ganz unten« bis »ganz oben«. Die Frage war dreigeteilt: im Hinblick auf die frühere DDR, auf die jetzige gesamte Bundesrepublik und auf das heutige Ostdeutschland.

In der früheren DDR sieht sich kaum jemand »unten«, im Gegenteil: Die überwiegende Menge der Antwortenden sieht sich rückblickend in den oberen Rängen. Man war damals wer. In der neuen Bundesrepublik verschiebt sich die Masse des Berges nun aber mit Deutlichkeit zur anderen Seite hin, nach »ganz unten«. Die Mehrzahl der Menschen sieht also ihren früheren gesellschaftlichen Rang als verloren an.

Der interessanteste Berg ist jedoch der dritte, die Selbsteinschätzung im neuen Ostdeutschland. Für sich allein gesehen, stellt er die gängige Normalverteilung dar, wie sie wohl auch für die westliche Bundesrepublik aussehen könnte: Nur wenige sehen sich ganz oben oder ganz unten, die meisten gruppieren sich um die Mitte herum. Aussagekräftig wird diese Verteilung aber, wenn man sie mit dem mittleren Berg vergleicht, der ostdeutschen Selbstbewertung in der gesamten Bundesrepublik. Im Gesamtstaat stuft man sich mehrheitlich eher »unten« ein, im Osten dagegen normal verteilt, schön zwischen den Extremen. Mit nur etwas anderen Worten: In der neuen Gesamtrepublik fühlen sich die Ostdeutschen unterlegen und unwohl, in der bisherigen Umgebung jedoch finden sie zwischen oben und unten ausreichend Platz. Es scheint, als ergäbe sich dort ein wiedergefundenes Vertrauen in die nähere Umgebung, eine stille Normalität. Ein eigenwillig definiertes Selbstbild, das gerade nicht aus dem größeren Staat herauswächst, sondern aus dem Unterschied zu ihm, aus der engeren, noch gewohnten Umwelt.

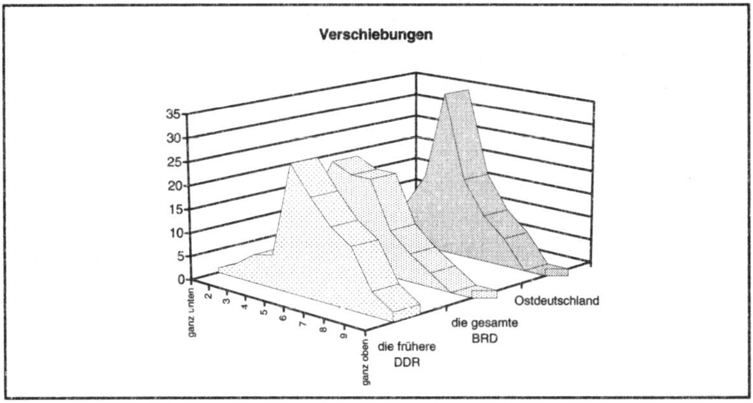

Eine neue Region

Wer das nun mit der im schlechten Sinn »organischen« Metapher Willy Brandts sehen will, wird hier alles andere als ein Zusammenwachsen feststellen. Das wächst doch wohl eher, wenn überhaupt, auseinander. Ihm wäre entgegenzuhalten: Es lassen sich auch alte, beispielsweise südliche, Bundesländer nennen, deren Selbstbewußtsein daheim größer ist als ihre realistische Eigenbewertung im größeren Staatsverband. Was dem einen recht ist, ist dem anderen billig: Die neuen Länder schaffen sich, wie einige Nachbarländer auch, ihre eigene kulturelle Identität.

In einer neueren Umfrage wurde früheren DDR-Bürgern folgendes Statement vorgelegt: »Ich kann stolz sein auf mein Leben in der DDR, weil ich das Beste daraus gemacht habe und mich mit dem Regime nur soweit eingelassen habe, wie es nicht zu vermeiden war.« 36 Prozent fanden, das trifft auf sie voll und ganz zu, weitere 39 bejahten die Äußerung leicht abgeschwächt. Auf die Zusatzfrage, wie viele Ostdeutsche so etwas von sich sagen könnten, antwortete knapp die Hälfte mit »fast alle« und »die meisten«, weitere 30 Prozent meinten, etwa die Hälfte der Ex-DDR-Bürger dürfe so etwas von sich behaupten. Der winzige Rest meinte, es träfe allenfalls auf einen kleinen Teil oder fast niemand zu. Da mag erkennbar viel Beschönigung und Eigenlob mitspielen, aber es verrät zugleich eine gestiegene Selbstsicherheit und die Geburt einer neuen Mentalität.

Im Oktober 1995 wurden in Zwickau für einen Trabant der »Last Edition« 19444 Mark gezahlt. »Der Ossi schämt sich nicht mehr, ein Ossi zu sein«, berichtete dazu eine süddeutsche Tageszeitung, »man fährt Trabbi und wohnt in der Platte, trinkt Rotkäppchen-Sekt und raucht Cabinet, liest die früheren SED-Lokalzeitungen und hört Oldies von den Puhdys oder Karat.«

Ob die Bundesrepublik will oder nicht: Sie ist um eine eigenartige, rätselhafte, aber sicher lebensfähige Regionalkultur reicher.

Landsleute

Etwa 81 Millionen Menschen leben heute in der größeren Bundesrepublik, auf jedem Quadratkilometer also etwa 225. Dabei ist die alte Bundesrepublik mit 265 Einwohnern pro Quadratkilometer dichter bevölkert als die neuen Bundesländer (144). Am geräumigsten haben es die Menschen noch in Mecklenburg-Vorpommern; dort leben nur 78 auf einem Quadratkilometer. In Nordrhein-Westfalen mit seiner Rhein-Ruhr-Stadtlandschaft ist es am engsten (522 Einwohner je Quadratkilometer). Die relativ einwohnerreichste Stadt ist Berlin (Westberlin: 4478, Ostberlin: 3230 Einwohner je Quadratkilometer), dann folgen Hamburg (2256) und Bremen (1678). Mit alldem ist Deutschland in Europa noch nicht einmal das am dichtesten besiedelte Land; Holland (über 360 Einwohner je Quadratkilometer) und Belgien (knapp 330) bieten ihren Menschen erheblich weniger Platz.

Bedenklicher ist, daß die Bundesrepublik in den 90er Jahren alt aussieht. Vergleicht man sie mit dem Bismarckreich vor hundert Jahren, so läßt sich die Überalterung besonders eindrücklich formulieren: Der Anteil der 40- bis 69jährigen an der Bevölkerung hat sich seitdem fast verdoppelt (von 22,9 auf 43,8 Prozent), der Anteil der über 70jährigen verdreifacht (von 2,8 auf 13,5 Prozent). Die geburtenfreudige DDR hatte in diesen Altersgruppen nur wenig günstigere Verteilungen (44,4 bzw. 11,8 Prozent).

Vor der Wende machte sich die alternde Bevölkerung der Bundesrepublik noch Hoffnung auf eine Verjüngung, wenn die DDR einmal hinzuaddiert würde. Wenige Jahre nach der Einigung jedoch wird ein dramatischer Vorgang sichtbar: Mit der Wende hörten die Frauen der DDR auf, Kinder zu kriegen. Zwischen 1990 und 1994 halbierte sich in Ostdeutschland die Zahl der jährlichen Geburten (auf 87 000). Die Zahl der Eheschließungen sank gegenüber 1989 sogar um etwa 64 Prozent (auf 48 000 pro Jahr). Die Gründe, Arbeitslosigkeit und wirtschaftliche Sorgen, liegen auf der Hand. Im Jahr 1994 wurde bei den Heiraten in den alten Ländern erstmals wieder ein Zuwachs auf 52 000 beobachtet.

Noch 1989 waren übrigens in 81 Prozent der DDR-Familien beide Partner berufstätig; zwei Jahre später war dieser Prozentsatz auf 75 gesunken und nähert sich mittlerweile dem westdeutschen Wert von knapp 46 Prozent.

In ganz Deutschland sank die Zahl der Eheschließungen wie schon in den Vorjahren weiterhin ab und betrug 1994 nur noch 440 000.

Die Konsequenz: In den neuen Ländern wächst die Bevölkerung nur noch im Umfeld von Berlin, in Brandenburg (jährlich um 0,5 Prozent). In den vier anderen nimmt sie langsam, aber spürbar ab (in Mecklenburg-Vorpommern um 1,7, in Sachsen um 0,8, in Sachsen-Anhalt um 0,7 und in Thüringen um 0,5 Prozent pro Jahr). Auch die übrigen Bundesländer zeigen auffallende Differenzen. Der Bevölkerungszuwachs schwankt hier zwischen einem Nullwachstum in Bremen und 1,5 Prozent in Hamburg.

Deutsche Männer, deutsche Frauen

Daß es in Deutschland mehr Frauen als Männer gibt, ist bekannt. Der weibliche Anteil an der Bevölkerung beträgt insgesamt knapp 53 Prozent. Wo aber leben die relativ meisten Frauen? In Berlin (im Ostteil 53,6, im Westteil 54 Prozent). Und die relativ wenigsten kurioserweise gleich daneben, im Umland Brandenburg (51,7 Prozent).

Den zweiten Platz beim Frauenüberschuß hält Sachsen mit 53,7 Prozent. Schleswig-Holstein, die Hansestädte, Bayern, Thüringen und Baden-Württemberg liegen gut im Mittelfeld, während Mecklenburg-Vorpommern (52 Prozent) mit Brandenburg am schlechtesten abschneidet. Ausgeglichen ist das Zahlenverhältnis zwischen Männern und Frauen allerdings nirgends, schon seit Jahrzehnten nicht mehr; vor hundert Jahren kamen bereits auf 100 männliche Deutsche 107 weibliche (ein durchaus vergleichbares Verhältnis von 48,3 zu 51,7 Prozent). Für etwaige Heiratschancen bedeuten diese Zahlen jedoch wenig. Es sind nämlich vor allem die älteren Damen, die das statistische Übergewicht erbringen. Das läßt sich deutlicher sehen, wenn man die Frauenanteile nach dem Alter aufschlüsselt. In den eher heiratswilligen Altersgruppen liegt das Verhältnis recht ausgeglichen bei etwa 51 zu 49 (mit einem leichten Übergewicht der Männer), bei den über 60jährigen jedoch springt der Frauenanteil auf etwas mehr als 62 Prozent (entsprechend sinkt der Männeranteil im Westen auf 38, im Osten sogar auf 36,2 Prozent). Frauen scheinen robuster, und Männer sterben jünger.

Familienstände

Verheiratet sind von den über 14jährigen Deutschen im Westen 60,4 und im Osten sogar 62,3 Prozent. In Westdeutschland ist die Zahl der jährlichen Scheidungen 1991 und 1992 ein wenig gesunken, übertraf aber schon 1993 (156000) wieder den Stand von 1990 und stieg im Jahr danach auf 166000 an. In Ostdeutschland, das schon länger einen Trend zu immer weniger Scheidungen aufwies, gingen nach der Wende die Scheidungen ungewöhnlich abrupt zurück, von 32000 (1990) auf 9000 (1991). Der Grund dafür ist die private Unsicherheit, wie es wirtschaftlich weitergeht, verbunden mit dem plötzlichen Rückgang der Frauenarbeit. Wohl deshalb stieg hier die durchschnittliche Ehedauer von 9,3 Jahren (1989) auf 11,9 Jahre (1991); für Westdeutschland trifft das nicht zu, hier sank zwischen diesen beiden Zeitpunkten die Dauer einer Ehe leicht von 12,1 auf dieselbe Dauer von 11,9 Jahre.

Offensichtlich leben die Menschen in manchen Bundesländern eher allein als in anderen. Auch hier haben sich die Lebensverhältnisse der wiedervereinigten Teile Deutschlands bis heute nicht angeglichen: Im Westen wohnen 18,9 Prozent der über 14jährigen Menschen allein, im Osten dagegen nur 15,9. In einem anderen Punkt ähneln sie sich jedoch: In ganz Deutschland sind es vor allem die Frauen (wiederum die älteren), die allein leben; im Westen sind es 12,6 Prozent der Männer und 24,6 der Frauen, und im Osten ist der Unterschied mit 9,5 zu 21,6 genauso groß. Besonders viele Alleinlebende finden sich natürlich in einer Großstadt wie Berlin (Ostberlin: 21,6, Westberlin: 31,3 Prozent).

Haushalte

Den entsprechend höchsten Anteil an verheirateten und eheähnlichen Paaren haben Sachsen-Anhalt (73,8 Prozent) sowie Mecklenburg-Vorpommern und Brandenburg (mit je etwa 70 Prozent). Abgesehen von den Werten für eine Großstadt wie Berlin und für Schleswig-Holstein mit Hamburg und Bremen sind zwei Südstaaten die Länder mit dem niedrigsten Prozentsatz Zusammenlebender: das immer schon liberalere Baden-Württemberg (65,1 Prozent) und das sonst so traditionsfromme Bayern (65,7 Prozent).

Alle anderen Deutschen leben entweder bei ihren Kindern oder Eltern (13,5 Prozent in beiden Teilen Deutschlands) oder – was allerdings kaum ins Gewicht fällt – in einer Wohngemeinschaft (1,6 Prozent im Westen und 1,1 Prozent im Osten).

Die Entwicklung zum Haushalt mit weniger Personen ist seit über einem Jahrhundert im Gang. Während sich die Gesamtbevölkerung zwischen 1871 und 1990 etwa verdoppelt, wächst die Zahl der Privathaushalte weit über das Dreifache. Dadurch sinkt, mathematisch zwangsläufig, die Zahl der Personen je Haushalt, und die Zahl der Single-Haushalte steigt.

Von je 100 Haushalten waren			
1900	1991 West	1990 Ost	
7	35	25	Ein-Personen-Haushalte
15	30	30	Zwei-Personen-Haushalte
17	17	23	Drei-Personen-Haushalte
17	13	17	Vier-Personen-Haushalte
44	5	4	Fünf- und Mehr-Personen-Haushalte

Die Abwendung vom »großen Haus«, ja selbst von der Vier-Personen-Familie seit 1900, wird auch an folgenden Zahlen sichtbar: Im Jahr 1900 lebte in nur sieben Prozent aller deutschen Haushalte eine Person allein, zwei in 15, drei oder vier Personen in je 17; in den meisten Haushalten, 44 Prozent, lebten jedoch fünf und mehr Personen. Knapp hundert Jahre später hat sich das Verhältnis genau umgekehrt, wobei die Entwicklung im Westen besonders ausgeprägt ist. Hier sind jetzt mit 35 Prozent am stärksten vertreten die Ein-Personen-Haushalte (Ostdeutschland: 25), zwei Personen leben in 30 Prozent der Haushalte (im Osten noch der häufigste Typ: 30 Prozent), drei Personen in 17 (bzw. 23) und vier in 13 (17) Prozent. Den früheren Normalfall von fünf oder mehr Menschen, heute schon Großfamilie genannt, gibt es nur noch in fünf Prozent im Westen und zu vier Prozent im Osten. Es ist abzusehen, daß die neuen Bundesländer nach dem Absturz der Geburtenrate dem Westen in der Haushaltsgröße immer ähnlicher werden.

Schichten und Verwerfungen

Für die Bestimmung des sozialen Niveaus der Befragten wird ein Schichten-Modell verwendet. Das hier benutzte geht von der Überlegung aus, daß eine soziale Schicht durch drei Kriterien bestimmt wird: dem Haushaltsnettoeinkommen, dem Bildungsniveau (also der Schul- und Berufsausbildung) und der beruflichen Stellung. Innerhalb dieser drei Kriterien werden unterschiedliche Punktzahlen vergeben. Hier einige Auswahlbeispiele: Ein Einkommen unter 1250 Mark ergibt einen Punkt, 8 000 Mark und dar-

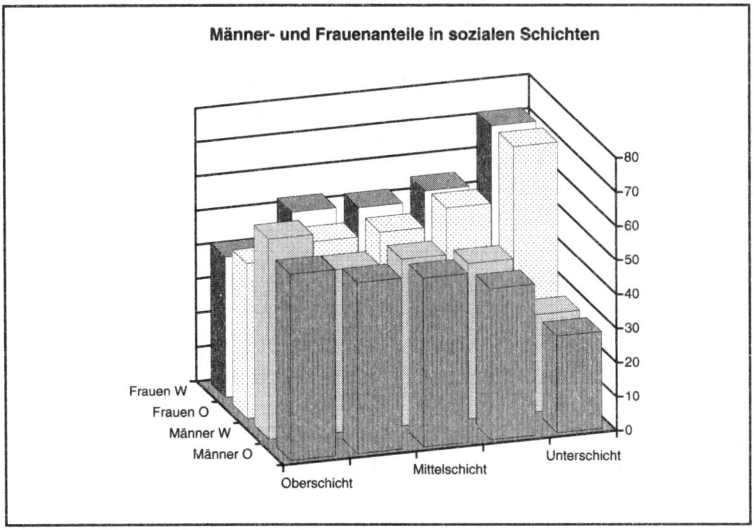

über ergeben neun Punkte; ohne Schulabschluß: 1 Punkt, Hochschul- und Fachhochschulreife: 6 Punkte, ungelernte Arbeiter: 1 Punkt, Vorarbeiter oder Meister: 5, leitende Angestellte oder Beamte: 8 Punkte. Die zusammengetragenen Punktesummen ergeben eine Häufigkeitsverteilung, mit der sich fünf Gruppen oder soziale Schichten unterteilen lassen:

- Oberschicht,
- Obere Mittelschicht,
- Mittelschicht,
- Untere Mittelschicht und
- Unterschicht.

Getrennt nach diesen Gruppen lassen sich nun einige Merkmale genauer untersuchen. Wie zum Beispiel verteilen sich Geschlechter, Altersstufen, Alleinlebende oder Wohneigentum auf die fünf Schichten? Wie stark sind bestimmte Einkommensgruppen darin vertreten? Und dann vor allem: Werden in dieser Betrachtung zwischen Ost- und Westdeutschland jeweils Ähnlichkeiten oder Unterschiede erkennbar?

Geschlechter und Alter in Sozialschichten
Zunächst fällt eine erstaunliche Parallelität zwischen Ost und West auf, speziell in der Mittelschicht. Und die Unterschicht besteht hier wie dort nur zu knapp 30 Prozent aus Männern, zu über 70 Prozent jedoch aus Frauen. Wenigstens auf diesem sozialen Niveau sind die vereinten Landesteile nicht voneinander zu unterscheiden.

Die Übereinstimmung macht aber auch nachdenklich. Warum sind die Anteile der Geschlechter hier nicht ausgeglichener, wie es ja in der Mittelschicht recht ausgeprägt der Fall ist? Immerhin ist in der Oberschicht der Abstand zwischen ihnen nicht mehr ganz so groß, obwohl die Männer hier ein gewisses Übergewicht behalten. Der kleine Unterschied liegt allenfalls darin, daß der Westen etwas mehr Oberschicht-Männer hat als der Osten, hier dagegen, auch auf Grund der höheren Gleichberechtigung, sind die Ostfrauen stärker vertreten als die Westfrauen.

Ein Blick auf die Altersgruppen zeigt in der Gesamtverteilung wiederum eine weitgehende Ähnlichkeit zwischen den beiden Teilen Deutschlands.

Anteile der Altersstufen in sozialen Schichten (Prozent)

Westdeutschland	Gesamtbev.	Oberschicht	Obere Mittelschicht	Mittelschicht	Untere Mittelschicht	Unterschicht
14-19 Jahre	6,5	3,4	7,3	8,5	6,5	5,2
20-29	18,4	17	21	19,8	18,9	11,6
30-39	17,9	24,4	21,9	17,6	13,2	10,3
40-49	14,5	22,8	16,4	14,9	9,6	5,9
50-59	16,7	19,3	17,2	16,8	16	12,4
60-69	12,6	8,2	8	11,9	17,8	19,4
70 Jahre und älter	13,5	5	8,3	10,5	18,1	35,2
Ostdeutschland	**Gesamtbev.**	**Oberschicht**	**Obere Mittelschicht**	**Mittelschicht**	**Untere Mittelschicht**	**Unterschicht**
14-19 Jahre	8,2	4,6	6,4	9,5	7,4	11,6
20-29	16,9	13,2	19,6	19,2	16,9	6,3
30-39	18,9	26	23,4	21,1	12	7,5
40-49	14,7	26,3	19,5	15,3	7,6	4,8
50-59	17,6	22,1	16,1	16,5	19,6	16
60-69	12,1	5,8	8,8	10,8	17,1	19,8
70 Jahre und älter	11,6	2,1	6,2	7,6	19,5	33,9

Große Unterschiede sind kaum bemerkbar. Die westliche Oberschicht ist im ganzen vielleicht ein wenig jünger als die östliche, ebenso übrigens die Unterschicht als Ganzes. In beiden Landesteilen verdient aber eine Zahl einen besonderen Hinweis. Während sonst die Altersgruppen sich flach verteilen, steigt in der untersten sozialen Schicht die Gruppe der über 70jährigen plötzlich sprunghaft an, auf 35,2 Prozent im Westen und 33,9 im Osten. Der Anteil dieser Altersstufe an der Gesamtbevölkerung beträgt aber in Westdeutschland 13,5 Prozent, in den jüngeren neuen Ländern nur 11,6 Prozent. Die Älteren sind also mit einem fast dreimal höheren Prozentsatz in der Unterschicht versammelt. Sicher darf man nicht erwarten, daß sich ein Jahrgang gleichmäßig über alle Schichten verteilt. Aber bei keiner anderen Altersgruppe ist ein so ungleich höherer Anteil in irgendeiner Sozialschicht zu verzeichnen.

Paarbildung

In der nächsten Abbildung sind die drei verschiedenen Lebensformen – mit Partner, allein und bei Eltern oder Kindern – getrennt nach Ost- und Westdeutschland mit den fünf Sozialschichten in Beziehung gesetzt. Abermals sticht die hohe Ähnlichkeit der Gruppen in Ost und West ins Auge.

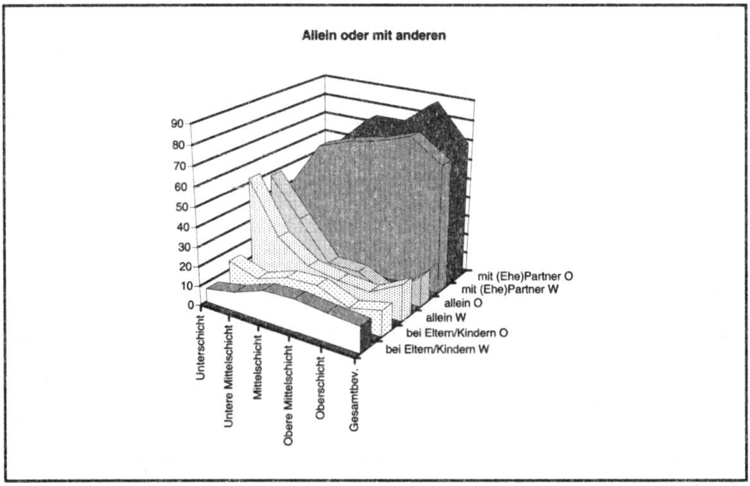

Ganz natürlich nehmen die Paare den größten Raum ein, sie sind ja auch gegenüber den beiden anderen am stärksten in der Bevölkerung vertreten (mit recht ähnlichen 69,6 Prozent Ost und 65,9 West). Es bleibt aber auffällig, daß die Paare in der Unterschicht stark unterrepräsentiert, auf den beiden oberen Niveaus aber überdurchschnittlich häufig zu finden sind. Genau gegenläufig ist die Verteilung der Alleinlebenden. Sie gehören nur mit einem sehr geringen Anteil zur Oberschicht, sind aber zu einem vergleichsweise sehr hohen Prozentsatz in der Unterschicht zu finden. Lediglich die dritte Gruppe kommt auf allen Niveaus ungefähr gleich häufig vor. Der soziale Erfolg wird also offensichtlich denen zuteil, die einen Partner oder eine Partnerin an ihrer Seite haben. Alleinlebende sind in hohem Maß abstiegsgefährdet.

Das Ergebnis der bisherigen Betrachtungen hinterläßt gemischte Gefühle.

Einerseits ist eine große Ähnlichkeit der Verteilungen in Ost und West festzustellen. Hinsichtlich Geschlecht, Altersgruppe und Lebensform sind – mit geringen Unterschieden – die Chancen hier wie dort ziemlich gleich verteilt; die Gesellschaften haben sich also auch in 40 Jahren nur wenig auseinanderentwickelt.

Auf der anderen Seite besitzen nicht alle die gleichen Aufstiegschancen, egal, in welchem Teil Deutschlands sie wohnen. In die oberen Ränge gelangen am ehesten die dynamischen 20- bis höchstens 50jährigen aus einem Partnerhaushalt, und es hilft, wenn sie dazu noch männlich sind. Sehr viel schlechtere Aussichten haben überall die Älteren, unter ihnen besonders die alleinlebenden Frauen. Vor allem sie bilden eine überdurchschnittlich große Gruppe in der Unterschicht.

Immobilien

Das Dach über dem Kopf kennt der Deutsche in viererlei Form: Er hat entweder Haus oder Wohnung und diese entweder zur Miete oder als Eigentum.

Statistisch und aufs große Ganze gesehen spielen die Mieter eines Hauses kaum eine Rolle, nicht im Westen (4,2 Prozent) und erst recht nicht im Osten (2,9 Prozent). Selbst aufgeschlüsselt nach sozialen Schichten ergibt sich kaum ein anderes Bild. Lediglich der Abstand zwischen Ober- und Unterschicht ist im Westen geringfügig größer (sechs zu 2,9 Prozent) als im Osten (4,3 zu 3,1 Prozent). Auch die Wohnungseigentümer sind hier wie dort nicht sehr zahlreich, in den alten Ländern nur 5,8 und in den neuen 1,2 Prozent.

Anders sieht es bei Wohnungsmietern und Hauseigentümern aus. Die beiden Gruppen sind zwangsläufig größer, zudem lassen sie einige charakteristische Unterschiede erkennen, sowohl innerhalb einer Schicht als auch zwischen Ost- und Westdeutschland.

In der alten Bundesrepublik sind die Eigentumshäuser in sauberer Abstufung von oben nach unten verteilt: Im eigenen Haus wohnt die Oberschicht zu 50,7 Prozent, die Mittelschicht zu 37 und die Unterschicht noch zu 21,2 Prozent. Die Ex-DDR dagegen kennt beim Hauseigentum eine gleichmäßigere, ja fast eine Art Normalverteilung. Die relativ meisten eigenen Häuser kann sich die Mittelschicht (27,4 Prozent) leisten, etwas weniger kommen in den Extremschichten vor (Oberschicht 24,3, Unterschicht 18,6 Prozent).

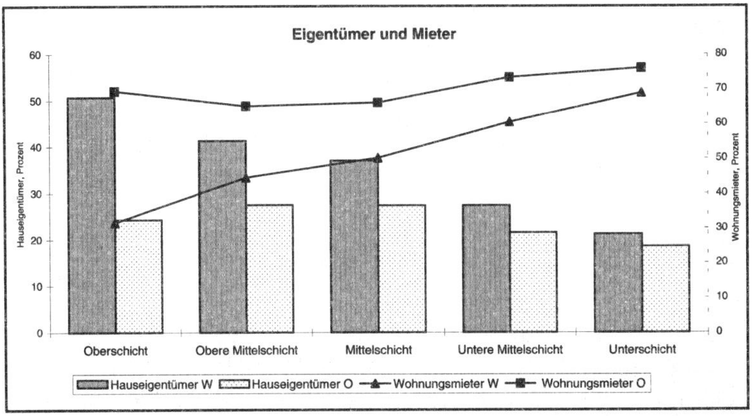

Auffällig sind hier aber auch die Ost-West-Unterschiede. Die westliche Oberschicht wohnt zur Hälfte im eigenen Haus, die östliche nur zu einem Viertel. Erst bei der Unterschicht gleichen sich die Verhältnisse einander allmählich an.

Ein völlig anderes, stetigeres Bild ergeben die Wohnungsmieter. Im Osten wie im Westen lebt die Oberschicht seltener in einer gemieteten Wohnung, die Unterschicht häufiger. Durch alle sozialen Ränge hindurch ist diese Wohnform in Ostdeutschland verbreiteter als in Westdeutschland.

Betrachtet man eine bestimmte Schicht in beiden Landesteilen, so treten wiederum markante Ost-West-Unterschiede hervor. Die Oberschicht wohnt in den neuen Ländern überdurchschnittlich häufiger in der Mietwohnung als in den alten Ländern (65,1 gegen 31,6 Prozent). Im Osten ändert sich dieser Anteil zur Unterschicht hin nur wenig, im Westen jedoch wird der Prozentsatz der Wohnungsmieter zur Unterschicht hin kontinuierlich größer. Erst hier liegen die beiden Teile Deutschlands nahe beieinander: 68,9 Prozent der westlichen und 76 Prozent der östlichen Unterschicht sind in Mietwohnungen zu finden.

Wie schon einige Male bisher ergibt sich auch hier wieder derselbe Sozialcharakterzug: Die Erfolgreichen richten sich ihr Leben verschieden ein, die unteren Schichten der Gesellschaft sehen eher gleich aus.

Haushaltsnettoeinkommen

Obwohl die Einkommen der Ostdeutschen, insbesondere die Altersrenten, seit der Währungsunion in großen Schritten dem Westniveau angepaßt werden, waren im Jahr 1994 noch immer deutliche Unterschiede in der Verteilung zu sehen. Sie betreffen das persönliche Einkommen, also die Einkünfte einer Person, und ebenso die Nettoeinkommen der Haushalte, das heißt das, was sich bei einem Haushalt als Gesamteinkünfte aller darin Verdienenden ergibt.

In Westdeutschland sind, wie zu erwarten, bei den Haushaltseinkommen die mittleren Gruppen zwischen 2 000 bis 5 000 Mark die häufigsten. Sowohl nach oben wie nach unten sinkt die Häufigkeit der anderen Einkommensgruppen, nach unten erfreulicherweise steiler (wenige verdienen wenig), nach oben hin etwas flacher (einige verdienen immer noch mehr als der Durchschnitt).

In Ostdeutschland ist der Verlauf von den niedrigen zu den hohen Einkommensgruppen erheblich steiler: Die drei mittleren Gruppen stechen hier im Vergleich zum Westen etwas stärker aus den anderen hervor, ganz besonders die Einkommensgruppe 2 000 bis 3000 Mark mit 32,8 Prozent. Die zwei niedrigeren Einkommensgruppen sind stark, die fünf höchsten aber gegenüber dem Westen sehr schwach vertreten. Mit anderen Worten: Ostdeutschland ist nicht nur ärmer, die Haushaltseinkommen sind außerdem ungleichmäßiger verteilt als in Westdeutschland.

	Haushaltsnettoeinkommen		Persönliches Nettoeinkommen	
	Westdeutschland	Ostdeutschland	Westdeutschland	Ostdeutschland
kein Einkommen	0	0	14,3	6,3
unter 1000 Mark	1,9	3	14,6	21
1000-2000	11,6	19	24,5	48,8
2000-3000	21,4	32,8	24,4	18,4
3000-4000	21,7	22,2	11,2	3,5
4000-5000	18,5	14,9	5	0,8
5000-6000	10,2	4,6	1,8	0,2
6000-8000	8	2,6	1,4	0,1
8000-1000	2,7	0,4	0,3	0,1
über 10000 Mark	2,2	0,2	0,5	0

Persönliches Nettoeinkommen

Dasselbe Zahlenbild bieten die persönlichen Einkommen, nur sind hier bestimmte Merkmale noch schärfer ausgeprägt.

Zusammenfassend könnte man sagen: In ganz Deutschland beträgt im Jahr 1994 dieses Einkommen bei etwa 50 Prozent der Einkommensbezieher weniger als 2000 Mark im Monat. Dabei würde aber verschleiert, daß im Osten beinahe die Hälfte davon in der Gruppe 1000 bis 2000 Mark vorkommt, während im Westen nur ein knappes Viertel mit so wenig auskommen muß. Und die höheren Einkommen über 4000 Mark machen sich im Osten insgesamt ziemlich rar.

Nach Sozialschichten aufgeschlüsselt ergibt sich ein genaueres Bild. Zwar zeigen die unteren Schichten im Osten und im Westen eine recht gleichmäßige Verteilung. Beide Unterschichten erreichen ihren Gipfel in der niedrigen Einkommensgruppe 1000 bis 2000 Mark, die Mittelschichten weisen eine gemeinsame Doppelspitze in den Gruppen 2000 bis 4000 Mark auf.

Die Oberschicht erreicht ihren Gipfel in den höheren Einkommen, allerdings mit einem charakteristischen Unterschied. Die stärkste Gruppe in der ostdeutschen Oberschicht sind (mit 33,6 Prozent) die 4000- bis 5000-Mark-Verdiener, in der westdeutschen jedoch die Gruppe der 6000- bis 8000-Mark-Bezieher (mit 29,7 Prozent). Besonders die sehr hohen Monatseinkommen 6000 bis 8000 und 8000 bis 10000 Mark sind mit jeweils über 10 Prozent in der westdeutschen Oberschicht stark präsent, in der ostdeutschen mit 3,7 bzw. 1,7 Prozent verschwindend gering.

Ein Blick auf die persönlichen Einkommen aller fünf Schichten zeigt wiederum sehr große Ungleichheiten zwischen Ost und West. In einer Gesamtdarstellung dürften voraussichtlich die niedrigeren und mittleren Einkommen besonders häufig sein, die höheren seltener. Außerdem möchte man gern in jeder Schicht einen halbwegs regelmäßigen Verlauf von den niedrigeren zu den höheren Einkommen erwarten. Die Wirklichkeit sieht jedoch ein wenig anders aus.

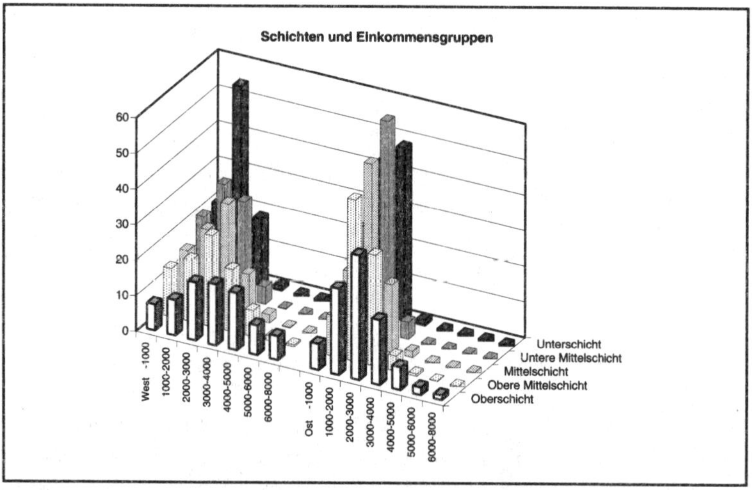

Leicht erkennt man, daß im Westen die höheren Balken zahlreicher beieinander stehen als im Osten. Von einer gewissen Normalverteilung kann man aber gerade noch in den beiden Oberschichten sprechen, im Westen sogar etwas ausgeglichener als im Osten. Auch die obere Mittelschicht weist in Ost und West noch eine Mittelspitze und zu beiden Seiten abfallende Werte auf. Aber schon hier ist der Abfall zu den höheren Einkommen hin im Osten deutlich abrupter als im Westen.

Diese Ungleichheit akzentuiert sich dramatisch in den beiden untersten Schichten, vergleichsweise stark wiederum im Osten. Hier ragt die Gruppe 1 000 bis 2 000 Mark – wie auch im Westen – überdeutlich aus dem Balkenwald heraus. Rechts davon, in den nächsthöheren Einkommensgruppen, ist jedoch so gut wie nichts mehr zu sehen. Dort klafft eine Art Baulücke. Im Westen ist wenigstens noch die Gruppe 2 000 bis 3 000 Mark mit 13,6 Prozent in der Unterschicht vertreten. Im Osten jedoch beträgt dieser Anteil jämmerliche 1,4 Prozent. In den zwei untersten Schichten der alten Länder werden also fast ausschließlich unter 2 000 Mark pro Monat verdient, darüber hinaus gelangt kaum noch jemand.

Die Deutschen im Jahr 2010

Mit seinen 81 Millionen Einwohnern ist Deutschland das menschenreichste Land in West- und Mitteleuropa. Sein jährlicher Bevölkerungszuwachs bis zum Jahr 2 000 beträgt jedoch nur noch etwa 0,2 Prozent. Mit diesem Wert liegt es auf Platz elf. Einen höheren Zuwachs können kleine Staaten erwarten wie die Schweiz, die Niederlande, Schweden, Finnland, Norwegen, Belgien und Irland, aber auch Frankreich und Großbritannien. Hinter Deutschland rangieren in absteigender Folge Polen, Spanien, Tschechien, Dänemark, Italien, Portugal, Ungarn und Bulgarien (in den beiden letztgenannten vermindert sich die Bevölkerung sogar). Die Liste ist allerdings nicht sehr verläßlich: Die Prozentsätze schwanken in dem sehr engen und daher fehleranfälligen Korridor zwischen 0,9 (Schweiz) und -0,5 Prozent (Bulgarien).

Wanderungen

Wenn Grenzen sich öffnen, wandern die Menschen. Schon vor dem Ende des staatlichen Kommunismus kamen deutschstämmige Personen, ihre Ehepartner und Kinder in die Bundesrepublik. Im Jahr 1990 erreichte die Zuwanderung dieser Aussiedler ihren Höhepunkt: Die meisten kamen aus Polen, Rumänien und der Sowjetunion, mit anderen insgesamt 397 073 Personen. Vier Jahre später war ihre Zahl auf 237 291 gesunken, die nun fast alle (96 Prozent) aus der ehemaligen Sowjetunion stammten.

Auch innerhalb der Bundesrepublik finden in Ost-West-Richtung spürbare Bevölkerungsverschiebungen statt. Der Westen gewinnt dabei, der Osten verliert Menschen: Mittelfristig wird in den neuen Ländern eine Abwanderung von beinahe 10 Prozent erwartet, das sind mindestens anderthalb Millionen Menschen. Die beiden Bewegungen gehen jedoch aufeinander zu: Der Strom nach Westen nimmt ab, der nach Osten zu.

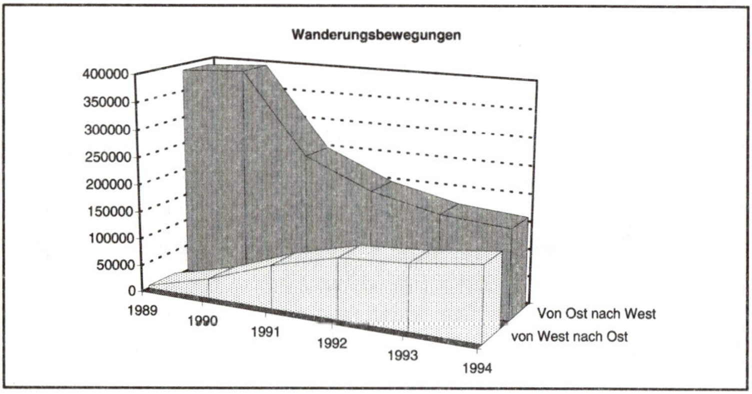

Die bevorzugten Ziele dieser innerdeutschen Westmigration sind städtische Ballungsgebiete wie Hamburg, Frankfurt am Main, Stuttgart, München und das Ruhrgebiet. Dorthin zieht es etwa 80 Prozent der Umzugswilligen. Es sind vor allem die Jüngeren zwischen 20 und 30 Jahren, die im Westen Arbeitsplätze und eine bessere Zukunft erhoffen. Bereits 1993 wurde ermittelt, daß jeder vierte in der Gruppe der Zwanzigjährigen aus den neuen in die alten Bundesländer umziehen möchte. Für manche Regionen der früheren DDR wird diese Abwanderung eine um 20 Prozent verminderte Bevölkerung bedeuten.

Private Haushalte
Im Jahr 1994 gibt es in den alten Bundesländern insgesamt 29, in den neuen 6,4 Millionen Haushalte.

Noch im April 1990 wurden in der früheren Bundesrepublik nur 28,2 Millionen Privathaushalte gezählt (für die neuen Länder fehlen vergleichbare Angaben). Davon waren 8,9 Millionen Ein-Personen-Haushalte (34,7 Prozent; die Anteile der Haushalte mit zwei und drei Personen betrugen 30,2 bzw. 16,7 Prozent). In den zehn Jahren davor hatte sich diese Haushaltsform schon um 31,4 Prozent vermehrt. Im gleichen Zeitraum hatte die Zahl der Haushalte mit fünf oder mehr Personen um ein knappes Drittel abgenommen. Ausländische Haushalte unterscheiden sich dabei kaum noch von deutschen: In den ersteren leben im Durchschnitt 2,25 Personen, in den letzteren 2,28 Personen, beinahe ebensoviele.

Demnach sieht auch das Bild, wenn man allein die Haushalte mit deutschem Haushaltsvorstand betrachtet, nur wenig anders aus.

Die Gesamtzahl dieser Haushalte steigt zwischen 1990 und 2000 in Westdeutschland noch ein wenig von 26,3 auf 26,7 Millionen, sinkt aber voraussichtlich bis zum Jahr 2010 auf 26 Millionen ab. Auf die gleichen drei Jahreszahlen bezogen steigt der Anteil der Ein-Personen-Haushalte im Dreisprung an, und zwar von 35,4 über geschätzte 35,5 auf 36,6 Prozent. Sogar in absoluten Zahlen nehmen die Singles zu: 1990 lebten noch 9,3 Menschen allein im Haushalt, zwanzig Jahre später werden es etwa 9,5 Millionen sein. In welchen Familien bei einem derartig kontinuierlichen Rückgang noch Kinder kommen oder aufwachsen sollen, ist nicht recht klar.

Wachstumsprognose
Sterben die Deutschen also langsam, aber sicher aus? Wie kann man bei diesem Schwund überhaupt noch ein Wachstum der Bevölkerung erwarten? Die Lösung des Rätsels liegt in einer offiziell noch immer nicht anerkannten Tatsache: Deutschland ist ein Einwanderungsland. Seine Bevölkerung wächst, weil mehr Menschen ein- als auswandern. Man nennt das einen positiven Einwanderungssaldo. Selbst wenn man annimmt, daß dieser Saldo bis zum Jahr 2010 von geschätzten 370000 pro Jahr (Deutsche, Aussiedler

und Ausländer 1995) auf 190000 Menschen im Jahr 2010 zurückgeht, wächst die Bevölkerung in Deutschland bis dahin auf knapp 84 Millionen an.

Die Bevölkerung bestand 1991 aus 74,2 Millionen Deutschen und 6,1 Millionen Ausländern. Im Jahr 2010 wird sich das Verhältnis etwas verschoben haben: Dann werden hier noch 71,4 Millionen Deutsche zusammen mit 12,3 Millionen Ausländern das Land bevölkern.

Im Jahr 1994 lebten ziemlich genau 6,99 Millionen Ausländer in Deutschland, das sind 8,6 Prozent der gesamten Bevölkerung. Ein knappes Viertel von ihnen (22,5 Prozent) kommt aus der Europäischen Union. Die größten nationalen Gruppen sind jedoch Türken (1,97 Millionen) und Menschen aus dem ehemaligen Jugoslawien (1,3 Millionen). Die Zahl der registrierten Flüchtlinge ist aufgrund der verschärften Asylgesetze stark zurückgegangen (1994: 1,75 Millionen, 1995: nur noch 610000 Menschen).

Auf Dauer bleibt es vergeblich, auf ein jüngeres Deutschland zu hoffen. Bereits weiter oben bei den Haushaltsgrößen wurde deutlich, daß die zugewanderten Ausländer ihre Lebensform dem Trend zum Ein-Personen-Haushalt weitgehend angepaßt haben. Der Verjüngungseffekt der noch kinderfreudigen Zuwanderer hat sich daher schon nach der Jahrtausendwende verbraucht. Bis zum Jahr 2010 werden die Jüngeren in der Gesellschaft nach kurzem Anstieg allmählich weniger und die Älteren entsprechend zahlreicher. Auch die Zahl der 20- bis 60jährigen Menschen, der hauptsächlich aktiven Bevölkerung also, schmilzt dann kontinuierlich dahin.

Die zahlenmäßige Verminderung der unter 20jährigen hat eine Ursache im dramatischen Geburtenrückgang der neuen Länder. Im Westen steigt diese Altersgruppe sogar von 13,4 (1991) noch auf 14,1 Millionen (2010), im Osten aber sinkt sie gleichzeitig rapide von 3,9 auf 2,4 Millionen. Ein Wachstum zeigt die Gruppe der über 60jährigen. Ihre Zahl steigt im Osten während dieser Jahre von 3,0 auf 3,8, im Westen von 13,4 auf 17,5 Millionen. Und bei der Zahl der noch Älteren, der Menschen mit 80 und mehr Jahren, bleiben die neuen Länder über diesen Zeitraum berechnet sogar stabil bei 0,6 Millionen, während sie in der früheren Bundesrepublik von 2,5 auf 3,2 Millionen ansteigt.

Dieses Szenario bietet reichlich düstere Aussichten, auch für die Angleichung der Lebensverhältnisse in Ost und West: Die Jungen kehren der Ex-DDR den Rücken, zurück bleiben dort nur die Alten.

Betrachtet man nun noch die Anteile der Jüngeren und Älteren an der Gesamtbevölkerung der Bundesrepublik, nach dem heutigen Trend weiterberechnet bis ins Jahr 2030, so sieht man eine Schere, die sich bedrohlich öffnet. 1991 waren noch 21,5 Prozent jünger als 20 Jahre, 2030 werden es nur noch 17,2 Prozent sein. Die 60jährigen und noch Älteren nehmen in dieser Zeit von 20,4 auf 32,8 Prozent zu. Wer im noch gültigen Generationenvertrag wird die Renten erwirtschaften für die ständig wachsende Gruppe der Alten?

Der Blick in die weitere Ferne ist also wenig tröstlich. Im Jahr 2020 soll die Bevölkerung der Bundesrepublik etwa auf den Stand von 1995 sinken, auf 81,6, im Jahr 2040 sogar auf 73,4 Millionen. Der Anteil der Jüngeren unter 20 Jahren nimmt in diesem Zeitraum von 18,2 auf 18 Prozent etwas ab, die Älteren über 60 Jahre legen gleichzeitig noch einmal kräftig zu und steigen von 28,7 auf 33,6 Prozent an. Trifft diese Vision tatsächlich ein, so ist im Jahre 2040 nur noch ein Fünftel der Menschen in Deutschland jung, ein Drittel jedoch über 60 Jahre alt.

Selbst in einer geänderten Vorausberechnung, nicht mit einem sinkenden, sondern einem gleichbleibenden Einwanderungssaldo, sieht das Ergebnis für 2020 und 2040 kein bißchen besser aus. In diesem Fall würden im Jahr 2020 in Deutschland 84,4 Millionen Menschen leben und im Jahr 2040 nur noch 77,4 Millionen. Der Anteil der unter 20jährigen wäre für diese beiden Zeitpunkte 18,3 und 18,1 Prozent, der Anteil der Älteren stiege von 28,7 auf 33,6 Prozent, also wiederum ein Drittel.

Man hat folgende Rechnung aufgestellt: Wenn die Deutschen auch in Zukunft so wenige Kinder haben, so müßte man jedes Jahr eine halbe Million Ausländer ins Land bitten, damit sich Alte und Junge wieder in einem ausgeglichenen Verhältnis treffen.

Deutsche und andere Menschen

Österreich, obwohl es nicht mehr »dazugehört«, behält im Herzen der Deutschen seinen unverrückbaren Platz. Für viele ist es nicht einmal richtiges Ausland, sondern so etwas wie ein 17. Bundesland (eine Sichtweise, die nicht auf Gegenseitigkeit beruht). Seit Jahren ist Österreich vor allen anderen konstant und mit Bestwerten um die 75 Prozent das beliebteste Urlaubsland, und zwar gesamtdeutsch. Auf den nächsten Plätzen der Sympathieskala folgen in Westdeutschland Frankreich, die Schweiz und Italien, in Ostdeutschland die frühere Tschechoslowakei und Ungarn.

Viele Nachbarn also, nahe und selbst fernere, erfreuen sich bei den Deutschen hoher Beliebtheit. Lediglich nach Norden und Nordosten geht die Zuneigung etwas weniger weit.

Sympathien, Antipathien

Nicht immer schafft räumliche Nähe auch wechselseitige Achtung. Nur 32 Prozent der Deutschen halten die Österreicher für »modern«, umgekehrt jedoch werden die Deutschen von 78 Prozent der Österreicher so gesehen. Weitgehend einig sind sich beide allerdings darin, daß ihr mehr oder weniger gemeinsames Deutsch Amtssprache in der Europäischen Union sein soll (Deutsche: 77 Prozent, Österreicher 71 Prozent). Auch auf die Frage »Welche Landsleute entsprechen Ihrer eigenen Mentalität am meisten?« fallen die wechselseitigen Antworten ziemlich gleich aus. Deutsche nennen hier zu 68 Prozent die Österreicher, diese zu 65 Prozent die Deutschen. Im Verhältnis der Deutschen zu anderen Völkern stimmen die gegenseitigen Einschätzungen aber bald nicht mehr so überein. Nur bei den Schweizern sehen die Deutschen noch zu 44 Prozent eine ähnliche Mentalität.

In der nächsten Grafik fällt eine charakteristische Abweichung auf: Abgesehen von einem Land (Ungarn) erkennen relativ mehr Deutsche als Österreicher in Nachbarländern eine ihnen entsprechende Denkweise. Die Österreicher erscheinen insgesamt skeptischer und vorsichtiger im Urteil als die Deutschen. Es könnte gut sein, daß die Deutschen hier einer Art Wunschdenken erliegen. Man muß nicht gleich das Klischee wieder aufwärmen, sie hätten nur die eine Sehnsucht, von möglichst allen geliebt zu werden. Das ginge wohl zu weit. Aber etwas wie Selbsttäuschung scheint hier gewiß im Spiel zu sein. Und für die Holländer läßt sich das sogar zeigen, wenigstens für die 15-/16jährigen.

Bei diesen nämlich sind die Deutschen alles andere als gut angesehen. Gute Eigenschaften wie »einfach im Umgang« (sagen nur elf Prozent von ihnen), »tolerant« (14) oder »humorvoll« (15 Prozent) kommen im Urteil der Jüngeren bei den Deutschen äußerst selten vor. Im Gegenteil: Sie nennen sie ausgesprochen herrschsüchtig (71), arrogant (60) und sogar kriegslüstern (46 Prozent). Offenbar halten sie auch die Gesetzestreue der Deutschen (38) und den Stolz auf das eigene Land (58 Prozent) für zumindest übertrieben. Eine Ähnlichkeit der Mentalität läßt sich aus so einem Deutschenbild also ganz und gar nicht ablesen.

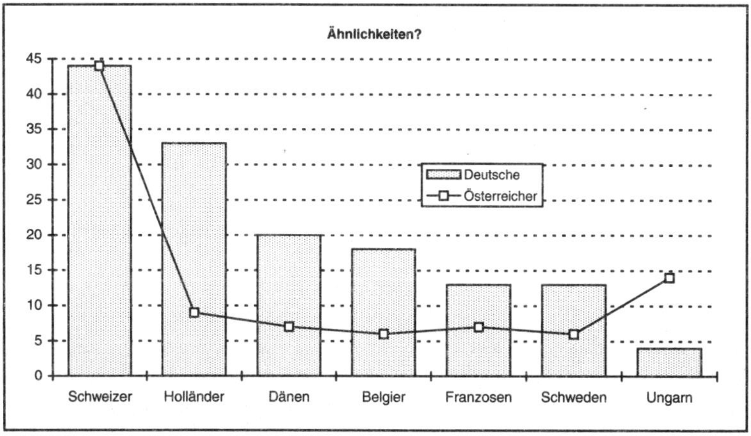

So sehen uns die anderen

Die Betragensnote für die Deutschen ist insgesamt noch eine gute Zwei. Diese Sammelnote verschleiert jedoch gewisse Abweichungen in der Einzelbewertung. So erhielten die Deutschen im Jahr 1992 für

- Innovationsleistung und Forschungsstandard die Bestnote 1,3,
- weltwirtschaftliche Bedeutung ebenfalls 1,3,
- kulturelle Bedeutung die schmeichelhafte Note 1,5,
- weltpolitischen Einfluß 1,9 (Durchschnittswert),
- soziales Engagement und Beziehung zu anderen Völkern 2,1,
- politische Kultur, politisches Bewußtsein immerhin 2,3,
- Gesamterscheinungsbild und Ansehen eine mäßige 2,5 und
- für Auftreten und Selbstdarstellung die niedrigste Note 2,8.

Im Umriß ergibt sich daraus ein recht gemischtes Deutschenbild und wenig Anlaß zu lautem Stolz. Die Deutschen – im Urteil der anderen – haben zwar eine starke, innovative Wirtschaft und damit notwendigerweise große Bedeutung in der Welt, die sie auch sozial engagiert einsetzen. Wie sie jedoch draußen auftreten, wird schon weit weniger positiv empfunden. Mit anderen Worten: Trotz ihrer guten Leistungen schaden sie ihrem Ansehen am Ende durch schlechte Selbstdarstellung.

Das wird auch im Notenunterschied zwischen Charakter und Leistung der Deutschen klar: Jedes der 16 Länder gibt ihnen für den Charakter eine deutlich schlechtere Note als für ihre Leistungen. Selbst die standhaftesten Freunde sehen das sehr differenziert (zum Beispiel die USA: Charakternote 2,3, Leistungsnote 2,0, ebenso Japan: 2,4 bzw. 1,9). Stärker noch verschlechtert sich die Charakternote bei den ohnehin weniger deutschfreundlichen Nationen, in Dänemark etwa von der Leistungsnote 2,1 auf 2,6 und in Holland von 2,1 gar auf 2,8.

Dieselben Länder wurden auch nach ihrer Sympathie für die Deutschen befragt; sie konnten dazu maximal 150 Punkte vergeben. Dabei kam für drei verschiedene Zeitpunkte folgendes Ergebnis heraus:

Über die Jahre hinweg sind zwar Schwankungen bei den Sympathiewerten bemerkbar, manchmal auch ein gewisses Hin und Her. Aber im großen und ganzen ist die Reihenfolge einigermaßen stabil. In der Spitzengruppe wechseln einige zwar die Plätze, bleiben aber unter sich. Freundschaften halten offenbar lange. Alte Abneigungen sowieso.

Wer aber genauer vergleicht, wird erkennen, daß die Deutschen bis zum Fall der Mauer 1989 überall an Sympathie gewonnen haben. Diesen Zugewinn haben sie danach durchgehend wieder eingebüßt, ja, sie sind fast überall unter ihren Sympathiewert von 1986 zurückgefallen. Zu allem Überfluß auch noch sehr stark bei den Ländern, denen sie schon von vornherein nicht übertrieben sympathisch waren. Hier ist also mühsam aufgebautes Ansehen verspielt worden, besonders in England, Israel und den umittelbaren Nachbarn Holland und Dänemark.

Der Grund dafür liegt nicht allein in der Tatsache, daß viele Staaten das vergrößerte Deutschland mit gemischten Ahnungen und aus Erfahrung bedenklich ansehen. Tiefer begründet ist der Ansehensverlust im wieder erstarkten Rechtsradikalismus der Deutschen.

	1986	1989	1992
Japan	139	142	137
Rußland	133	138	134
USA	140	146	132
Griechenland	132	136	130
Frankreich	134	140	129
Türkei	136	139	128
Italien	133	136	128
Spanien	131	134	127
Schweden	129	133	125
Belgien	130	134	124
Österreich	128	131	124
Polen	124	129	122
Großbritannien	131	137	121
Schweiz	125	131	118
Dänemark	122	126	111
Niederlande	120	126	110
Israel	120	126	110

Gute und schlechte Eigenschaften

Die gleichen 17 Länder schreiben den Deutschen allerhand Qualitäten zu: Sie sind – in allerdings deutlich abfallender Reihenfolge – erfolgreich, fleißig, stark, friedlich, modern, überlegen und anerkannt. Das ist, so seltsam zusammengewürfelt es aussieht, eine Positivliste.

Als erfolgreich gelten die Deutschen demnach insgesamt für 91 Prozent aller Befragten. Ein Land (in diesem Fall Polen) ist sogar zu 98 Prozent dieser Meinung, am entgegengesetzten Ende ein anderes (Japan) nur zu 84 Prozent. Die beiden Extremurteile liegen hier 14 Prozentpunkte auseinander, ebenso wie bei der Eigenschaft »friedlich« und ähnlich wie bei »überlegen«. Hier scheinen sich die 17 Länder nicht ganz einig zu sein. Noch weiter auseinander liegen die Extremwerte bei »stark« (20 Punkte), »demokratisch« und »anerkannt« (je 17). Diese drei Qualitäten trauen also alle Länder zusammen den Deutschen nicht nur seltener zu als etwa »fleißig« und »modern«; darüber hinaus schwanken die Urteile auch von Land zu Land stärker. Aufs Ganze gesehen, sind es nur zwei Länder, die Deutschland bei den guten Eigenschaften am schwächsten bewerten; die Länder mit den oberen Extremwerten, das heißt mit positivster Einstellung, sind zahlreicher, und zwar Polen (findet Deutschland besonders »erfolgreich«), Italien (speziell »fleißig«), Belgien (»stark« und »überlegen«), Griechenland (»friedlich«), Rußland (»modern«), auch Japan (»demokratisch«) und die Türkei (»anerkannt«).

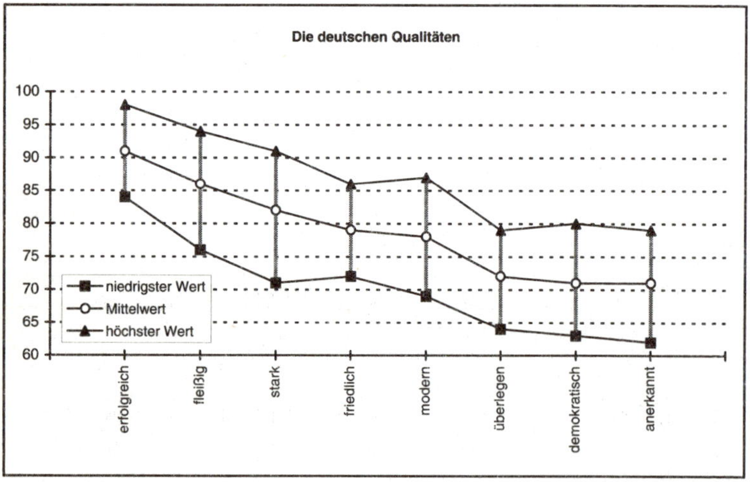

Wie sehen diese Länder nun die schlechten Eigenschaften der Deutschen?

Hier trifft man auf alte Bekannte: Die Deutschen werden offenbar von vielen und notorisch als arrogant und humorlos angesehen (Mittelwerte 76 und 71 Prozent), außerdem erscheinen sie unberechenbar und undurchschaubar (68 und 66), in etwas geringerem Umfang gefühllos und intolerant (60 und 55 Prozent), allenfalls die generellen Eigenschaften »unsympathisch« und »nicht vorbildlich« will nur eine Minderheit feststellen (44 und 38 Prozent). Bei den Eigenschaften »humorlos«, »gefühllos« und »intolerant« zeigen ihre Urteile nur eine geringe Schwankungsbreite; da ist man sich also ziemlich einig.

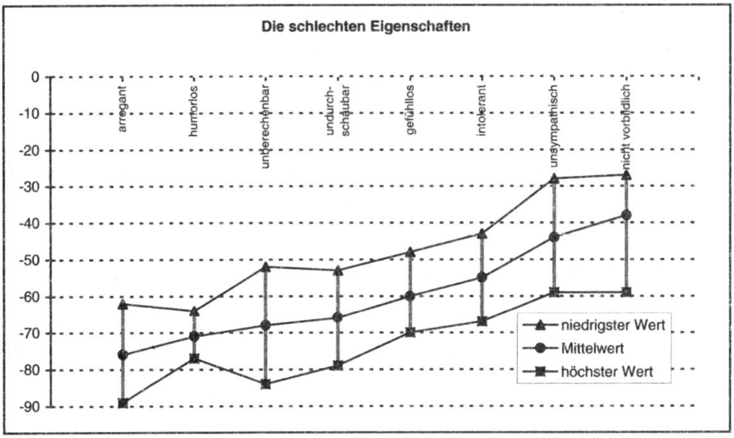

Ein gewisser Trost liegt darin, daß manche anderen Eckwerte sehr weit auseinanderklaffen. Im Fall von »unberechenbar« beträgt der Abstand sogar 32 Punkte zwischen dem härtesten und dem freundlichsten Beurteiler (52 gegenüber 84 Prozent), für »unsympathisch« 31 (28 gegenüber 59 Prozent). Die Länder, die sich bei der Bewertung der Minusqualitäten noch am freundlichsten verhalten, sind die USA, Schweden, Österreich und Japan. Daß manche dieser Länder sehr differenzierte Bewertungen treffen, erkennt man daran, daß Rußland die Deutschen sowohl besonders modern als auch undurchschaubar findet. Die Italiener halten Deutschland für höchst fleißig, gleichzeitig aber auch für extrem gefühlsarm.

Beachtenswert ist überdies: Die Nennungen schlechter Eigenschaften sind prozentual weniger häufig als diejenigen guter Eigenschaften. Die Mittelwerte der letzteren liegen alle zwischen 71 und 91 Prozent, die ersteren immerhin nur zwischen 38 und 67 Prozent. Die Befragten sagen den Deutschen also entschiedener Gutes als Schlechtes nach. Man könnte es auch so ausdrücken: Deutschland ist international noch von einem gewissen Wohlwollen umgeben, trotz seiner offensichtlich unausrottbaren Humorlosigkeit. Und es wäre ein Arroganzfehler, darin nicht die Nachsicht der anderen, sondern das eigene Verdienst zu sehen.

Gleichwohl: Die Gesamtbilanz ist nicht gerade erhebend. Die Deutschen sind in ihrem Erscheinungsbild vor allem fleißig und stark und damit auch noch erfolgreich, gleichzeitig aber eingebildete, launenhafte Langweiler.

In einem etwas besseren Licht steht dieses Land, wenn man einmal untersucht, wie hoch das Vertrauen ist, das ihm andere Länder entgegenbringen, und wie stark es dieses Vertrauen erwidert. Das Inselvolk der Engländer zum Beispiel hat zu 47 Prozent einiges oder viel Vertrauen zu Deutschland, Japaner zu 57 und die USA zu 64 Prozent. Gegenüber England bringen dieses Vertrauen ebenfalls 47 von hundert Deutschen auf, ein ausgeglichenes Verhältnis. Zu den beiden anderen Ländern ist das deutsche Vertrauen sogar höher als in umgekehrter Richtung: 67 Prozent für Japan, 71 Prozent für die USA. Das verrät fast eine nicht sehr deutsche Qualität: Großzügigkeit. Es bleibt indes ein Wermutstropfen. Die Deutschen täuschen sich selbst über das ihnen gewährte Vertrauen und schätzen es mit generell 71 Prozent um einiges zu hoch ein.

Eigentlich unverständlich, denn ganz so großartig finden sie sich selbst nicht. In schöner Selbstkritik verbindet jeder zweite Deutsche mit der Bezeichnung »typisch deutsch« eher Schlechtes (im Westen 45, im Osten sogar 57 Prozent).

Zuneigungen

Der Nachbar Österreich mag das beliebteste Urlaubsland sein, die beiden obersten Ränge in der Sympathie der Deutschen belegen aber Schweden und Frankreich.

Insgesamt kandidierten bei einer entsprechenden Erhebung im Jahr 1994 elf Länder. Auf einer Skala von +5 bis -5 sollten die Befragten jedes Land nach der Sympathie einstufen, die sie ihm entgegenbringen. Minuswerte wurden in den Antworten kaum vergeben. Die geringere Sympathie wurde hauptsächlich in höheren Prozenten um den neutralen Nullpunkt herum und niedrigeren Positivwerten ausgedrückt. Wenn man nun die Bewertungen +5 und +4 als »sehr sympathisch« sowie +3 und +2 als »sympathisch« zusammenfaßt, läßt sich eine Rangfolge der elf Länder aufstellen. Sie beginnt mit Schweden (das 37 Prozent der Deutschen »sehr sympathisch« finden und 43 Prozent »sympathisch«) und Frankreich (35 bzw. 45) und endet bei der Türkei (7 bzw. 22) und Polen (4 bzw. 20 Prozent).

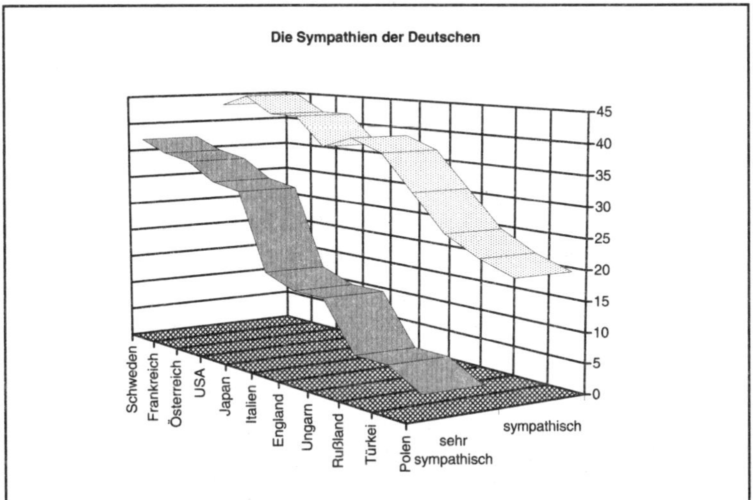

Das Interessanteste an dieser Länderreihe ist, daß sie nicht im geringsten mit der Rangfolge der Länder übereinstimmt, die ihrerseits Sympathien für Deutschland empfinden.

Immerhin gibt es dabei drei gleichstarke Beziehungen. Amerikaner und Deutsche schätzen sich gegenseitig etwa gleich intensiv.

Italiener und Deutsche finden einander nur mittelmäßig liebenswert, auf tieferem Niveau ist auch das Verhältnis zwischen Polen und Deutschen ausgeglichen. Aber schon die Liebe der Deutschen zu Frankreich ist sichtbar stärker als umgekehrt. Noch markanter ist diese nur schwach erwiderte Neigung bei England, Österreich und sogar bei Schweden, das die Deutschen doch am liebsten haben.

Schließlich beantworten drei Länder die nur mittlere oder geringe deutsche Zuneigung für sie geradezu selbstlos mit erheblich höherer Sympathie für Deutschland: Japan, die Türkei und besonders deutlich Rußland.

Die Reihenfolge der deutschen Lieblingsländer zeigt außerdem, daß die größere Sympathie nicht in jedem Fall aus Bekanntheit und Nähe erwächst. Wie viele Deutsche haben schon einmal Schweden besucht, die USA oder gar Japan? Und trotzdem liegen diese Länder auf guten Plätzen. Italien dagegen kennen sehr viele Deutsche, und es kommt doch nur auf einen mittleren Rang. Andererseits ist Polen ein den meisten Deutschen völlig unbekanntes Land, aber sie wissen genau, es ist ihnen nur zu einem verschwindenden Prozentsatz sympathisch.

Eine Darstellung so wechselseitiger Zu- und Abneigungen begibt sich auf ein weites, schwer überschaubares Feld. Am Stammtisch beleben solche Sympathien und Antipathien das selbstsichere, oft gar nicht gesunde Volksempfinden, in der Wissenschaft spricht man von Stereotypen. Die Zuschreibung guter Eigenschaften heißt im allgemeinen positive Einstellung, die Vermutung negativer Qualitäten wird Vorurteil genannt. Zu einseitigen Zweierbeziehungen mancher Länder ist überdies schon viel Tinte geflossen. Etwa darüber, warum die Deutschen Österreich so lieben, die Österreicher jedoch die Deutschen nicht ganz so heftig. Deshalb hier nur so viel: Es sollte die Deutschen nachdenklich stimmen, wenn das Sympathieverhältnis etwa zum Nachbarn Polen, wie ausgeglichen auch immer, sich auf so niedrigem Niveau befindet. Und wenn sich das größere Deutschland Mühe gibt, kommt es eines Tages ja vielleicht dahin, daß beispielsweise auch Schweden und England ihm die gleiche Hochschätzung gewähren, die ihnen die Deutschen heute entgegenbringen.

Feine und keine Unterschiede

Man könnte mit einigem Recht erwarten, daß Ost- und Westdeutsche ihre Sympathien nicht in gleicher Weise auf die genannten Länder verteilen. Schließlich waren die alte Bundesrepublik und die Ex-DDR 40 Jahre lang in zwei getrennte Blöcke eingebunden, und 17 Millionen Deutsche lernten im Urlaub und aus eigener Anschauung nur einen kleinen Ausschnitt der Welt kennen. Da müßten denn auch ihre Neigungen getrennte Wege gehen.

Das ziemlich genaue Gegenteil ist der Fall.

Selbst ein Land wie Frankreich, mit dem die Westdeutschen einen, wie sie sagen, »Freundschaftsvertrag« geschlossen haben und in das die Ostdeutschen kaum reisen konnten, genießt bei beiden hohe Attraktivität (sehr sympathisch ist es 25 Prozent der West- und 33 Prozent der Ostdeutschen).

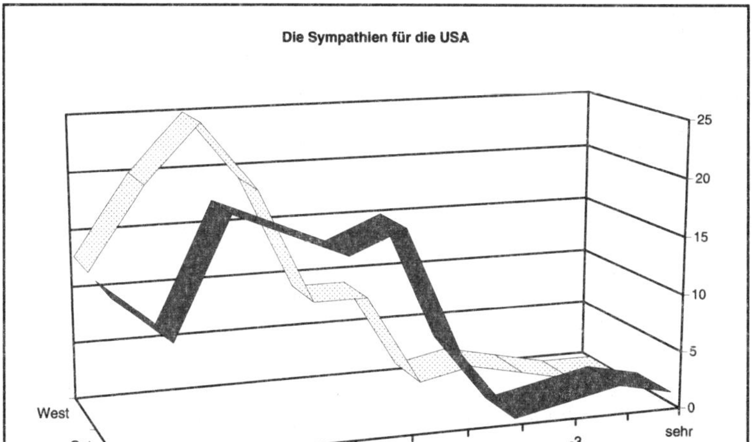

Dasselbe gilt für die beiden anderen Lieblingsländer Schweden und Österreich. Hier sind die Ostdeutschen allenfalls in der Vergabe der höchsten Sympathienote großzügiger als die Westdeutschen.

Nicht einmal bei der früheren Sowjetunion bzw. dem heutigen Rußland ist eine bedeutsame Abweichung zwischen ostdeutscher und westdeutscher Zuneigung festzustellen; beide sind darin recht zurückhaltend und gruppieren sich am dichtesten im neutralen Bereich (zwischen +1 und -1 auf der Beliebtheitsskala). Auch die den Ostdeutschen zweifellos bekannteren Ungarn erfreuen sich in beiden Teilen Deutschlands gleicher Sympathiewerte.

Nur die USA werden, obwohl im ganzen positiv, tatsächlich etwas unterschiedlich gesehen. Die Sympathie der Ostdeutschen ist insgesamt etwas zum weniger Positiven hin verschoben.

Unterteilt man die Ländervorlieben nach der Schulbildung, so bemerkt man allenfalls einen Unterschied: Frankreich ist bei Deutschen mit Abitur beliebter als bei Hauptschulabgängern. Die Sympathien für die übrigen Länder verteilen sich jedoch gleichmäßig oder ohne deutlichen Trend auf alle Bildungsschichten.

Fremdenfeindlichkeit

Bei manchen Erhebungen sieht es ganz danach aus, als schürten die Deutschen bewußt ihre Antipathien gegen Ausländer. Die Frage, ob die Medien bei Berichten über Straftaten die Nationalität der Verdächtigen oder der Täter nennen sollten, wird von 65 Prozent mit einem strammen Ja beantwortet. Gleichzeitig ist 52 Prozent der Befragten dabei völlig klar, daß diese Nationalitätennennung die Fremdenfeindlichkeit nur noch steigert. Selbst die sonst so verbreitete Achtung vor dem Gesetz schwindet nun dahin: 67 Prozent meinen, wenn diese Information gesetzlich verboten würde, müßten sich die Medien dagegen zur Wehr setzen.

Andererseits fehlt es nicht an guten Nachrichten. Wenigstens in Westdeutschland hat sich die Einstellung zu Italienern, aber auch zu Türken, seit dem Jahr 1982 offenbar ein wenig zum Positiven hinbewegt. Fanden damals nur 26 Prozent die Italiener freundlich und zuvorkommend, so waren es 1993 doch schon 47; Türken haben es da etwas schwerer, sie bekamen das Kompliment nun von 36 (statt nur von 13) Prozent. Fleiß sagen den Italienern 42 Prozent der Deutschen nach (damals 23) und den Türken beinahe ebensoviele (44 statt 29 Prozent). Gut und schön. Nur: Mehrheiten sind das immer noch nicht.

Aber die finden sich ohnehin kaum bei dieser Frage. Die meisten Deutschen pflegen hier eher eine indifferente Haltung. Allenfalls schreiben 58 von hundert Deutschen den Türken ein »ganz anderes Verhalten« zu (1982 waren es noch 69); nicht mehr als 12 meinen, vor ihnen manchmal Angst haben zu müssen (1982: 26), nur noch 15 fürchten, sie nehmen uns die Arbeitsplätze weg (39), 8 halten sie für weniger intelligent als sich selbst (nicht mehr 20) und 12 für schmutziger (damals noch 26).

Insgesamt haben 60,3 Prozent der Deutschen kein Verständnis für derartige Vorbehalte gegenüber Ausländern (bei den 60jährigen und Älteren jedoch nur 50,7 Prozent).

Wie auch immer ihr Verhältnis zu den Deutschen ist: 86,7 Prozent der hier lebenden Italiener sind damit zufrieden, 78,3 der Menschen aus dem ehemaligen Jugoslawien und sogar 73,9 Prozent der Türken. Dabei scheint einige Selbstüberwindung im Spiel zu sein, denn etwa jeder zweite dieser Ausländer findet, die Deutschen seien ihnen gegenüber zu arrogant (Italiener: 49,7, Türken: 58,5, Jugoslawen: 54,2 Prozent). Nicht viel weniger, insgesamt 48,4 Prozent, meinen, die Deutschen hätten keine Achtung vor Menschen, die anders sind. Aber auch vor Selbstkritik scheuen sie nicht zurück. Ein sehr hoher Teil von ihnen, 60,2 Prozent, werfen ihren Landsleuten vor, sie täten zu wenig, um mit Deutschen in Kontakt zu kommen. Und 61,3 Prozent finden, die Ausländer gäben sich nicht genug Mühe, Deutsch zu lernen.

Schließlich zwei häßliche Zahlen: 7,4 Prozent der ausländischen Frauen und 9,5 Prozent der Männer sind schon mehrmals tätlich von Deutschen angegriffen worden.

Die rechten Deutschen

Folgte man nur der Mehrheit, so dürfte dieser Abschnitt, in dem auch über die »Judenverfolgung« im Dritten Reich gesprochen wird, gar nicht vorkommen. Stolze 62 Prozent Neudeutsche sind nämlich der Meinung, man sollte unter diese Vergangenheit »endlich einen Schlußstrich ziehen«. Ein Viertel der Bevölkerung (19 Prozent Ost-, 29 Prozent Westdeutsche) glaubt noch heute, Hitler wäre, wenn er nur keinen Krieg angefangen und keine Juden »verfolgt« hätte, »einer der größten deutschen Staatsmänner« gewesen.

Ist die Demokratie in Gefahr?
Es gibt zum Rechtsradikalismus immerhin auch Gutes zu berichten. Trotz heftiger Bemühungen scheitert die größte rechtsextremistische Partei dieses Landes, die Deutsche Volksunion, seit einigen Jahren an der Fünf-Prozent-Klausel. Und die Zahl der rechtsextremistischen Straftaten sank 1994 gegenüber dem Vorjahr um ein Drittel auf immerhin noch 1489.

Trotzdem hat ein überraschend hoher Prozentsatz »aufgrund des Ausländerproblems Verständnis für rechtsradikale Tendenzen«. Etwa ein Viertel der Bevölkerung bekennt sich dazu.

Andererseits nimmt die leicht überwiegende Zahl der Deutschen den Rechtsextremismus nicht auf die leichte Schulter. 52 Prozent (1992) sind überzeugt, daß die Demokratie in Deutschland durch ihn gefährdet ist. Im Westen findet sich zu dieser Meinung allerdings keine Mehrheit (nur 47 Prozent), während sich der Osten hier die größeren Sorgen macht (69 Prozent).

Sind die Deutschen den anderen Völkern überlegen? Die Frage ist absurd. Eine gute Mehrheit in diesem Land lehnt so etwas denn auch ab. Überraschende 17 Prozent wissen sich dabei nicht zu entscheiden. Und 27 Prozent stimmen der Überlegenheitsbehauptung sogar zu.

Bei der Frage, ob »die Ausländer unser soziales System mißbrauchen«, sind die Deutschen sozusagen dreigeteilt. 30 Prozent sind voll und ganz dieser Auffassung, 36 Prozent glauben es mit Einschränkungen und 32 Prozent kaum oder gar nicht.

Untersucht man nun die erste der drei Gruppen genauer, so tritt ein extremes Gedankenamalgam hervor, in dem übersteigerter Nationalismus, Ausländerfeindlichkeit und Nazinostalgie gefährlich beieinanderliegen. Von diesen Personen

- stimmen 41 Prozent der deutschen Rundum-Überlegenheit zu,
- lehnen 62 Prozent eine besondere Verantwortung den Juden gegenüber ab, und
- sehen 60 Prozent im NS-Regime »mehr gute« oder »gute und schlechte Seiten«.

Die letzte Meinung liegt, wie noch zu zeigen sein wird, zahlenmäßig weit über dem Durchschnitt.

Selbst zu denjenigen Ausländern, deren Länder die Deutschen mehrheitlich sympathisch finden, haben viele kein gutes Verhältnis: Manche sagen sogar Amerikanern und Japanern einen zu großen Einfluß in unserer Gesellschaft nach (je 30 Prozent). Überraschend sind insbesondere die 20 von hundert Deutschen, die die Juden in Deutschland für zu einflußreich halten. Bei einer offenbar stabilen Minderheit hat diese populistische Behauptung, die ja schon die Pogrome der Nazizeit vorzubereiten half, nichts von ihrer Attraktivität verloren.

Noch etwas ungemütlicher ist das Leben in unserem Land für die Minderheit der Zigeuner. Ein großer Teil der Deutschen denkt nämlich, diese – und viele andere – Ausländer sind selber schuld, wenn sie »hart angefaßt« werden. Die genaue Frage lautete: »Verhält sich eine dieser Bevölkerungsgruppen in einer Art und Weise, die Feindseligkeiten ihr gegenüber in unserem Land hervorruft?«

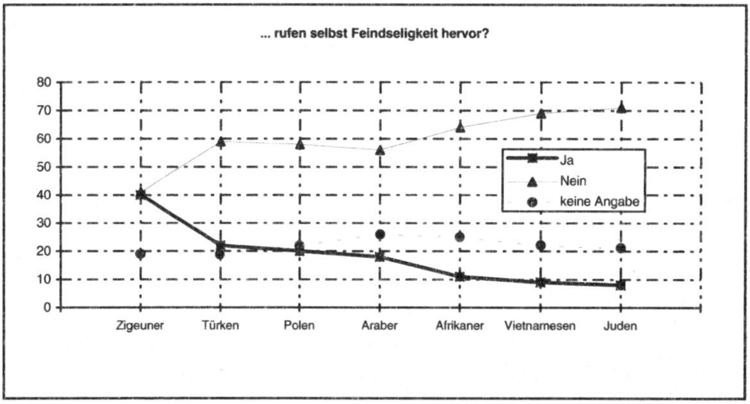

Relativ gut kommen bei dieser Frage noch Juden und Vietnamesen weg. Araber, Polen und Türken haben es bereits wieder mit jenem strammen Fünftel der Deutschen zu tun, das überhaupt alles Fremde aus diesem Land vertreiben möchte. Zu dem besonders hohen Prozentsatz, der den »Zigeunern« die Selbstschuld zuschiebt, ist vielleicht ein Kommentar angebracht: Hätte man in der Frage nicht diese populäre, sondern die korrekte Bezeichnung Sinti und Roma verwendet, so wäre die Zahl möglicherweise niedriger ausgefallen. Ungewöhnlich hoch ist bei dieser einfachen Frage aber die »Dunkelziffer« der Meinungsscheuen, die sich weder eine Parteinahme noch das Eingeständnis ihrer Ausländerfeindlichkeit zutrauen.

An der Einstellung zum Dritten Reich wird erkennbar, daß rechtsextreme Ansichten alters- und bildungsabhängig sind. Die Älteren und die weniger gebildeten Deutschen gehen besonders freundlich mit der jüngsten Vergangenheit um. Von den über 60jährigen finden an dem Naziregime noch immer 58 Prozent »mehr gute« oder »gute und schlechte Seiten«, bei den 18- bis 29jährigen nur mehr ein Drittel (34 Prozent). Menschen mit einfacher Schulbildung finden das Regime zu 52 eher gut, mit höherer Bildung nur noch zu 27 Prozent. In der Gesamtbevölkerung bleibt die Verteilung dieser Urteile beunruhigend: 53 Prozent sagen, die Nazizeit hatte »mehr schlechte« oder nur »schlechte Seiten«, 44 Prozent jedoch entdecken am Dritten Reich »auch gute« oder sogar »mehr gute Seiten«.

Da nimmt es kaum noch wunder, daß ein Viertel aller Deutschen einem so haarsträubenden Satz wie diesem »deutlich« zustimmt: »Wir sollten darauf achten, daß wir das deutsche Volk rein erhalten und Völkervermischung verhindern.«

Antisemitismus

Nahezu jeder Deutsche weiß, was das Wort Holocaust bedeutet (87 Prozent). Aber nur eine gute Hälfte weiß, wie viele Juden von Deutschen ermordet wurden (56 Prozent).

In den neuen Bundesländern hat die jahrzehntelange antifaschistische Politik offenbar etwas bewirkt. Dort sind 43 Prozent der Meinung, Deutschland habe den Juden gegenüber, unabhängig vom Schuldproblem, eine besondere Verantwortung, im Westen denken nur 30 Prozent so. Verneint wird diese Verantwortung beinahe spiegelbildlich von 25 Prozent der Ost- und 46 Prozent der Westdeutschen. Bei dem größeren Zahlengewicht des Westens ergibt das gesamtdeutsch ein Ja von nur 33 und ein Nein von

42 Prozent. Wieder ist die verbleibende Zahl der Personen ohne Meinung auffallend hoch (31 Prozent im Osten, 22 Prozent im Westen).

Ähnlich halten in Ostdeutschland nur acht Prozent den Einfluß der Juden in der Gesellschaft für zu hoch, dagegen 24 in Westdeutschland (wobei für ganz Deutschland die bereits erwähnten 20 Prozent herauskommen).

Wenn nach der damaligen Kenntnis der Judenvernichtung gefragt wird, glauben wiederum eher die Älteren an ein weitgehendes Nichtwissen. Ihnen zufolge waren nur ganz wenige oder eine Minderheit davon informiert (sagen 71 Prozent der über 60jährigen), die Jüngeren sind sich da nicht so sicher (44 Prozent der 18- bis 29jährigen). Sie sind zu einem Drittel überzeugt, daß die Mehrheit oder fast alle davon wußten (33 Prozent), was die Älteren ihrerseits kaum annehmen (13 Prozent). Die Häufigkeit der beiden Meinungen steigt bzw. sinkt gleichmäßig mit den Altersstufen.

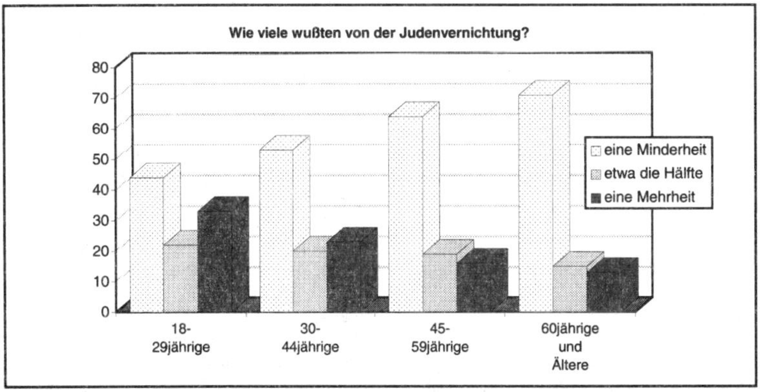

Es ist wohl nicht zu gewagt zu behaupten, daß viele der heute Älteren damals rechtzeitig weggesehen oder ihr Wissen später aktiv verdrängt haben.

Bei einigen Unbelehrbaren ist offenbar jeder Versuch einer Aufklärung vergeblich. Noch immer meinen 15 Prozent der Deutschen, in den Berichten über Konzentrationslager würde »vieles übertrieben dargestellt« (17 im Westen gegen nur fünf Prozent im Osten). Elf Prozent sind sich dabei unschlüssig. Der große Rest immerhin, 73 Prozent, hält die meisten Berichte für wahr, aber auch hier deutlich mehr Ost- als Westdeutsche (86 zu 69 Prozent).

Eine solche 15-Prozent-Meinung, wie immer man sie beurteilt, erlaubt aber für sich genommen noch keinen Schluß über den harten Kern der Antisemiten in Deutschland.

Um dieser Menge genauer beizukommen, wurden 1992 insgesamt 3000 Deutsche mit 16 Fragen und Aussagen konfrontiert, darunter auch mit der eben erwähnten. Andere Beispiele: »Viele Juden versuchen, aus der Vergangenheit heute ihren Vorteil zu ziehen und die Deutschen zahlen zu lassen«; »Juden haben auf der Welt zuviel Einfluß«; »Mir ist das Thema Juden irgendwie unangenehm«; »Mich beschämt, daß Deutsche so viele Verbrechen an Juden begangen haben«; Juden seien »überheblich«, »mißtrauisch«, »mitschuldig, wenn sie gehaßt und verfolgt werden«. Aus Zustimmungen, Ablehnungen oder Antworten ließ sich dann jeweils eine »judenkritische Ansicht« ablesen. Im Ergebnis müssen schließlich Personen mit sechs und mehr solcher Reaktionen als Antisemiten eingestuft werden.

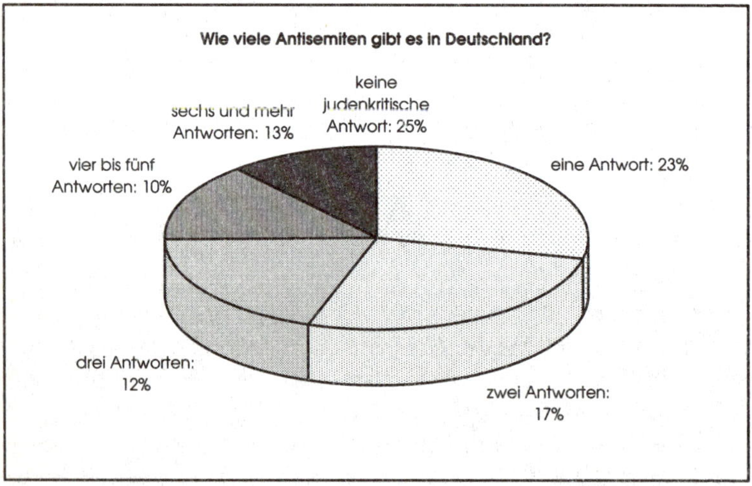

Abermals stellen sich die neuen Bundesländer erheblich anders dar als die alte Bundesrepublik. Hier ist nach dieser Untersuchung mit

16 Prozent Antisemiten zu rechnen, in Ostdeutschland dagegen sind es nur vier bis sechs Prozent (die Zahlen werden auch durch andere Untersuchungen bestätigt). Eine Hoffnung, das Problem erledige sich »biologisch«, also durch das allmähliche Wegsterben der Unverbesserlichen, besteht nicht. Der gesamtdeutsche Wert (13 Prozent) entspricht dem Anteil bei den 18- bis 29jährigen: Von ihnen sind 12 Prozent als judenfeindlich einzustufen. Der Antisemitismus stirbt nicht aus, er findet Rekruten.

Vielleicht ist der Schoß nicht mehr fruchtbar, aus dem das Dritte Reich kroch. Und doch beziffern diese Prozentsätze recht genau einen dumpfen, schwer beweglichen Bodensatz unserer Gesellschaft. Wir müssen ihn wohl mitschleppen, aber im Auge behalten.

Übrigens: 48 Prozent der Israelis haben von Deutschland eine gute oder sehr gute Meinung.

Der Ruf nach »Identität«

Mit Neid blicken die Deutschen auf Frankreich, das seine bürgerlichen Wohnungen im Stil König Ludwig XVI. möbliert, die revolutionäre Erstürmung der Bastille als Nationalfeiertag hat und im übrigen ein moderner, »ganz normaler Staat« ist. So geschichtsträchtig, so fest und ungebrochen hätten auch sie gern ihre eigene Identität.

Dem stehen nun einmal Hindernisse entgegen: Die vielen Jahrhunderte der deutschen Kleinstaaterei, mehr noch die zwölf Jahre des Nationalsozialismus, die sich gerade nicht bruchlos »einordnen« lassen. Ab und an wird zwar der Ruf danach laut, so auch im erbittert geführten »Historikerstreit« 1986/87 über die Einzigartigkeit des Holocaust. Aber das Verlangen bleibt unerfüllt. Zu sehr und unangenehm erinnern derartige Diskussionen an die leidige Frage »Was ist deutsch?«, deren Unterhaltungswert wohl aufgebraucht ist. Selbstverständlich braucht auch dieses Land ein konsensfähiges Geschichtsbild seiner selbst. Aber es kommt nicht einfach dadurch zustande, daß man die jüngste Vergangenheit nun kritiklos nach »positiven Elementen« absucht.

Worauf sind die Deutschen stolz?
Es gibt einiges, worauf Deutschland tatsächlich stolz sein könnte: seine neuerliche Friedfertigkeit, die Lebensfähigkeit seiner Demokratie, und beides über einen längeren Zeitraum denn je in seiner Geschichte.

So ungefähr, wenn auch mit etwas anderen Worten, antworten die Deutschen auf die Frage, welches Land (aus einer Liste von sieben) in welchem Bereich besonders vorbildlich sei.

In vielem erhält das eigene Land dabei sehr hohe Bewertungen. Es spricht aber für die gewonnene Urteilsfähigkeit, daß auch einigen anderen Ländern ein spezieller Vorbildcharakter zugesprochen wird. Im Hinblick auf soziale Gerechtigkeit etwa meinen zwar 36 Prozent, das vorbildlichste Land darin sei ihr eigenes, aber 43 Prozent sehen Schweden in dieser Rolle. 24 Prozent meinen, Deutschland biete die besten individuellen Entfaltungsmöglichkeiten, aber 39 sehen diese eher in den USA gewährleistet. Über die Hälfte sogar (51 Prozent) erkennen an, daß Japan eine effizientere Wirtschaft hat als Deutschland (nur 26 Prozent). Auch die höheren technisch-wissenschaftlichen Leistungen gestehen sie eher Japan zu (mit überwältigenden 59 Prozent), danach den USA (19) und erst an dritter Stelle sich selbst (12 Prozent). Und was die Hilfsbereitschaft der Menschen untereinander betrifft, so ist das große Vorbild wiederum Schweden (24 Prozent), etwas überraschend gefolgt von Deutschland (16), dann aber gleich Frankreich (13), Kanada (12), Japan (11) und den USA (8 Prozent).

Nicht in allen Punkten also halten sich die Deutschen für die größten.

Was sie im eigenen Land als vorbildlich erreicht ansehen, sind die politischen Beteiligungsmöglichkeiten der Bürger, Wohlstand für breite Bevölkerungsschichten, dann insbesondere die soziale Absicherung in Notsituationen und, mit einem verblüffend nahen Abstand zu Frankreich, die kulturellen Leistungen. Das hochgeschätzte Schweden erreicht zwar noch recht gute Vorbildwerte, und 33 Prozent räumen der französischen Kultur fast einen gleich hohen Rang ein. Aber insgesamt, finden die Deutschen, fallen in diesen vier Bereichen die übrigen Länder deutlich ab.

Führung in Europa

Die zum Teil freundliche Selbsteinschätzung wird noch besser, wenn sich die Deutschen im kleineren europäischen Rahmen sehen. Da gibt es in ihren Augen fast kein anderes Land, das »aufgrund seiner Erfahrungen« so berufen zur Führung wäre wie ihr eigenes. In fast allen Bereichen geben sie sich die Spitzenwerte (Wirtschaft 78, Währung 70, Außenpolitik 44, Soziales 43 Prozent). Nur eine offenbar tiefgehende Friedfertigkeit bringt es dahin, daß sie in der Sicherheitspolitik Frankreich für etwas befähigter halten (36 Prozent) als sich selbst (29 Prozent). Selbst Schweden muß sich in der Sozialpolitik mit einem Trostpreis zufriedengeben (28 Prozent). Freilich: In den letzten zwei Jahren ist die deutsche Selbsteinschätzung etwas weniger positiv geworden (damals waren noch 81 Prozent für die wirtschaftliche und 70 Prozent für die währungspolitische Führungsrolle). Nur ist es statistisch unerlaubt, aus so kleinen Abweichungen schnelle Schlüsse zu ziehen.

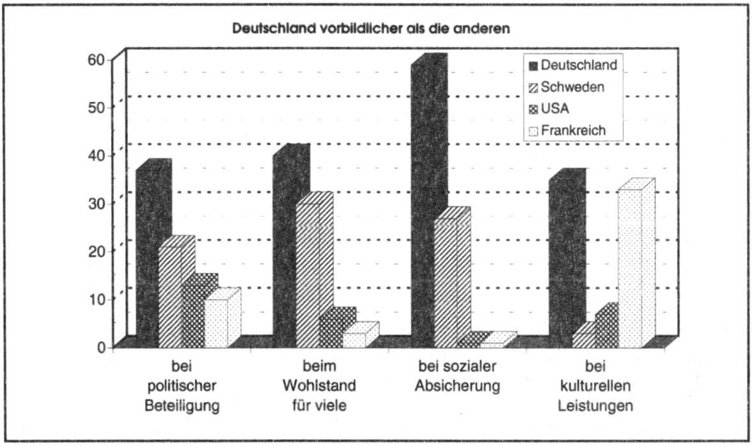

Wie viele Identitäten?

Für das historische Selbstbild der Deutschen ist der Nationalsozialismus nur im Westen – je nach Standpunkt – Prüf- oder Stolperstein. Im Osten spielen ganz andere und geschichtlich ebenso bedeutsame Erlebnisse eine Rolle: die Erfahrungen mit der kommunistischen Diktatur, die friedliche Revolution von 1989 und das lautlose Verschwinden eines ganzen Staates. Außer den Älteren blicken im Westen die Deutschen auf vergleichsweise ereignislose 40 Jahre zurück.

Noch deutlichere Ost-West-Unterschiede treten bei einer feineren Einteilung in Altersgruppen hervor. Die ostdeutsche »Kriegsgeneration« ist von einer weitgehenden Resignation gekennzeichnet; die über 60jährigen haben ihr Leben lang nur die Schattenseiten der Geschichte ertragen. Die »Nachkriegsgeneration« der 50- bis 60jährigen ist mit der DDR aufgewachsen, erinnert sich auch noch gern an ihre Gründung, betrachtet sich aber nach dem Untergang des zweiten deutschen Staates als »verlorene Generation«. Auch die östlichen »68er« bleiben mit der Geschichte der alten Staatsform innerlich verbunden, sind aber umstellungsfähiger. Nur die Jüngeren (18- bis Anfang 30jährigen) sind vollauf mit der Wende einverstanden; sie haben das verbreitete Gefühl, von den Älteren »verraten« worden zu sein. Eine ähnliche Schichtung historischer Erinnerungen ist in Westdeutschland undenkbar.

Auch in der Bewertung historischer Persönlichkeiten sind sich Ost- und Westdeutsche uneinig. Konrad Adenauer zum Beispiel wird von beiden als großer Staatsmann gesehen, im Osten aber mit spürbar negativen Zügen. Er ist dort der Separatist, der die Spaltung Deutschlands aufrechterhalten, wenn nicht vertieft hat.

Solche Befunde machen es wahrscheinlich, daß es in Deutschland sozusagen zwei identitätsstiftende Selbstbilder geben wird: eine westliche Geschichtskultur, gesättigt, selbstzufrieden und harmonisierend, und daneben eine östliche, die durch historische Brüche und traumatische, existentielle Erfahrungen geprägt ist. Diese Trennung wird auch nicht so schnell durch die Annäherung der äußeren Lebensverhältnisse aufgehoben.

Vielleicht tut man überhaupt gut daran, die Frage der einen »Identität« zu vertagen und sie erst nach einigen Generationen wieder aufzunehmen.

Eine Welt im Wandel

Der Weltentwicklungsbericht der Vereinten Nationen teilt mit: Im Jahr 1960 waren die Einkommen der reichsten 20 Prozent der Weltbevölkerung 30mal so hoch wie die Einkommen der ärmsten 20 Prozent. Im Jahr 1990 hat sich der Abstand vergrößert. Jetzt beträgt das Verhältnis 60 zu 1. Ein Viertel der Menschheit ist ohne ausreichende ärztliche Versorgung, eine Milliarde Menschen, in der Mehrheit Frauen, können weder schreiben noch lesen.

Auch die Deutschen haben so ihre Sorgen: im Land selbst, in Europa und in der Welt, wenn auch die Dritte Welt in dieser Liste kaum noch vorkommt.

Der Blick nach innen

Nach den zwei oder drei wichtigsten Problemen befragt, vor denen »wir in Deutschland« stehen, fällt jedem etwas ein. Niemand antwortet mit »weiß nicht«, niemand ist der Auffassung, es sei alles bestens.

Wichtiges und Unwichtiges

Keinerlei Probleme haben die Deutschen Ende 1994 mit dem europäischen Vertrag von Maastricht, die staatliche Bürokratie beschäftigt sie nicht im geringsten, und nur zwei Prozent sehen Schwierigkeiten bei der Sicherung des Friedens.

Überraschenderweise werden auch noch andere Politikfelder in fast verschwindenden Prozentzahlen genannt. Mehr für Kinder und Jugendliche zu tun, ist nur für fünf Prozent ein wichtiges Problem, der Rechtsradikalismus für sechs, die Stabilität der Renten und der Altersfürsorge für acht Prozent. Selbst die Schwierigkeiten des Vereinigungsprozesses und die Angleichung der Lebensverhältnisse beschäftigen lediglich acht Prozent der Deutschen.

Das größte innenpolitische Problem bleibt die Arbeitslosigkeit. Daß Arbeit für alle ein Wunschtraum zu werden scheint, daß nicht jeder, der für Geld arbeiten möchte, es auch kann, ist für die weitaus meisten Deutschen (73 Prozent) eine Situation, mit der sie sich nicht abfinden wollen. Alles andere, auch Themen wie Asylbewerber, die Kriminalität (je 16 Prozent) oder steigende Wohnungsmieten (12 Prozent), sind im Vergleich dazu unwichtig. Selbst die unübersehbaren Umweltprobleme werden kaum wahrgenommen und kommen mit 14 Prozent erst an sechster Stelle.

Unterschiede zwischen Ost- und Westdeutschen fallen hierbei kaum ins Gewicht. Beide betonen die Arbeitslosigkeit in gleicher Weise, etwas stärker im Osten als im Westen (82 gegenüber 71 Prozent). Auch die Kriminalität (29 gegen zwölf Prozent) und die soziale Sicherheit (23 gegen 14 Prozent) werden im Osten als größere Probleme gesehen. Umgekehrt liegen die Bewertungen bei den Umweltproblemen (zehn Prozent Ost, 15 Prozent West).

So gut wie kein Unterschied ist bei den Problemen des Vereinigungsprozesses festzustellen. Der Osten hält sie nur zu sechs Prozent, der Westen zu acht Prozent für wichtig. Offenbar nimmt man hier wie dort an, das werde sich mit der Zeit schon alles ergeben. Oder auch: Beide, Ost- und Westdeutsche, wollen davon nichts mehr hören, wenn auch aus sicher verschiedenen Motiven.

Regierungsaufgaben

Wie stark die Arbeitslosigkeit alles andere zur Nebensache macht, wird bei einer etwas anderen Fragestellung derselben Erhebung deutlich. Läßt man dieses Problem nämlich beiseite und fragt nach den wichtigen und vordringlichen Aufgaben der Regierung, ergibt sich ein verändertes Bild.

Jetzt steht die Bekämpfung des eben noch fast bedeutungslosen Rechtsradikalismus an der Spitze der wichtigen Staatsaufgaben (83 Prozent). Auch die Zahl der Asylbewerber (obwohl um diese Zeit schon merklich zurückgegangen) soll die Regierung weiter beschränken, meint nun eine Mehrheit von 59 Prozent. Besonders laut ist auch der Ruf nach dem Staat bei allen Wirtschaftsaufgaben, also bei der Sicherung des »Standorts Deutschland« (78 Prozent), dem Aufbau Ost (76) und der Angleichung der Lebensverhältnisse im Osten an das westdeutsche Niveau (58 Prozent).

Die Zahlen verdecken kennzeichnende Abweichungen zwischen Ost und West.

Eine einzige der genannten Staatsaufgaben hält der Westen für wichtiger und vordringlicher als der Osten: die Verminderung der Asylbewerber. 62 der Westdeutschen, aber nur 51 Prozent der Ostdeutschen hätten das gern sofort geregelt. In allen wirtschaftsrelevanten Fragen jedoch äußern sich die westlichen Wohlstandsländer anders als die erst aufholenden neuen Länder. Als dringende Aufgabe betrachten so gut wie alle Ostdeutschen, 98 Prozent, den Aufbau der Wirtschaft in den neuen Ländern, im Westen haben es damit nur 71 Prozent sehr eilig. Noch weiter auseinander liegen die Antworten, wenn nach der Angleichung der Lebensverhältnisse gefragt wird (89 gegenüber 50 Prozent). Den sozial Schwachen im Osten geht es noch erheblich schlechter als jenen im Westen. In den neuen Ländern wünschen sich 88 Prozent den vordringlichen Ausbau des Sozialsystems, im Westen lediglich 57. Sogar um die Wettbewerbsfähigkeit der deutschen Wirtschaft sorgen sich mehr Ostdeutsche (86 Prozent) als Westdeutsche (76 Prozent).

Bemerkbar ist jedoch auch eine gewisse Nabelschau. In der vorgelegten Liste der Regierungsaufgaben wurden neben den innerdeutschen auch einige außenpolitische Problemfelder genannt. Von diesen wurde aber nur eines, die Beendigung des Krieges im ehemaligen Jugoslawien, sehr häufig als wichtig und vordringlich bezeichnet (82 Prozent); alle übrigen Nennungen lagen unter 50 Prozent.

Der europäische Horizont

Die Europäische Gemeinschaft, inzwischen 15 Staaten stark, wird für Osteuropa zunehmend attraktiv. Ginge es nach den Deutschen, so käme aber nicht jeder interessierte Kandidat für eine Mitgliedschaft in Frage. Völlig chancenlos sind Serbien (dafür: 19 Prozent, dagegen: 65 Prozent) und Albanien (26 gegen 56 Prozent). Schlechte Aussichten haben außerdem Kroatien (31 gegen 51), Rumänien (35 gegen 51), die Türkei (37 gegen 50) und die Ukraine (39 gegen 45 Prozent).

Bei drei weiteren Ländern, Rußland, Bulgarien und Slowenien, scheinen die Deutschen unschlüssig, ob man sie als Mitglieder zulassen soll oder nicht. Zustimmung und Ablehnung liegen hier mit Werten zwischen 41 und 44 sehr nahe beieinander.

Die anderen osteuropäischen Kandidaten aber sind, wenn auch mit unterschiedlicher Begeisterung, mehrheitlich willkommen.

Bei fast allen Ländern ist die Zustimmung in Ostdeutschland sichtlich höher als im Westen. Anscheinend sind auch die ostdeutschen Erfahrungen mit der Sowjetunion vergessen: Das neue Rußland, obwohl kein aussichtsreicher Kandidat, wird im Osten ebenfalls häufiger als EG-Mitglied gesehen als im Westen.

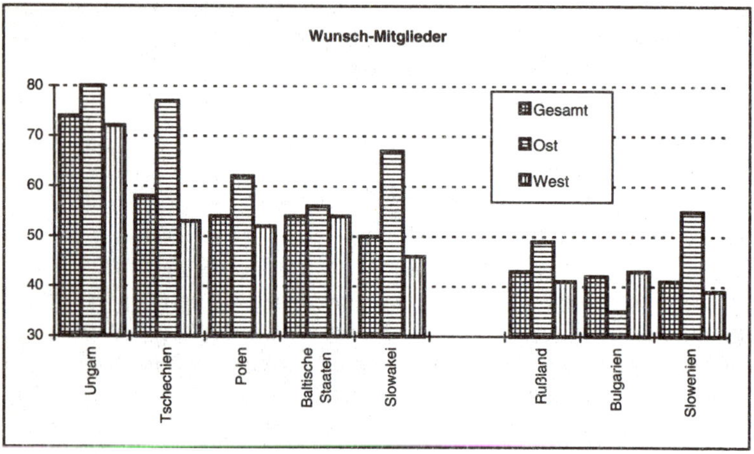

Was muß in der EG angepackt werden?

Die künftigen Aufgaben der EG werden höchst differenziert gesehen.

Weit oben steht die Herstellung gleicher Lebensbedingungen in allen Mitgliedstaaten; 41 Prozent aller Deutschen nennen dies eine sehr wichtige, 39 Prozent eine relativ wichtige Aufgabe. Sowohl im Osten wie im Westen sind vor allem die 18- bis 24jährigen dieser Meinung, nicht so sehr die über 65jährigen.

An zweiter Stelle kommt für die Deutschen die Schaffung einer gemeinsamen Außenpolitik (sehr wichtig: 37 Prozent, relativ wichtig: 41 Prozent).

Als dritte wichtige Aufgabe wird – etwas überraschend – eine gemeinsame Politik gegenüber den Staaten der Dritten Welt genannt

(32 bzw. 41 Prozent). Wieder sind es in beiden Teilen Deutschlands die Jüngeren, die den Ausschlag geben. 36 Prozent im Osten und 47 Prozent im Westen bezeichnen dies als sehr wichtig, die Älteren nur zu 23 Prozent im Osten und zu 22 Prozent im Westen.

Eine enge Partnerschaft der EG mit den USA ist nach Meinung von 74 Prozent der Deutschen eine sehr oder doch relativ wichtige Aufgabe. Bei dieser Frage halten sich jedoch die jüngeren Ostdeutschen auffallend zurück (sehr wichtig ist das nur für 3 Prozent von ihnen, aber für 27 Prozent dieser Altersgruppe im Westen). Beidemale sind die Älteren deutlich amerikafreundlicher, wenn auch im Westen (sehr wichtig: 33 Prozent) wiederum häufiger als im Osten (27 Prozent).

Die fünfte wichtige Aufgabe, die Stärkung des Europäischen Parlaments, liegt mit 70 Prozent etwa im gleichen Rang.

Auf den nächsten Plätzen folgen der Aufbau einer gemeinsamen Verteidigung (sehr und relativ wichtig: 64 Prozent), die Integration der mittelosteuropäischen Staaten (55), die Schaffung der europäischen Union (47) und einer gemeinsamen Währung (41) sowie die Mitgliedschaft der weiter östlich gelegenen europäischen Staaten wie Bulgarien und der Ukraine (32 Prozent).

Die Euro-Währung ist in keinem Teil Deutschlands sehr beliebt. Im Osten sehen die Jüngeren darin nur zu neun Prozent eine sehr wichtige Aufgabe, die Älteren immerhin zu 24 Prozent. Deren westdeutsche Altersgenossen denken da eher umgekehrt: 34 Prozent von ihnen halten die gemeinsame Währung für völlig unwichtig (gegenüber 22 Prozent der Jüngeren). Das sieht ein wenig danach aus, als wollten die jungen Ostdeutschen nun erst einmal die frisch erworbene D-Mark genießen und nicht schon wieder einen Währungswechsel mitmachen.

Deutschland in der Welt

Mit der erwähnten Ausnahme des Jugoslawienkriegs gab es Ende 1994 in den Beziehungen zu anderen Ländern keine Aufgabe der Bundesrepublik, die die Deutschen mehrheitlich für wichtig und vordringlich ansahen.

Die Stabilisierung der neuen Demokratien in Osteuropa setzten lediglich 45 Prozent auf die Dringlichkeitsliste, und zwar relativ mehr Personen im Westen (48 Prozent) als im Osten. Ganz ähnlich teilen sich die Meinungen, wenn es um die Stützung des Reformprozesses in Rußland geht: Nicht mehr als 41 von hundert Deutschen meinen, das sei vorrangig (Ost: 34 Prozent, West: 43 Prozent). Für allenfalls wichtig halten diese Aufgabe jedoch im Osten prozentual mehr Menschen (49) als im Westen (42 Prozent).

Amerikafeindlichkeit kann man beiden nicht nachsagen. Die genaue Hälfte aller Deutschen bezeichnet die weiterhin enge Beziehung zu den USA als wichtig (43 Prozent zudem noch als vordringlich). Ostdeutsche sind dabei freilich etwas zurückhaltender: 35 Prozent finden den Erhalt der Partnerschaft vorrangig wichtig, im Westen tun das 45 Prozent (unwichtig ist er nur für eine kleine Minderheit von neun bzw. fünf Prozent in Ost und West).

Zur gestiegenen Verantwortung ihres Landes zeigen die Deutschen eine gespaltene Einstellung. Auf der einen Seite »befürworten« 68 Prozent einen deutschen Sitz im Sicherheitsrat der Vereinten Nationen, 43 Prozent halten ihn für dringend notwendig (38 Prozent nicht so sehr, 18 Prozent für unwichtig). Ost und West sind sich völlig einig, daß ein vereintes Deutschland eine aktivere Rolle in der Weltpolitik übernehmen solle; beiderseitig findet eine schöne Mehrheit von 62 den Gedanken richtig. Wenn jedoch eine deutsche Beteiligung an Blauhelmaktionen der UNO zur Sprache kommt, kehrt sich die Meinung um. Nur noch 20 Prozent bezeichnen deutsche UNO-Soldaten als eminent wichtig, 43 als wichtig, aber nicht vordringlich und 35 Prozent als eher unwichtig. Besonders in Ostdeutschland trifft diese Idee auf hohes Desinteresse: Dort wird sie von 46 Prozent als unwichtig abgetan.

Eine glückliche Insel

Nur eine kleine Minderheit fühlt sich überhaupt von außen bedroht. Selbst in den nächsten zehn Jahren ist etwa die verbleibende Militärmacht Rußlands für höchstens 27 Prozent eine akute Gefahr. Auch die Wirtschaftskraft der USA (ganze 11 Prozent) und Japans (29 Prozent) oder die kommende Weltmacht China (32 Prozent) werden nicht mehrheitlich als Bedrohung empfunden.

Ein wenig stärker werden die Sorgen der Deutschen erst bei einer weitergehenden Instabilität in Osteuropa (36), einer Verschärfung regionaler und ethnischer Konflikte am Rande Europas (40) oder verstärkter Einwanderung von außerhalb der Europäischen Union (47 Prozent).

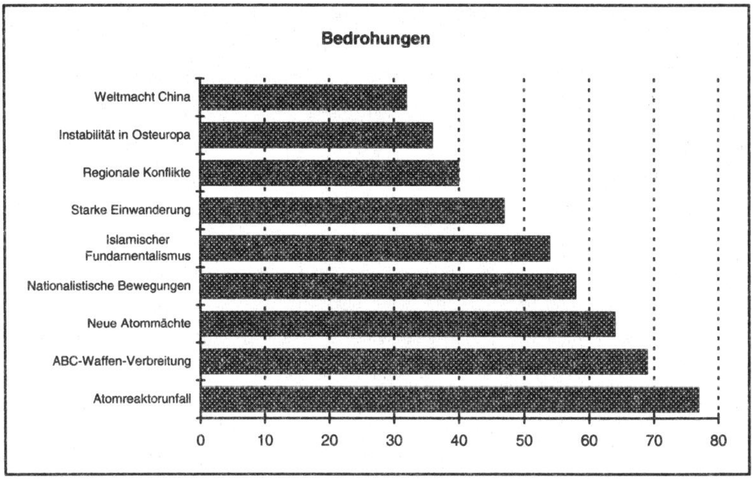

Die vermuteten Gefahren der Zukunft haben ein anderes Gesicht. Die Mehrheit befürchtet eher einen Reaktorunfall vom Typ Tschernobyl (77 Prozent), die Verbreitung moderner Waffen in nicht befreundete Staaten, neue Atommächte wie Libyen oder den Iran (69), nationalistische Bewegungen (58) und die Ausbreitung des fundamentalistischen Islam (54 Prozent).

Die Ostdeutschen bleiben angesichts der künftigen Gefahren relativ ruhiger als ihre Landsleute. Beinahe überall liegen ihre Sorgen-Prozente unter denen der Westdeutschen.

Auffallend sind auch die Unterschiede zur gleichen Umfrage zwei Jahre zuvor. Die meisten der genannten Bedrohungen wurden damals um einige Prozentpunkte akuter eingestuft. Angestiegen sind seitdem nur die Furcht vor einer Weltmacht China (von 24 auf 32 Prozent) und dem weiteren Fortschreiten des islamischen Fundamentalismus (47 Prozent).

Kontrahenten

Deutschland hat so gut wie keine Feinde mehr in der Welt. Potentielle militärische Gegner, oder feiner ausgedrückt: sicherheitspolitische Kontrahenten, sind auch künftig kaum in Sicht. Nur Minderheiten trauen Rußland (18 Prozent) oder islamischen Staaten wie Libyen und dem Iran feindliche Absichten zu (13 Prozent), ein kurioses Einsprengsel von zehn Prozent auch den USA. Andere werden kaum noch erwähnt.

Nicht ganz so friedlich erscheint die Zukunft in deutschen Köpfen, wenn sie sich die kommenden Wirtschaftskonkurrenten vorstellen. Selbstsicherheit und das Vertrauen in die eigene Wirtschaftskraft drücken sich zwar kräftig aus: Keine der westlichen Industrienationen wird »mehrheitlich« als gefährlicher Kontrahent bezeichnet, auch nicht das aufstrebende China (nur 10 Prozent sehen das so). Hoch über allen anderen bleibt jedoch ein Angstgegner übrig: das rührigere, fleißigere Japan (52 Prozent).

Hinsichtlich der beiden meistgefürchteten Staaten ist es übrigens jedesmal der Osten Deutschlands, der sich die größeren Sorgen macht. Vor allem dort gilt Japan als gefährlicher Konkurrent (56 Prozent), etwas mehr als im Westen (51 Prozent). Ähnlich im Fall der USA (Ost: 22, West: 10 Prozent).

Keine Deutschen an die Front

Bis zur Jahrhundertmitte unterstellte alle Welt dem deutschen Charakter eine kaum stillbare Kriegslüsternheit. Und noch in der frühen NATO galt das geflügelte Wort, das Militärbündnis diene vor allem dazu, die Russen draußen und die Deutschen niederzuhalten. Seitdem ist jener oft behauptete, manchmal bestätigte Charakterzug kaum noch vorhanden.

Es muß schon ein gewaltiger, überzeugender Anlaß her, damit die Deutschen mehrheitlich den Einsatz ihrer Truppen als gerechtfertigt ansehen. In der Ferne darf viel geschehen, ohne daß sie kriegerisch eingreifen würden. Ein etwaiger Bürgerkrieg in Südafrika zum Beispiel interessiert militärisch kaum jemanden (nur acht Prozent sind für eine Intervention). Wenige würden bei einem arabischen Angriff auf Israel zu Hilfe eilen (15 Prozent), schon etwas mehr, wenn Rußland Polen angriffe (25) oder, sagen wir, Serbien Ungarn (29) oder selbst bei sogenannten »ethnischen Säuberungen« der Serben gegen Albaner (39 Prozent). Und obwohl immerhin 44 Prozent die Sicherung des Zugangs zu lebenswichtigen Rohstoffen für einen Casus belli halten, der einen Krieg rechtfertigt, sind nur 37 Prozent für ein deutsches Eingreifen, wenn der Irak das Ölland Saudi-Arabien überfiele. Dort überall könnte Krieg sein, und kein Deutscher ginge hin.

Wäre jedoch das eigene Gebiet bedroht (oder auch, wenn es gegen eine beispielsweise libysche Atombombe ginge), dann wären sie mehrheitlich dabei.

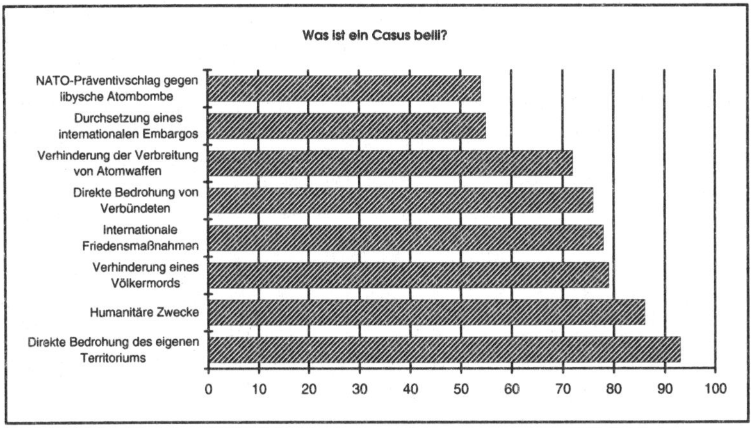

Bei diesen Ergebnissen bleiben zwei Ungereimtheiten. Wie erwähnt, sehen nur 20 Prozent der Deutschen einen Blauhelmeinsatz ihrer Soldaten als wichtige und vordringliche Aufgabe an. Demgegenüber fällt hier die Zustimmung zur deutschen Beteiligung an international beschlossenen, friedenserhaltenden Maßnahmen (78 Prozent) überraschend hoch aus. Vielleicht wird der Unterschied durch die etwas freundliche Überlegung erklärbar: Vordrängen will man sich nun mal nicht, aber wenn es denn sein soll, macht man eben mit.

Der andere Widerspruch ist nicht so einfach aufzulösen. 76 Prozent sind für einen Einsatz deutscher Truppen, falls ein Verbündeter direkt bedroht ist. Die Türkei ist ein solcher NATO-Verbündeter. Auf die Frage aber, ob sie bei einem irakischen Angriff auf die Türkei dieser zu Hilfe kämen, meinen lediglich 41 Prozent, das sei ein ausreichender Kriegsgrund. Entweder kommen hier wieder die geringeren deutschen Sympathien für dieses Land zum Vorschein. Oder es ist eben leichter, einem allgemeinen Prinzip zuzustimmen, schwerer jedoch, im konkreten Fall danach zu handeln. Beides klingt nicht sehr schmeichelhaft. Oder viele wissen einfach nicht, daß auch die Türkei in der NATO ist.

Ostdeutschland stellt sich in dieser Umfrage charakteristisch friedfertiger dar als der Westen. Beispiele: Für Rohstoffe in den Krieg zu ziehen, finden nur 29 Prozent der Ostdeutschen richtig, aber 48 Prozent Westdeutsche. Auch zur militärischen Erzwingung eines internationalen Wirtschaftsembargos oder zu einem Schlag gegen eine nordafrikanische Atombombe wäre im Osten keine Mehrheit zu finden (48 bzw. 47 Prozent).

Globales Denken

Was sind »vitale Interessen« eines Landes? Lebenswichtige, sagt man auch gern dazu, oder entscheidende Interessen. Was aber bedeutet dabei »Interesse«? Im Zeitalter des Imperialismus, noch heute im Fall einer Großmacht ist das einigermaßen klar: Ein Land von vitalem Interesse ist eine Einflußsphäre, und man ist dort politisch aktiv, um das eigene Überleben zu sichern.

Aber die vitalen Interessen Deutschlands? Damit war in der Erhebung wohl nicht so sehr Großraumpolitik gemeint, sondern eher die Frage, welche Länder oder Regionen für die gesicherte Existenz unseres Landes von entscheidender Bedeutung sind. Jedenfalls legen die Antworten diese Auffassung nahe.

Nur ein Drittel der Deutschen sieht eigene Interessen in Verbindung mit Ländern wie Israel oder der Türkei; sie stehen etwa auf der gleichen Bedeutungsstufe wie die Ukraine. 40 Prozent und mehr Nennungen erreichen dagegen einige andere Staaten.

In der Rangfolge tauchen wichtige Nachbarn auf (Frankreich und Österreich), der transatlantische Hauptverbündete (die USA) sowie einige nahe europäische Staaten (Großbritannien, Skandinavien und Mittelosteuropa). Verständlicherweise nehmen auch eine frühere Großmacht und ein heutiger Wirtschaftsriese hohe Ränge ein (Rußland und Japan).

Aber von den Ölländern des Nahen und Mittleren Ostens fühlen sich die Deutschen offenbar nicht so abhängig, daß sie diese Staaten mehrheitlich als lebensentscheidend bezeichneten. Bedeutsamer erscheint ihnen eine andere Region, die bisher für die Existenz Deutschlands nur eine nachgeordnete Rolle spielte: der Mittelmeerraum. Spukt da etwa ein militärgeographischer Begriff wie »Südflanke« herein? Oder beginnt man in der Bundesrepublik weiträumiger zu denken, vielleicht sogar »global«?

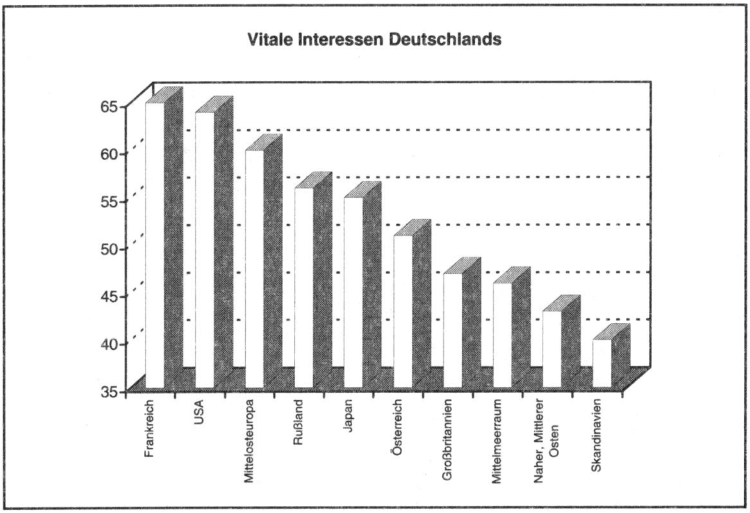

Nur in zwei Fällen befürworten Ostdeutsche stärker als Westdeutsche die vitalen Interessen: bei Rußland (57 gegenüber 55 Prozent) sowie auf tieferem Niveau und überraschend deutlich bei der Ukraine (44 gegenüber 29 Prozent). In allen anderen Ländern sehen sie jedoch bei weitem nicht so häufig ein deutsches Interesse, zum Beispiel in Frankreich (55 Prozent Ost, 68 Prozent West) und den USA (53 Prozent Ost, 67 Prozent West). Auch die Türkei ist ihnen noch gleichgültiger als den Westdeutschen (23 gegenüber

37 Prozent). Hier spielen ganz offensichtlich alte Bindungen und neue Unsicherheiten eine Rolle.

Im übrigen scheint es, als könnten viele Befragten mit dem Begriff »vitale Interessen« nichts anfangen. Der Anteil der Nicht-Antworten ist in allen Fällen ungewöhnlich hoch; er schwankt zwischen 18 und 26 Prozent.

Mitspieler im Jahr 2000

Es mag sein, daß sich die Deutschen in Europa als die Größten sehen. Aber blind für Realitäten sind sie dabei immerhin nicht. Wenigstens nicht in ihrer Gesamtheit.

Eine gute Mehrheit (55 Prozent) wünscht der Bundesrepublik im Jahr 2000 eine größere weltpolitische Bedeutung; aber nur noch 51 Prozent meinen, daß dies auch so geschehen wird. Man muß allerdings hinzufügen, daß bei dieser wirklichkeitsnäheren Sicht der Dinge der Westen ein Übergewicht hat; im Osten glauben prozentual mehr Menschen an die tatsächlich größere Rolle Deutschlands als im Westen (55 gegenüber 50 Prozent). Es sind vor allem die 18- bis 24jährigen Ostdeutschen, die an die wachsende Wichtigkeit Deutschlands glauben, im Westen eher die Älteren.

Und doch sind sich beide völlig einig darin, daß zur Jahrtausendwende nicht ein einzelnes Land, sondern die Europäische Union eine gestiegene Bedeutung haben sollte (72) und auch haben wird (76 Prozent). Ostdeutsche drücken sich in dieser Frage ziemlich entschieden aus. 82 Prozent von ihnen nehmen an, daß dies so sein wird (im Westen 74), und 80 Prozent wünschen das auch (im Westen 70). Hierbei geben jedoch leicht überwiegend die älteren Ostdeutschen den Ausschlag, während im Westen das stärkere Europa vorwiegend von den Jüngeren gewünscht und vorhergesehen wird.

Die Jugend im Osten ist also etwas »nationalistischer« (vergleichbar den westlichen Älteren), die Jugend im Westen hingegen europafreundlicher.

Sichtbare Abweichungen zwischen Wunsch und Wirklichkeit bestehen hinsichtlich der künftigen Rolle Japans (sollte wichtiger werden: nur 12 Prozent, wird wichtiger werden: 45 Prozent). Ebenso bei den arabischen Ländern (5 gegenüber 25 Prozent). Beide werden also in der Zukunft als erheblich bedeutsamer angesehen, als man es sich im Grunde wünscht.

Wenn es nach den Vorstellungen der Deutschen ginge, sollte auch Rußland nicht ganz so mächtig werden (18), wie man es vorhersieht (27 Prozent). Die tatsächliche Bedeutungsentwicklung dieses Landes wird sowohl in Ost- wie Westdeutschland etwa gleich beurteilt. Daß Rußland aber überhaupt für ein knappes Fünftel der Deutschen eine größere Rolle spielen sollte, liegt zum entscheidenden Teil am entsprechenden ostdeutschen Wunsch (29 Prozent, im Westen lediglich 15).

»Ein kerngesundes Land«

Das 150 Jahre alte Deutschland-Lob von Heinrich Heine meinte zwar eher Botanisches (»mit seinen Eichen, seinen Linden/werd ich es immer wiederfinden«). Aber es wird in einem tieferen als nur romantischen Sinn bestätigt.

Ganz ohne Inflation hat sich das Land daran gewöhnt, fast nur noch in Milliarden zu rechnen. Oder auch in höheren Einheiten: In den 90er Jahren, allerdings nur in Westdeutschland, werden Erbschaften im Gesamtwert von 1,7 bis zwei Billionen Mark fällig; das ist eine Zahl mit zwölf Nullen. Auf gleicher Höhe liegen die Schulden aller öffentlichen Hände, also von Bund, Ländern und Gemeinden.

Es gibt schrumpfende Wirtschaftsbranchen, wie etwa Schuhfabriken, kommunale Schlachthöfe (die in zehn Jahren 52 Prozent ihres Personals abbauen mußten) oder Kürschnereien (71 Prozent Personalabbau). Andere boomen an ihrer Stelle, so die Verpackungsindustrie (114 Prozent Personalzuwachs in dieser Zeit), Bewachungsdienste (127) oder auch die private Straßenreinigung (167 Prozent). Viele Branchen sind gegenwärtig mit dem sogenannten Strukturwandel befaßt, bei dem man Arbeitnehmer entläßt und trotzdem mehr produziert. Die industriellen Bäckereien zum Beispiel beschäftigten 1990 knapp 39 000 Menschen, die einen Brot-Umsatz von 4,8 Milliarden Mark erwirtschafteten; vier Jahre später waren es nur noch 33 000 Beschäftigte, aber der Umsatz stieg dabei auf 4,9 Milliarden.

Weit über 50 Milliarden gibt die Wirtschaft jährlich für Werbung aus, deren Themen, wenn nicht vernünftig, so doch ausgesprochen lebensbejahend zu nennen sind: Genuß und Spaß (87 Prozent), Freizeit (80), Gesundheit (72), Urlaub und Familie (je 68), Natur (60 Prozent). Und wie anständig die Werbethemen doch sind: Erotik (39) liegt deutlich unter Liebe (46) und Umweltschutz (53). Das unangenehme Thema Arbeit und Beruf ist mit 30 Prozent klares Schlußlicht für die Werbung.

Die Deutschen sind vieles, aber keine Konsumverweigerer. Sie lassen es sich gutgehen. Besonders spendabel sind sie vor Weihnachten, dem Fest der Umsatzzuwächse. In den Monaten November und Dezember freut sich zum Beispiel der Spielwaren-Einzelhandel über Mehreinnahmen in Höhe von einem Viertel des sonstigen Monatsdurchschnitts. Es werden da sogar mehr Bücher als Weine und Spirituosen verschenkt, wenn auch weniger als Parfums und Pelze.

Europameister ist Deutschland damit noch nicht. Die weihnachtliche Umsatzsteigerung insgesamt liegt hier bei mageren 2,5 Prozent; zehn andere Länder sind zum Fest ausgabenfreudiger, beispielsweise Frankreich (4,7 Prozent), Griechenland (5,4), Spanien (5,5) und der Rekordhalter Italien (9,6 Prozent). Da wäre demnach noch einiges zu tun.

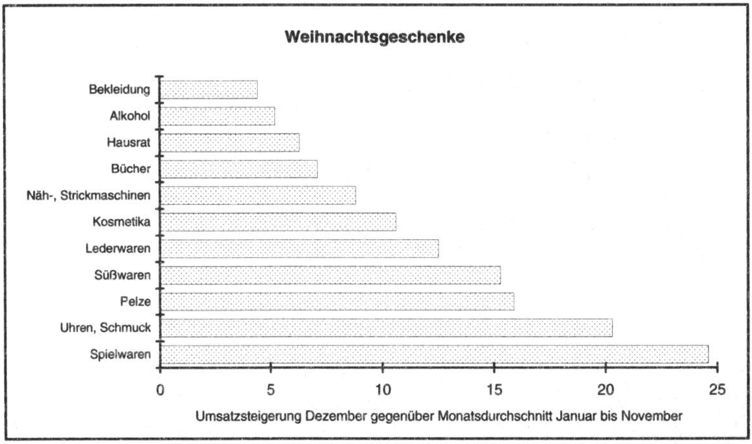

Belgien und, wenig überraschend, die Schweiz übertreffen Deutschland in der Dichte ihrer Banken. Das in dieser Hinsicht ärmste Land Europas ist Griechenland; dort müssen sich etwa 12000 Einwohner eine Bank oder Bankfiliale teilen. In Italien, England und Schweden sind es um die 3000, in Frankreich noch 2200. In Deutschland haben aber jeweils 1633 Einwohner eine Bank für sich.

Dort fließt eine gewaltige Menge Bargeld aus und ein. Der deutsche Geldumlauf hat sich in den letzten zehn Jahren mehr als verdoppelt, auf etwa 200 Milliarden Mark. Soweit in Scheinen bezahlt wird, geschieht das vor allem in blauen (41,7 Prozent der Geldmenge), zu 24,4 Prozent aber in verblüffend vielen braunen Scheinen. Die Fünfhunderter beteiligen sich mit 12,7, die Fünfziger mit 10,7, Zweihunderter und Zwanziger mit je vier Prozent (Zehn-Mark-Scheine nur mit 2,4 Prozent, und sogar die alten Fünf-Mark-Scheine sind noch mit 0,2 Prozent dabei).

Und dem zu schmalen Portemonnaie bieten sich vielfältige Chancen einer Geldvermehrung. In Spielbanken werden jährlich 12 Milliarden Mark auf die Tische gelegt (und immerhin 91 Prozent davon als Gewinne ausbezahlt). Toto und Lotto setzen zusammen etwa 10 Milliarden im Jahr um (rücken aber bloß 48 Prozent wieder heraus). In Geldspielautomaten verschwinden jährlich acht Milliarden Mark (von denen zwei Drittel wieder herauskommen). Die Fernsehlotterien kassieren lediglich 300 Millionen im Jahr (und gönnen den Gewinnern nur 26 Prozent).

In dieser so blühenden Volkswirtschaft nehmen die Manager schwierige Führungsaufgaben wahr. Was sie dabei tun, ist in Ost- und Westdeutschland nicht immer dasselbe. Wenn es etwa an der Arbeitsdisziplin mangeln sollte, gehen sie recht unterschiedlich dagegen vor.

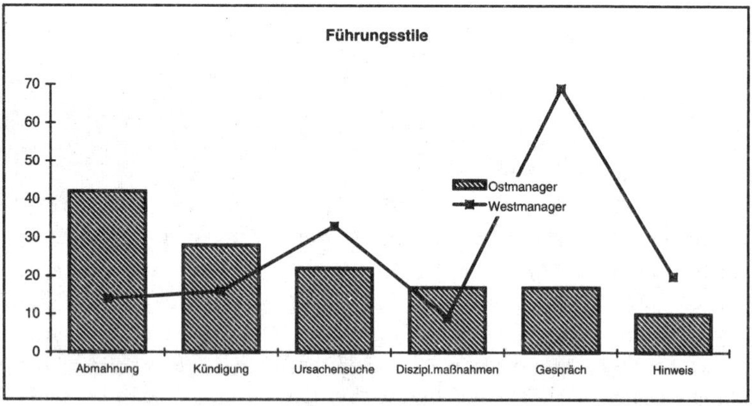

Mit Abmahnung, Kündigung und disziplinarischen Maßnahmen sind die Ost-Manager schneller bei der Hand als ihre West-Kollegen. Diese setzen offenbar mehr auf Ursachensuche und sanfte Hinweise, hauptsächlich aber auf das klärende Gespräch.

Dabei müssen die Deutschen eigentlich gar nicht so viel schuften. In 17 Industrieländern liegt die tarifliche Arbeitszeit pro Jahr höher als hier, besonders in den USA (1896 Stunden), Portugal (1882) und Japan (1880), der Schweiz (1838), Griechenland (1832) und Schweden (1824). Der Deutsche, wenigstens im Westen, arbeitet nicht mehr als 1650 Stunden im Jahr und geht dann in 30 Urlaubstage (nur finnische, holländische und italienische Unternehmen gewähren einen längeren Tarifurlaub).

Der Deutsche und sein Auto

Die reicheren Länder haben es weit gebracht. Dort wohnen zwar nur 15 Prozent der Erdbevölkerung, und sie besitzen nicht mehr als sieben Prozent aller Ölreserven. Aber sie verbrauchen die gute Hälfte der Energie der Welt, verdienen 64 Prozent aller Nationaleinkommen und erledigen 71 Prozent des Welthandels. Außerdem fahren hier 78 Prozent aller Autos dieser Erde.

In hohem Maß von ihrem Gefährt abhängig sind die Deutschen. Die Meinung, man könnte doch auf andere Verkehrsmittel ausweichen, etwa die Bahn, ist sicher gut gemeint; sie berücksichtigt aber nicht ein paar einfache Zahlen: Auf einem durchschnittlichen Quadratkilometer der Bundesrepublik kommt man damit nicht sehr weit, da sind nämlich nur 112 Meter Bahngeleise verlegt. Belgien ist auf so einer Fläche etwas besser ausgestattet (123 Meter), aber Holland zum Beispiel muß sogar mit nur 71 Metern auskommen, Österreich mit 68, Frankreich mit 63, Italien mit 53 und Spanien mit bloß 27 Metern.

Was bleibt einem also zur Mobilität anderes übrig als die 40 Millionen Autos in Deutschland? Und es ist ja auch ein besonders benutzerfreundliches Land: Es ist das einzige in Europa ohne allgemeines Tempolimit.

Besitzstände

Die Verkehrsleistungen der Bahn halbierten sich zwischen 1988 und 1994. Dagegen wird die Anzahl der Pkws in Deutschland von 1994 bis zum Jahr 2010 auf 50 Millionen steigen, eine Zunahme von 25 Prozent.

Eine immergrüne Branche
Wie dringend der Wunsch nach dem neuen Wagen ist, läßt sich daran ablesen, wieviel sonst nicht verplantes Geld dafür aufgewendet wird. In Ostdeutschland ist das neue Auto so unwiderstehlich, daß schon bei einem verfügbaren Betrag von monatlich 100 Mark (oder etwas mehr) der Plan für den Erwerb gefaßt wird, und zwar bei gut 80 Prozent der Kaufwilligen; 68,9 Prozent können immerhin 200 Mark oder mehr dafür ausgeben.

In Westdeutschland steigt die Kauffreude mit dem Haushaltsnettoeinkommen stetig an. So ungefähr würde man das auch erwarten: Die geringeren Einkommen planen nicht so häufig einen Autokauf wie die höheren. Ein ganz anderes Bild zeigt jedoch Ostdeutschland. Dort, scheint es, haben die besserverdienenden Haushalte schon einen Wagen, wohingegen in den beiden unteren Einkommensgruppen der Autokauf besonders dringlich ist (bei einem Haushaltseinkommen bis zu 2000 Mark planen nur 9 Prozent der westlichen, aber 30 Prozent der östlichen Haushalte den Kauf eines Pkw).

In den neuen Bundesländern ging es bekanntlich darum, statt des Zweitakter-Trabant überhaupt erst einmal ein richtiges Auto zu besitzen. Der mit 38 Prozent am häufigsten genannte Grund für einen Ersatzkauf war also der größere, stärkere und komfortabler ausgestattete Pkw (im Westen dagegen ist das bloß für 13 Prozent der Ersatzkäufer ein Motiv). Die schlechte Qualität der Altwagen und zu viele Reparaturen waren im Osten der zweithäufigste Anlaß zum Neukauf (29 Prozent, im Westen nur für elf Prozent). Und die

Umweltschädlichkeit der DDR-Autos stach wohl so deutlich in die Nase, daß dies immerhin für 24 Prozent ein Kaufgrund war (in Westdeutschland hingegen sind die Pkws offenbar schon jetzt so naturschonend sauber, daß nur neun Prozent der Käufer glaubten, sich einen umweltfreundlicheren Wagen anschaffen zu müssen).

Der private Fuhrpark

Aufs Ganze gesehen ist die Fahrzeugdichte in den neuen Bundesländern etwas geringer als in Westdeutschland. Einen Pkw haben dort 51 Prozent, hier 52 Prozent der Haushalte. Im Westen haben außerdem 21 Prozent der Haushalte zwei Wagen, im Osten aber nur 15 Prozent. Drei Autos besitzen im Westen immerhin noch vier Prozent und im Osten nur halb so viele. Und vier Wagen stehen sogar bei einem Prozent der westdeutschen Haushalte, in den neuen Bundesländern dagegen so gut wie nirgends. Ohne Auto leben in Westdeutschland nur 22 Prozent, in den neuen Bundesländern aber ein knappes Drittel (32 Prozent). In dieser Gruppe sind vor allem die Älteren sehr zahlreich vertreten. 88 Prozent der über 70jährigen zum Beispiel (im Westen nur 58 Prozent) haben kein Auto, ebenso 47 Prozent der 60- bis 69jährigen (West: 29 Prozent).

Die Motorisierungswelle brach über die neuen Bundesländer vor allem in den Jahren 1990 und 1991 herein. Im Sommer 1990 besaß noch die Hälfte der ostdeutschen Autofahrer einen Trabant; ein Jahr später war der Anteil auf ein Drittel gesunken (beim Wartburg von 18 auf elf Prozent). Entsprechend stieg die Markenanhänglichkeit der Autobesitzer. Waren es im Sommer 1990 nur 13 Prozent, die bei ihrem alten, meist einem DDR-Fabrikat bleiben wollten, so wollen den westlichen Produzenten nunmehr zufriedene zwei Drittel die Treue halten.

Kleine Typologie der Autofahrten

Ein Ende des Autostroms, ja auch nur eine Verminderung ist nicht abzusehen. In knapp zwanzig Jahren seit 1970 ist im westdeutschen Berufsverkehr die Benutzung der öffentlichen Verkehrsmittel von 21,9 auf 14,1 Prozent der Befragten gesunken, und zu Fuß zur

Arbeit gehen statt 37,5 inzwischen nur noch 20,2 Prozent. Den eigenen Pkw jedoch benutzt nicht mehr, wie früher, bloß ein Drittel (32,4 Prozent), sondern nun mehr als die Hälfte aller Befragten (55,1 Prozent).

Fahrleistungen

Deutschland belegt bei den jährlich gefahrenen Strecken aller Kraftfahrzeuge mit 6600 Kilometern je Einwohner einen bescheidenen Mittelplatz. Weite, nur locker besiedelte Länder wie die USA, Australien und Kanada liegen hier unangefochten an der Spitze. Aber selbst in Österreich, der Schweiz und Dänemark sind die Menschen fahrfreudiger.

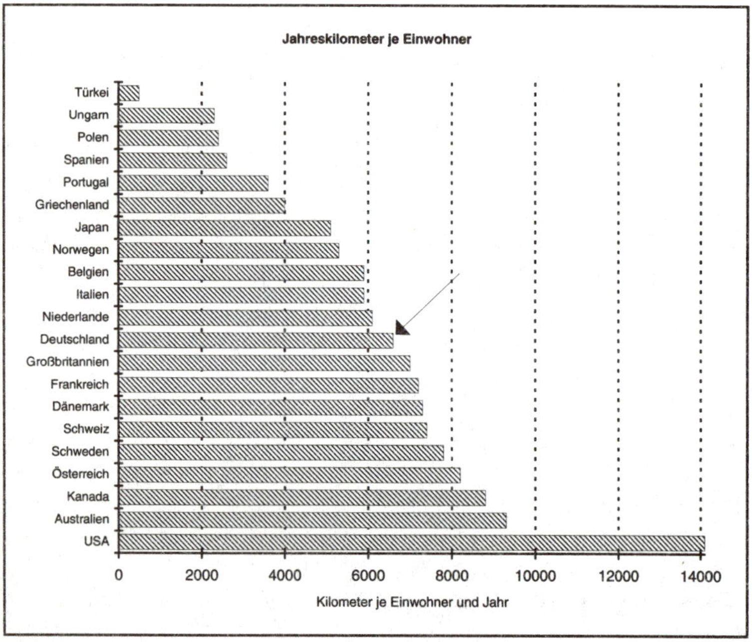

Auf den einzelnen Privat-Pkw gerechnet liegt die gefahrene Strekke natürlich höher. Die durchschnittliche Tagesleistung beträgt hier 41,6 Kilometer, was pro Jahr etwa 15 000 Kilometer ergibt.

Im Winter beträgt die tägliche Fahrstrecke noch 39,5 Kilometer, im Frühjahr steigt sie dann auf 44,6 Kilometer.

Erstwagen werden täglich mehr bewegt (44), Zweit- und Drittwagen weniger (35,5 bzw. 33,6 Tageskilometer). Relativ selten kommen Kleinbusse und Wohnmobile auf die Straße, da sie häufig nur im Urlaub benutzt werden (28,6 Kilometer pro Tag). Geschont werden aber die Zweit- und Drittwagen, vielleicht auch deshalb, weil unter ihnen besonders viele ältere Wagen sind (35,5 bzw. 33,6) sowie die Kleinwagen (täglich 30,4 Kilometer).

Die typische Fahrt

Private Autofahrten sind im Durchschnitt von erstaunlicher Kürze: Sie dauern nur 27 Minuten und 16,9 Kilometer (was etwa die Geschwindigkeit einer Postkutsche ergibt: 37,6 Stundenkilometer). Zur Hälfte finden sie in geschlossenen Ortschaften statt.

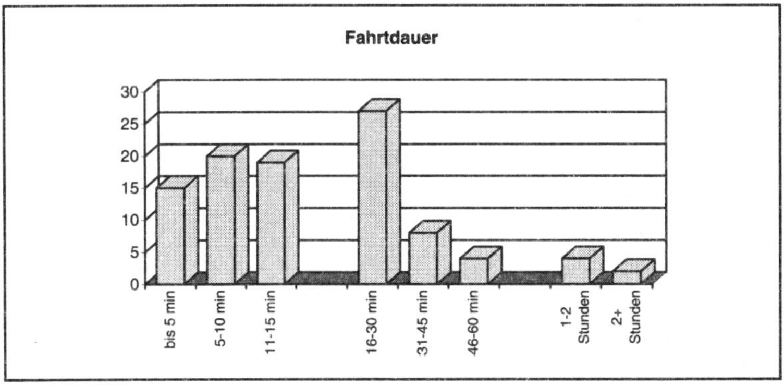

Diese Zahlen sagen also, daß weit mehr als die Hälfte aller privaten Autofahrten kürzer als zehn Kilometer sind und nicht länger als eine Viertelstunde dauern.

Die kürzesten Autoausflüge werden für Einkäufe und Besorgungen in der näheren Umgebung unternommen. Die knappe Hälfte aller Einkaufsfahrten (47 Prozent) geht nicht über fünf Kilometer. Die längeren Fahrten dienen eher dem Vergnügen oder beruflichen Zwecken. Entsprechend schwankt auch die erreichbare Durchschnittsgeschwindigkeit. Bei den Freizeitfahrten können da immerhin 41,5 Stundenkilometer erreicht werden, beim Einkaufen aber nur noch extrem langsame 25,7. Den Rekord hält hier die Minderheit der Jüngeren, die zur Ausbildung fahren: Sie schaffen pro Stunde immerhin 52,4 Kilometer.

Fahrer und Mitfahrer

Autofahren ist eine ausgesprochen männliche Angelegenheit. Nur ein gutes Drittel aller deutschen Menschen am Steuer (36 Prozent) sind Frauen. Und ihr Anteil nimmt mit dem Alter auch noch rapide ab. Bei mehreren Wagen im Haushalt ergeben sich für die Fahrerinnen feine Unterschiede: Den Erstwagen dürfen nur zu 24,3 Prozent Frauen, sonst ausschließlich Männer benützen; beim Zweitwagen nimmt der Frauenanteil kurz auf 40,2 Prozent zu, sinkt aber für den Drittwagen wieder ab, auf 31,3 Prozent.

Männer fahren weiter als Frauen. Ihre tägliche Fahrleistung beträgt 43,4, die der Frauen lediglich 33,7 Kilometer. Dasselbe Bild zeigt auch die jährliche Fahrleistung: Unter 15 000 Kilometer pro Jahr fahren mehr die Frauen, weiter jedoch überwiegend die Männer.

In Ostdeutschland hat die Anzahl der fahrenden Frauen in den beiden Jahren nach der Vereinigung leicht abgenommen (von 2,06 auf 1,99 Millionen), während sich die Männer in höherer Zahl hinters Steuer setzten (4,18 statt vorher 3,77 Millionen).

Die Männer haben auch die kräftigeren Autos in Beschlag genommen. Nur in den niedrigeren Hubraumklassen bis 1500 Kubikzentimeter dominieren die Frauen.

Die meisten Autofahrer sind berufstätig (74 Prozent), nur 19 Prozent sind Hausfrauen, Rentner, Pensionäre oder arbeitslos. Bei elf Prozent der Fahrer ist eine gewisse Vorsicht geboten: Ihr Führerschein ist nicht älter als fünf Jahre.

Die gewöhnlich vier Plätze eines privaten Pkws sind nur bei 4,4 Prozent aller Fahrten tatsächlich besetzt. Drei Personen sind im Wagen bei sieben Prozent, zwei Personen bei immerhin 27,3 Prozent. Aber bei 61 Prozent aller Fahrten sitzt der Fahrer allein im Auto. Beim Einkaufen ist sogar in vier Fünfteln aller Autos kein Beifahrer zu sehen. Das ergibt eine durchschnittliche Wagenauslastung von nur 1,5 Personen.

Den Erstwagen nehmen vor allem die mittleren Jahrgänge in Beschlag, besonders die 26- bis 35jährigen mit 24,9 Prozent. Den Drittwagen überläßt man offenbar gern den Führerschein-Neulingen: 28,4 Prozent dieser Fahrer sind in der Altersgruppe 18 bis 25 Jahre.

Insgesamt sind Senioren unter den Autofahrern eher rar. 18 oder 19 Jahre alt sind zwar nur 1,4 Prozent von ihnen; aber die 20- bis 29jährigen und die 30- bis 39jährigen sind etwa gleich vertreten (22,4 bzw. 24,6 Prozent); fast ebenso stark ist die Gruppe der 40- bis 49jährigen (20 Prozent). Die nächste Altersgruppe der 50- bis 59jährigen beträgt nur 15,5 Prozent und die der 60- bis 69jährigen nur noch 11,2 Prozent. Über 70 Jahre alt sind schließlich nicht mehr als 4,8 Prozent der Chauffeure.

Nur bei 16 Prozent aller Fahrten wird überhaupt irgend etwas Schweres befördert. Von diesen entfallen allein 39 Prozent aufs Einkaufen von Lebensmitteln und anderem täglichen Bedarf. Sonstige Einkäufe sind mit 18 Prozent beteiligt, der Transport von Freizeit- und Sportgeräten zu zehn, Reisegepäck zu fünf und alle anderen Dinge zusammen mit 26 Prozent.

Aber auch hier unterscheiden sich männliche und weibliche Wagenlenker: Zum Einkaufen von Lebensmitteln und ähnlichem fahren vor allem die Frauen. 49 Prozent aller Frauenfahrten dienen diesem Zweck (bei Männerfahrten nur 34,3 Prozent). Auf der anderen Seite ist die sportliche Freizeit eher eine Domäne der männlichen Fahrer (14 Prozent, bei Frauen bloß 5,5). Beim Transport von Reisegepäck herrscht, auf dem Fünf-Prozent-Niveau, Gleichberechtigung.

Freud und Leid

In Westdeutschland bleibt die Freude am Autofahren offenbar konstant erhalten: 56 Prozent der fahrenden Männer und genau die Hälfte der Frauen empfinden »immer großen Spaß« dabei. Etwas anders sieht es in Ostdeutschland aus. Hier fühlten 1990 sogar 81 Prozent der männlichen Fahrer denselben Spaß, zwei Jahre später immerhin noch 78 Prozent. Die Ostfrauen entdeckten ihn nun aber erst richtig. Hatten im Jahr der Vereinigung erst 61 Prozent die richtige Fahrfreude gefunden, so waren es 1992 schon nahezu zwei Drittel. Bei den Vielfahrern lagen die Freude-Prozente höher (1992 West: 62, Ost: 82, Tendenz aber leicht fallend).

Der Anteil derjenigen, die heute genauso gern Auto fahren wie früher (46 Prozent), entspricht recht genau den 48 Prozent, die inzwischen weniger gern fahren. Nur eine winzige Minderheit von 5 Prozent hat heute mehr Freude daran.

Die Gründe für diese vermehrte Freude fallen je nach Geschlecht ziemlich verschieden aus.

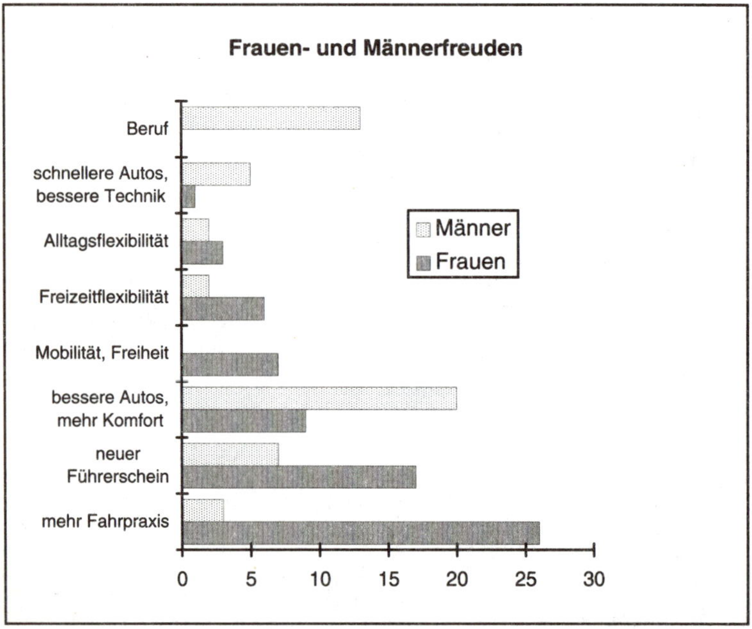

Berufliche Gründe haben bei den fahrfreudigen Frauen keinerlei Gewicht. Umgekehrt fehlt bei den Männern völlig der Aspekt der automobilen Freiheit, der aber für einen – wenn auch engen – Frauenkreis durchaus eine Rolle spielt. Vergleichbar liegen die Werte bei der Mobilität in der Freizeit. Die komfortablere Ausstattung scheint vor allem Männern Freude zu machen. Sehr auffällig ist jedoch der weibliche, alle Männer weit überwiegende Prozentsatz derer, die ihren Fahrspaß aus dem neuen Führerschein und mehr Fahrpraxis gewinnen. Beides deutet darauf hin, daß Frauen mit dem Automobil ein erheblich sachlicheres, praktischeres Verhältnis eingehen als Männer.

Die etwas größere Zahl derer, die heute weniger gern Auto fahren als früher, kennt eigentlich nur einen Hauptschuldigen dafür: die höhere Verkehrsdichte (45 Prozent). Sie ärgert vor allem die mittleren Jahrgänge (die 40- bis 49jährigen sogar zu 62 Prozent). Sehr viel schwächer ist hier das Umweltbewußtsein ausgeprägt: Es wird nur von 18 Prozent der Befragten genannt. Auch bei den Jüngeren unter 39 Jahren ist es nur zu etwa 22 Prozent ein Grund für den verminderten Fahrspaß. Die Senioren über 70 Jahre hören dabei gar nicht erst hin: Sie sind in dieser Gruppe nur mit einem einzigen Prozent vertreten.

Die geringe Attraktivität des Öffentlichen Personennahverkehrs ist mit zwei Prozent der Nennungen deutlich ausgedrückt. Ein paar andere Gründe (Angst im Straßenverkehr, Unfallgefahren oder die vielen Baustellen) machen sich statistisch fast nicht bemerkbar. Obwohl, wenn man sie eigens danach fragt, 31 von hundert Westdeutschen und sogar 49 Ostdeutsche vor einem Autounfall Angst haben.

Männer und Frauen urteilen im übrigen recht ähnlich dabei. Nur in einem Punkt unterscheiden sie sich: Doppelt so viele Frauen (25 Prozent) wie Männer (elf Prozent) nennen Unfallgefahr als Grund, daß sie überhaupt nicht Auto fahren oder es aufgegeben haben.

Stau? Parkplatz? Kein Problem

Daß sich auf der Straße vor lauter Autos nichts mehr bewegt, war nur für acht Prozent aller Pkw-Benutzer ein ausreichender Grund für weniger Freude am Fahren. Gleichwohl gerät jedoch über die Hälfte von ihnen oft oder doch manchmal in einen Stau. Ihnen steht eine starke Gruppe scheinbar schlauerer Fahrer gegenüber: Stolzen 41 Prozent, besonders den Frauen (45 Prozent), passiert so etwas angeblich nie.

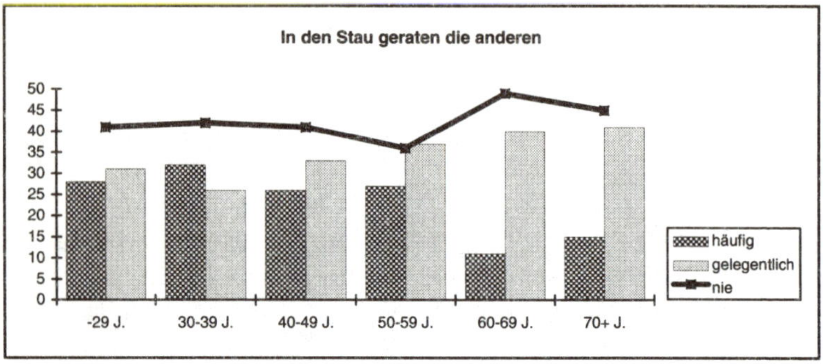

Fast sieht es ja so aus, als lernten die Fahrer mit der Zeit dazu. Es sind vor allem die Jüngeren, die häufiger im Stau stehen, die Älteren aber in steigender Zahl nur noch gelegentlich.

Auch die Parkplatznot wird von den Fahrern hingenommen (nur zwei Prozent haben deswegen weniger Spaß am Fahren). Die genaue Hälfte von ihnen kennt das Problem überhaupt nicht, überwiegend die älteren Autofahrer. Je ein Viertel der Pkw-Benutzer dagegen sucht oft längere Zeit nach einem Parkplatz. Männer und Frauen haben dabei gleich viel Glück oder Pech.

Daß die Fahrer also dauernd unter Streß stehen, kann man nicht behaupten. Das stimmt allenfalls für eine verschwindende Anzahl und eher noch in Ostdeutschland, wo man mit schnelleren Autos und schlechteren Straßen anfangs wohl nicht gleich zurechtkam. Jedenfalls fühlen sich von den westdeutschen Autofahrern sehr häufig gestreßt nur sechs Prozent (im Osten: 13 Prozent), häufig nicht mehr als 13 (17) und gelegentlich immerhin 22 Prozent (da geht es den Ostdeutschen mit nur 17 Prozent nicht ganz so gut). Kaum oder nie im Streß sind 34 Prozent westdeutsche und stolze 36 Prozent der ostdeutschen Fahrer. Freiberufler leiden besonders stark unter Fahrstreß im Berufsverkehr (50 Prozent), Beamte und leitende Angestellte aber nur zu 29 Prozent. Die Jüngeren im Westen lassen sich erheblich seltener aus der Ruhe bringen als die Älteren. In den neuen Bundesländern dagegen verteilen sich Streß und Gelassenheit ziemlich gleichmäßig über die Altersgruppen.

Alkohol am Steuer
Irland bestätigt das Vorurteil des trinkfreudigen Landes: mit der höchsten Promillegrenze Europas (1,0). Deutschland (0,8 Promille) liegt mit den meisten anderen Ländern des Kontinents im Mittelfeld. Nur drei Staaten sind mit 0,5 Promille strenger: Griechenland, die Niederlande und Portugal.

Dabei hätte es in der noch jungen neuen Bundesrepublik 1993 eine klare Mehrheit von 59 Prozent dafür gegeben, die 0,0-Grenze der DDR zu übernehmen. Sogar in Westdeutschland befürworteten die absolute Trockenheit am Steuer 52 Prozent (in den neuen Bundesländern waren es 80 Prozent). Gefragt waren übrigens ausschließlich Führerscheininhaber.

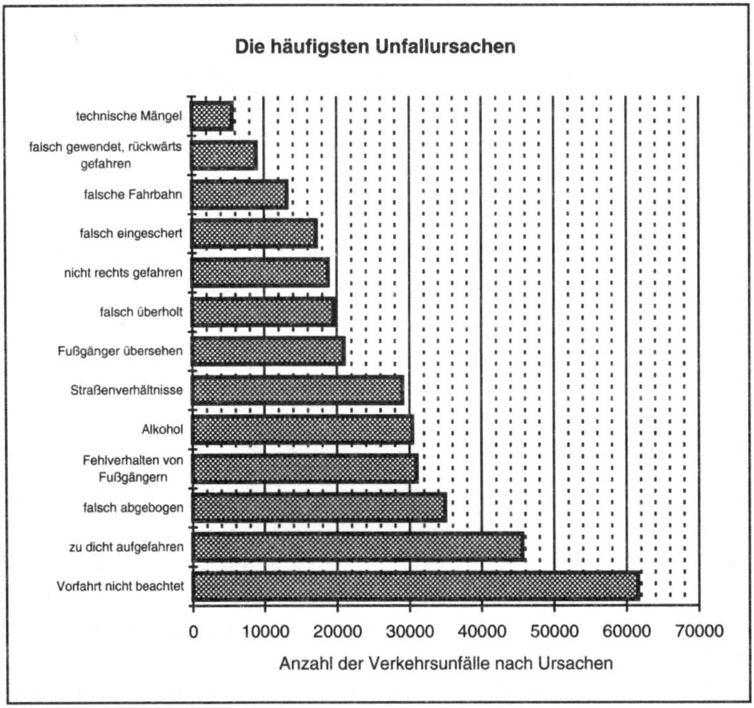

Aber vielleicht hätte das ja auch nicht geholfen. In der alten Bundesrepublik beträgt die Zahl der Personenschäden durch einen Verkehrsunfall unter Alkoholeinfluß ziemlich konstant zehn Prozent aller Unfälle, und trotz ihrer größeren Alkohol-Strenge konnte die DDR nie einen besseren Prozentsatz aufweisen.

Unter diesem Aspekt war das Jahr nach der Wende für die neuen Bundesländer besonders mörderisch. Der Anteil der Alkoholunfälle insgesamt stieg von zehn auf zwölf Prozent, die Unfälle mit Personenschaden erhöhten sich um 44, unter diesen die Alkoholunfälle um 72, die Zahl der dabei Verletzten um 91 und die der Getöteten um 94 Prozent. Eine weitere Zahl macht es noch schlimmer: Im Westen sterben bei je 1 000 Verkehrsunfällen unter Alkoholeinfluß 43 Menschen, im Osten mehr als doppelt so viele (96). Bei einem Bevölkerungsanteil von nur einem Fünftel werden bei Alkoholunfällen in den neuen Bundesländern halb so viele Menschen getötet wie im Westen.

Viele trösten sich damit, daß bei allen Unfallursachen der vielbeschriene Alkohol am Steuer ja nur die sechste Stelle einnimmt. Und bitte sehr: Das Risiko, in Spanien bei einem Verkehrsunfall ums Leben zu kommen, ist dreimal so hoch wie in der Bundesrepublik. Dort ergeben sich pro Milliarde gefahrene Kilometer 56 Tote, in Deutschland nur 18. Und Spanien hat ein Tempolimit!

Steigende Kosten

Licht und Schatten: Der Führerschein ist in England billiger als in Deutschland (1600 gegenüber 2300 Mark), dafür ist dort der Autoklau verbreiteter (26 Diebstähle gegenüber nur vier je 1 000 Autos). Andererseits ist das englische – auch das spanische – Benzin billiger als das deutsche, in Frankreich und Italien aber zahlt man beim Tanken mehr als in Deutschland.

Trotzdem fühlten sich selbst 1994, unmittelbar nach der Erhöhung der Mineralölsteuer, 17 Prozent im Osten und 24 Prozent im reicheren Westen davon nicht oder kaum belastet. Etwa die Hälfte empfand die Automobil-Kosten als mäßig, und nur etwa ein Viertel der Pkw-Benutzer empfand die Belastung des Wagen-Unterhalts als stark oder sehr stark. Einen höheren Kostendruck gegenüber früheren Jahren registrierten immerhin 57 Prozent der Ostdeutschen und 62 Prozent in den alten Bundesländern.

Führt der gestiegene Benzinpreis nun dazu, daß weniger gefahren wird? Schon, aber nur bei schwachen elf Prozent in Ost- und immerhin 24 Prozent in Westdeutschland. Der große Rest vermindert seine Fahrleistung keineswegs. Im Westen sind es höchstens die Senioren, die den Wagen jetzt öfter mal stehenlassen (37 Prozent der über 70jährigen). Hier planen wenigstens 57 Prozent derer, die ihre Autofahrten etwas einschränken wollen, statt dessen nun ein anderes Verkehrsmittel zu benützen, im Osten nur eine Minderheit von 39 Prozent.

Dem über Gebühr kostengeplagten Autofahrer stehen ja eigentlich eine ganze Reihe anderer Verkehrsmittel zur Verfügung. Der westdeutsche allerdings benutzt dabei nicht ganz dieselben wie der ostdeutsche.

Ersatz-Verkehrsmittel

	Ost	West
ÖPNV	43	23
Fahrrad	43	39
zu Fuß	2	7
Fern-Omnibus	1	12
Eisenbahn	k.A.	13
andere	9	7

Die öffentlichen Nahverkehrsmittel als Ersatz sind im Osten um etliches begehrter (43 Prozent) als im Westen (23 Prozent). Und das Fahrrad erlebt in beiden Teilen Deutschlands eine gloriose Wiederentdeckung. Aber seltsam: Benützen die Ostdeutschen keinen Bus mehr? Haben sie verlernt, zu Fuß zu gehen?

Möglicherweise liegt der Grund anderswo: Ihre neue Autoleidenschaft ist wie eine junge Liebe. Und die will man nun nicht gleich wieder verwässert sehen. Im Osten findet deshalb auch nur eine kleine Minderheit (10 Prozent) einen höheren Benzinpreis gerade noch richtig (im Westen sind das immerhin 18 Prozent). Andererseits ist dieser Gruppe recht gut bewußt, daß es vor allem

Umweltgründe sind, die dafür sprechen (45 Prozent, ebensoviele wie im Westen).

Und in der Gruppe derer, die einen steigenden Benzinpreis für ganz ungerechtfertigt halten, jammern die reicheren Westdeutschen (48 Prozent) lauter als die Ostdeutschen (35 Prozent) über ohnehin zu hohe Abgaben.

Ziemlich einig sind sich Ost und West darin, daß die Autofahrer nicht zu »den Melkkühen der Nation« werden dürfen (West: 46, Ost: 52 Prozent). Die Mehrheit hält die Verhinderung eines Tempolimits von 130 auf Autobahnen für nebensächlich; ganz im Gegenteil, 65 Prozent fänden diese Geschwindigkeitsbeschränkung sogar richtig. Und es ist am Ende doch schön zu hören, daß beinahe alle, 80 Prozent von ihnen, sehr dafür sind, daß unsere Autos umweltfreundlicher werden.

Arbeit, nicht mehr für alle

Von den über 14 Jahre alten Deutschen sind über die Hälfte sogenannte Erwerbspersonen, in Westdeutschland 53,2, in Ostdeutschland 61,7 Prozent. Die größte Gruppe unter ihnen sind die nichtleitenden Angestellten und Beamten (West: 26,2, Ost: 28,6 Prozent), gefolgt von den Facharbeitern, die im Westen mit 9,9 und im Osten sogar mit 19,7 Prozent vertreten sind. Immer noch arbeiten in Ostdeutschland relativ mehr Frauen (55,2 Prozent) als im Westen (41,7 Prozent).

Dabei wird in der Industrie der modernen Bundesrepublik Frauenarbeit immer noch schlechter bezahlt als gleiche Arbeit ihrer männlichen Kollegen: Frauen erhalten im Schnitt nur drei Viertel vom Lohn der Männer (74 Prozent). Vorbildlichere Länder sind hier wieder einmal Schweden (mit 90 Prozent des Männerlohns), Norwegen (86) oder Dänemark (84 Prozent). Auch von Frankreich (81), Holland (77) und Belgien (75 Prozent) wird Deutschland noch übertroffen. Noch schlechter gestellt sind die Industriearbeiterinnen in Spanien (73), England und Portugal (je 68) und in der Schweiz (67 Prozent).

Neben den Arbeitsbesitzern stehen unbeschäftigt und in wachsender Zahl die Arbeitslosen. Statistisch flacht sich, wenn man es so sehen will, der Anstieg ab: 1992 waren es 2,8, im Jahr 1993 3,4 und 1994 3,5 Millionen. Darin eine positive Wirkung der Konjunktur zu sehen, wäre allerdings eine Selbsttäuschung. Es gibt in Ostdeutschland ganz einfach nicht mehr so viele Firmen, die noch zusammenbrechen könnten. Und der Personalabbau anderer Unternehmen geht trotz des Aufschwungs unvermindert weiter.

Arbeitsformen

Eine wunderbare Stellenvermehrung ist auch durch die Verkürzung der Arbeitszeiten nicht eingetreten. Obwohl die Zahlen beeindruckend sind: Pro Tag hat sich die Arbeitszeit zwischen 1950 und heute zwar nur von acht auf 7,5 Stunden verringert, die Wochenarbeitszeit jedoch von 48 auf weniger als 38 Stunden. Bei der jährlichen Arbeitszeit sind in dieser Zeit noch mehr Stunden weggefallen (es sind heute weit unter 1700 statt wie damals noch 2330 Stunden). Und auf die Lebensarbeitszeit bezogen arbeitet heute jeder Deutsche fast ein Drittel weniger als 1950 (nur 69 600 statt 102 100 Stunden).

Ganze Lebensabschnitte haben sich in diesem Jahrhundert verschoben. Die Kindheit samt Ausbildungszeit beträgt nicht mehr, wie noch 1906, 14,2, sondern lange 19,4 Jahre. Der Altersruhestand dauert nun im Schnitt sogar mehr als dreimal länger (16,4 statt 4,8 Jahre).

Firmentreue und Selbständigkeit

In der Anhänglichkeit an sein Unternehmen wird der abhängig beschäftigte Deutsche (Verweildauer 10,4 Jahre) nur knapp vom Japaner (10,9) übertroffen. Danach kommen aber gleich die Franzosen (10,1), Spanier (9,8), Norweger (9,4), Finnen (9) und Schweizer (8,8 Jahre). Engländer bleiben nur 7,9 Jahre auf demselben Arbeitsplatz und Holländer sieben. Diese Werte nähern sich bereits der Zeit, die einer in den USA im Job ausharrt (6,7 Jahre).

Fast ein Spiegelbild dazu ergibt sich, wenn man den Anteil der Selbständigen an der Erwerbsbevölkerung untersucht. Da nimmt Deutschland im ehemaligen Europa der Zwölf mit 9,2 Prozent nur den drittletzten Platz ein (genau wie Luxemburg, 9,2, und vor Dänemark, neun Prozent). In Griechenland, auf dem Spitzenplatz, sind es 35,2, in Portugal 26,4 und in Italien 24,3 Prozent. Auch in den übrigen sechs Ländern der ehemaligen Zwölfer-EG sind relativ viel mehr Menschen ihre eigenen Unternehmer.

Das weitaus häufigste Arbeitsgerät in Deutschland ist übrigens das Schreibzeug, und zwar für 63 Prozent der Beschäftigten. Kleinmaschinen wie Telefon, Fax und Fernschreiber benützen 56, Computer und computergesteuerte Maschinen nur 37 Prozent. Klassische Werkzeuge, zum Beispiel einen Hammer oder eine Feile, nimmt nur noch ein genaues Drittel zur Hand, an der Schreibmaschine arbeitet lediglich ein Viertel der Erwerbstätigen. Elektrische Geräte, etwa Bohrmaschinen, sind bloß bei 18 Prozent das tägliche Werkzeug, und ein Diktiergerät haben nicht mehr als 13 Prozent.

Arbeitszeiten

Eine bemerkenswerte Sonderstellung nimmt Deutschland in der Frage der Telearbeit ein, also dem räumlich vom Unternehmen entfernten Arbeitsplatz zu Hause. Das Interesse daran ist nicht übermäßig verbreitet, nur bei je 40,5 Prozent der Arbeitgeber und der Bevölkerung. In Ländern wie Frankreich, England und Spanien aber sieht das ganz anders aus. Dort ist das Interesse der Menschen an dieser Arbeitsform höher, das der Entscheidungsträger jedoch geringer als in Deutschland. Meistens verstehen die Arbeitgeber einfach zu wenig davon (51,4 Prozent), fast ebenso häufig ist ihnen der ferne Mitarbeiter zu unkontrolliert (45,7), sie befürchten Kommunikationsprobleme (38,9) oder die damit verbundenen technischen Kosten (36,7 Prozent). Zu einem guten Drittel wird aber auch einfach Trägheit als Grund genannt.

Teilzeitarbeit

Bei der Teilzeitarbeit trennen sich zumindest in Westdeutschland die Geschlechter: 40 Prozent der abhängig beschäftigten Frauen arbeiten in einem Teilzeitjob, bei den Männern sind es gerade mal vier Prozent. Und wenn es nach den Wünschen der vollbeschäftigten Frauen ginge, so könnten ihre Arbeitszeiten noch um einiges flexibler aussehen. Der naheliegende Grund: Nach wie vor sind es die Frauen, die sich in erster Linie um die Kindererziehung kümmern.

In der Bundesrepublik wird gewöhnlich Teilzeitarbeit als unvereinbar mit hoher Verantwortung bewertet. In Westdeutschland sind in Betrieben ab 50 Beschäftigte nur 11,4 Prozent Frauen in Führungspositionen. Extrem niedrig ist dieser Anteil in der Elektroindustrie (4,9), und selbst im Einzelhandel ist er nicht höher als 18,5 Prozent.

Mit einer Arbeitszeit von 36 bis 40 Stunden zufrieden sind im Westen 61 Prozent der Männer, aber nur 31 Prozent der Frauen. Nur selten möchten befragte Frauen noch länger arbeiten (zwei Prozent), bei den Männer wollen das aber sogar zwölf Prozent. Daß es ruhig weniger sein könnte, und zwar ohne Lohnausgleich, findet kaum ein Mann in Ordnung (35 Stunden können sich 15 Prozent, 30 Stunden nur noch fünf Prozent vorstellen). Frauen sind da um einiges phantasievoller. Für alle Arbeitszeiten unterhalb der 40-Stunden-Woche finden sich bei ihnen Interessentinnen. Insgesamt wollen sie also gar nicht so viel Arbeit, wie sie haben.

Auch die nichtbeschäftigten deutschen Männer kennen scheinbar nur die Vollzeitarbeit (etwa 77 Prozent wünschen sie im Westen, 82 Prozent im Osten). Die arbeitssuchenden Frauen – einschließlich der »stillen Reserve« – denken aber wiederum differenzierter. In diesem Punkt unterscheiden sich West- und Ostdeutschland aber gründlich: Hier hätten 49 Prozent lieber den Vollzeitjob und nur 21 eine Teilzeitarbeit; dort liegen die Zahlen genau umgekehrt (56 bzw. 26 Prozent). Die ostdeutschen Frauen haben ganz offensichtlich den höheren Zuverdienst nötiger.

Etwas Gutes läßt sich über die westdeutschen Männer sagen: 30 von hundert Vollzeitbeschäftigten wollen ihre Arbeitszeit gern um sechs Stunden oder mehr pro Woche verkürzen, weil sie ein Kind zu Hause haben, das noch nicht drei Jahre alt ist (und sogar 34 Prozent würden dafür wenigstens zwei bis fünf Stunden weniger arbeiten).

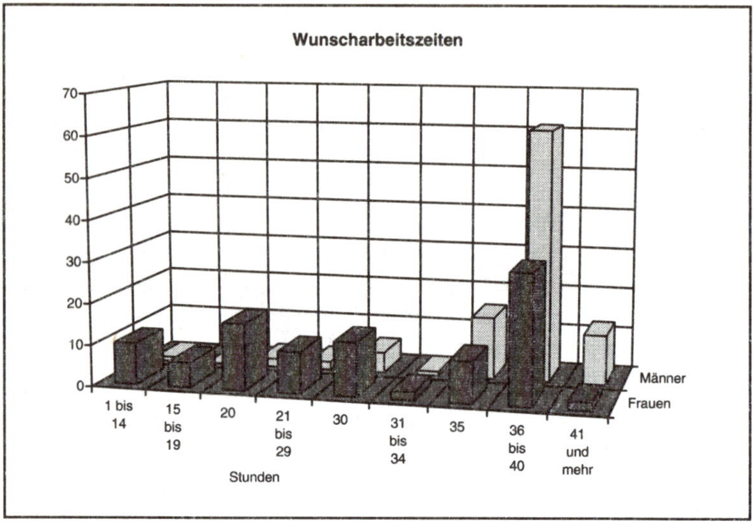

Die Teilzeitarbeit hat in Deutschland schon eine gewisse Tradition. Und doch: Sie ist hier, anders als beispielsweise in Belgien, kein Mittel zur Umverteilung der Arbeit. Teilzeit wurde in der Vergangenheit immer dann angeboten, wenn es zu wenig Arbeitskräfte gab, so in den 60er Jahren; im nicht erwerbstätigen Teil der Bevölkerung sollte mit attraktiven Angeboten geworben werden. In Zeiten knapp gewordener Arbeit wie heute dagegen fehlen solche Angebote.

Und noch etwas Kurioses: Wenn Teilzeitarbeit durch den Betrieb eingerichtet wird, sehen die Manager eher die Vorteile. In diesem Fall sind die Teilzeitkräfte kürzer beschäftigt (häufiger unter 20 Stunden) und von minderem Status hinsichtlich Sozialversicherung und Arbeitnehmerrechten (zum Beispiel im voraus feststehende Arbeitszeiten). Wird die Teilzeitarbeit aber auf Wunsch der Mitarbeiter eingeführt, so nehmen die Manager eher nur die Nachteile wahr. Die Mitarbeiter sind in diesem Fall jedoch eher länger am Arbeitsplatz (häufiger über 20 Stunden), überdurchschnittlich für ihren Beruf qualifiziert und mit festen Arbeitszeiten versehen (zum Beispiel immer vormittags).

Arbeitsfreie Zeit

Wer Arbeit hat, bleibt ihr auch manchmal fern. Dabei ist der Urlaub von allen Möglichkeiten noch die banalste. Daneben gibt es eine Reihe anderer Errungenschaften, zum Beispiel begründeten Sonderurlaub, die vielen christlichen Feiertage, die auch in einem unchristlichen Land auf einen Werktag fallen. Und dann sind Arbeitnehmer auch gelegentlich krank.

Solche »Fehlzeit« genannten Abwesenheiten liegen nun aber ganz seltsam über die Woche verteilt. Um mit dem Dienstag anzufangen: Auf ihn fallen nur 9,8 Prozent der Fehlzeiten, auf den Mittwoch sogar nur 6,4, auf den Donnerstag aber schon 16 Prozent. Den Rekord hält der Freitag mit 37 Prozent. Daneben ist der Montag (mit 30,8 Prozent) geradezu durch Pflichtbewußtsein gekennzeichnet.

Die arbeitsunfähig Kranken kommen in Westdeutschland nicht so sehr in Tages-, sondern mehr in jahreszeitlichen Schwankungen vor.

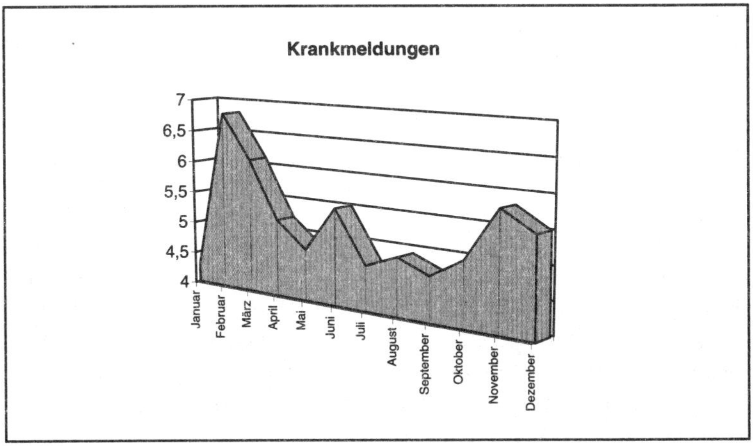

Das Jahr beginnt sozusagen mit guten Vorsätzen. Dann erst schlagen Grippewellen oder andere Epidemien zu, die aber zur Osterzeit wieder abklingen. Der Vorurlaubsmonat Juni ist für die Gesundheit wieder recht gefährlich. Danach sinkt der Krankheitsstand erfreulicherweise ab und steigt erst gegen den Winter zu wieder scharf an.

Fehlzeitrekorde
Die höchsten Fehlzeiten muß die gummiverarbeitende Industrie hinnehmen (11,2 Prozent der Soll-Arbeitszeit). Bei Bau, Steine, Erden (10,1) ist es nicht ganz so schlimm, auch nicht bei Eisen und Stahl (9,5), in der Holz- (9,3) und der Autoindustrie (9,2). Danach folgen die chemische (8,6) und die Papierindustrie (8,1 Prozent). Die am wenigsten gesundheitsgefährdenden Branchen sind offenbar die Energieversorgung (6,9), Versicherungen, auch der Handel (je 5,6) und die Banken (5,3 Prozent).

Im internationalen Vergleich belegt Deutschland mit insgesamt 8,8 Prozent Fehlzeiten einen schönen vierten Rang. Nur in Schweden (13,3), Norwegen (10,3) und den Niederlanden (9,1 Prozent) fehlen Arbeitnehmer noch häufiger. Auf den nächsten Plätzen folgen Frankreich (8,2), Italien (8,1), Österreich (6,9), England (6,8) und Belgien (6,7 Prozent). In den USA trauen sich besonders wenige, nicht zur Arbeit zu erscheinen (drei Prozent). Den Rekord hält allerdings Japan, das Land mit der höchsten Jahresarbeitszeit von tatsächlich über 2000 Stunden: Hier betragen die Fehlzeiten nicht mehr als 1,6 Prozent.

Über Jahrzehnte betrachtet sind jedoch in Westdeutschland immer weniger Menschen arbeitsunfähig krankgemeldet. Die Gründe sind vielfältig: Immer mehr Frauen arbeiten mit, und Frauen sind nicht so oft krank wie Männer, wenigstens nicht offiziell; Arbeiter sind häufiger krank als Angestellte, der Anteil der Arbeiter beträgt aber nicht mehr, wie noch 1965, 65 Prozent, sondern nur noch etwas über 40; ähnliches gilt für das produzierende Gewerbe, das ebenfalls zurückgeht, aber einen höheren Krankenstand aufwies; und schließlich: Es gibt etwas weniger neuere Zivilisationskrankheiten als alte, überwundene Infektionskrankheiten.

Urlaub
In Europa haben zwei katholische Länder, Spanien und Portugal, die meisten Feiertage, die – von Jahr zu Jahr wechselnd – häufig auf einen Arbeitstag fallen, nämlich 14. Japan hat 13 so bezahlte

Feiertage, Österreich 11,5, Schweden, Belgien und die USA je elf, Luxemburg und Frankreich je 10. Dann erst kommt Deutschland mit 9,7 (der Westen ist dabei großzügiger bedient). Am schlechtesten haben es hier Italien mit sieben und die Niederlande mit 6,3 derartigen Feiertagen, am allerbesten aber die stärker religiös geprägten Staaten in Lateinamerika oder die arabischen Länder, wo man 13 bis 18 solcher Feiertage kennt.

Nimmt man nun ein bestimmtes Jahr, etwa 1994, so ergibt sich folgendes Bild: Tariflichen Jahresurlaub und bezahlte Feiertage zusammengerechnet lag Italien in jenem Jahr mit 39 Tagen eindeutig an der europäischen Spitze, knapp gefolgt von Westdeutschland (38,6) und Spanien (38,5). Portugal mit seinen vielen Feiertagen kam da nur auf den neunten Platz, aber noch vor Ostdeutschland mit nur 35 Tagen insgesamt, gleichauf mit Frankreich. Auch die Japaner brauchten ihre 13 Feiertage dringend; ihr Jahresurlaub ist nämlich nicht länger als elf Tage. In der Gesamtzahl der tariflich freien Tage werden sie allerdings von den USA noch unterboten: Dort braucht man nur an 23 Tagen gesetzlich nicht zu arbeiten.

Den Jahresurlaub allein betrachtet, wird Deutschland mit seinen 30 Tagen von drei Ländern übertroffen: Finnland (37,5), Holland (32,5) und Italien (32 Tage). Alle anderen europäischen Länder müssen mit weniger Tarifurlaub auskommen. Ganz am unteren Ende stehen Norwegen, Irland mit je 21 und Belgien mit 20 Tagen.

Die Arbeitslosen

Seit dem Zusammenbruch der DDR-Wirtschaft sind besonders in den neuen Bundesländern viele ohne Arbeit. Die traurige Spitze hält Sachsen-Anhalt (mit 16,7 Prozent Arbeitslosenquote, 1994), gefolgt von Mecklenburg-Vorpommern, Thüringen, Sachsen und Brandenburg.

Im Vergleich zu Europa geht es Deutschland (insgesamt 8,6 Prozent Arbeitslosenquote) eigentlich noch gut. In Schweden, Dänemark, Italien, Frankreich, Irland, Finnland oder gar Spanien (24,4 Prozent) haben es Arbeitsuchende um einiges schwerer.

Ganz besonders sind in Ostdeutschland die Frauen davon betroffen. 77 Prozent der Langzeitarbeitslosen dort sind weiblich (gegenüber 44,8 Prozent in Westdeutschland). Dabei sind im Osten nur 25,6 Prozent der schon lange Arbeitslosen ohne jede Ausbildung, im Westen dagegen ziemlich genau die Hälfte.

Problembewußtsein

76 Prozent der Ostdeutschen halten denn auch die Arbeitslosigkeit für das gegenwärtig (1994) größte Problem in Deutschland (im Westen der Bundesrepublik schließen sich dem nur 59 Prozent an).

Nach einem möglichen Lohnverzicht von fünf Prozent zugunsten neuer Arbeitsplätze gefragt, wären 45 Prozent im Westen, verständlicherweise nur 24 Prozent im Osten, dazu bereit. In ihrer Mehrheit von über 60 Prozent sind sie sich jedoch darin einig, daß ein solcher Verzicht völlig wirkungslos bliebe. Nur etwa acht Prozent versprechen sich davon einen großen Rückgang der Arbeitslosigkeit. Für ihren Gerechtigkeitssinn spricht es, daß sie entschieden den Vorschlag ablehnen, Arbeitslose sollten doch für weniger Geld arbeiten als ihre Kollegen (West: 63 Prozent, Ost: 81 Prozent).

Wenn es aber um die Meinung geht, die Arbeitslosen täten nicht genug, um einen Arbeitsplatz zu bekommen, trennen sich die Wege schon wieder. 53 von hundert Westdeutschen haben diesen Verdacht (nur 37 finden das Gegenteil), aber nur 32 Ostdeutsche (66 Prozent von ihnen finden, sie tun schon genug dafür).

In den neuen Bundesländern leben die Menschen überhaupt näher an der Arbeitslosigkeit als im saturierten Westen. Hier halten immerhin 82 Prozent ihren eigenen Arbeitsplatz für sicher. Über die Hälfte (57 Prozent) kennt auch niemanden, dessen Stelle gefährdet wäre. In Ostdeutschland glauben nur 63 an die eigene Jobsicherheit. Und 47 Prozent kennen unter den Menschen, die ihnen nahestehen, wenigstens einen, der um seine Stelle bangen muß.

Der Zusammenhang zwischen Krankmeldungen und Arbeitslosigkeit, so sehr er oft als Stammtischargument herhalten muß, scheint statistisch gesichert: Bei hoher Arbeitslosigkeit sind weniger Arbeitnehmer krank und umgekehrt. 1979 und 1980 zum

Beispiel waren in Westdeutschland Jahre mit niedriger Arbeitslosenquote (3,8 Prozent), und die Krankmeldungen erreichten gleichzeitig einen sonst nicht verzeichneten Höchststand von 5,7 Prozent (der gesetzlich Krankenversicherten). 1985 jedoch lag die Quote bei sehr hohen 9,3 Prozent, und der Krankenstand verringerte sich auf niedrige 4,7 Prozent. Sinkt die Quote nur ein wenig (etwa auf 7,2 Prozent im Jahr 1990), so nehmen auch die Krankmeldungen schon wieder zu (auf 5,2 Prozent). Die Zahlen verraten aber auch etwas sehr Bedenkliches: In schlechten Zeiten traut sich mancher einfach nicht mehr, krank zu sein, und schleppt sich streng genommen heilbedürftig in die Arbeit.

Entlassungswellen

Nicht immer ist die Rezession schuld an massiven Entlassungen. Es ließen sich namentliche Beispiele großer Unternehmen nennen, in denen trotz günstiger Geschäftslage zahlreiche Arbeitsplätze eingespart werden. Die dafür angeführten Gründe heißen Umstrukturierung der Produktion und Rationalisierung.

Man teilt die zu Entlassenden dann meist in drei Gruppen ein. Die erste, inzwischen nicht mehr so zahlreiche Gruppe sind diejenigen, die in den Vorruhestand eintreten können. Die zweite wird mit Abfindungen zum Verlassen der Firma überredet (ein großes Unternehmen muß dafür bis zu 40000 Mark je Mitarbeiter hinlegen). Den übrigen wird gekündigt.

Der vermutlich wachsende Dienstleistungssektor kann gar nicht so schnell neue Arbeitsplätze schaffen, wie im produzierenden Gewerbe verloren gehen. Auch in den Dienstleistungen, etwa bei Versicherungen, werden ja Mitarbeiter jetzt und künftig entlassen. Im Hotel- und Gaststättengewerbe sollen im Jahr 2005 vielleicht 20 Prozent mehr Menschen arbeiten, in privaten Dienstleistungen wie Gebäudereinigung noch 17 Prozent mehr. Aber der viel größere Fahrzeugbau verliert bis dahin zwölf, der Bergbau 36 Prozent seiner Beschäftigten.

Setzt man den Beschäftigungsstand in fünf Sektoren für 1991 als 100 an, so haben im Jahr 2010 die Landwirtschaft noch einen Personalbestand von 55, das produzierende Gewerbe von 85 und Handel und Verkehr von nur noch 91 Prozent. Eine Wachstumsbranche ist vor allem der Dienstleistungssektor, sein Beschäftigungsstand steigt auf 138. Und dann ist da noch der Staat, dessen Personal auf 112 Prozent angehoben wird. In öffentlichen Diensten sind zwar heute schon 15 Prozent der erwachsenen Deutschen tätig. Aber das ist offenbar noch nicht genug.

Gesunde und Kranke

Zu wissen, daß die Ärzte selbst auf ihre Gesundheit achten, ist angenehm. Von den westdeutschen Internisten und Allgemeinärzten 1992 kann man Genaueres sagen. Sie arbeiten nicht zu wenig (nur fünf Prozent unter 40 Stunden), und nur einige, nämlich sechs Prozent, überfordern sich mit 80 Stunden und mehr pro Woche. Im Schnitt sind sie 58 Wochenstunden beruflich tätig, wobei die süddeutschen Kollegen weniger fleißig sind (56 Stunden in Bayern und Baden-Württemberg) als andere (Hessen, Rheinland-Pfalz und Saarland: 62 Stunden).

Auch ihre körperliche Ertüchtigung wird gepflegt. Die Lieblingssportarten der männlichen Ärzte sind Tennis (25 Prozent), Radfahren (15), Jogging und Waldlauf (auch 15), Skifahren (acht) und Schwimmen (sieben Prozent). Das Radeln steht bei den Ärztinnen an der Spitze der Beliebtheit (21 Prozent), dann kommt die Gymnastik (18), danach erst Tennis und Schwimmen (je 17) und der Waldlauf (16 Prozent). Bedenklich ist dabei, daß die knappe Hälfte aller Ärzte (47 Prozent) gar keinen Sport treibt, in Norddeutschland sogar 60 Prozent.

Lediglich acht von hundert Ärzten sind starke Raucher, drei sogar sehr starke, aber 75 rauchen überhaupt nicht. Nicht ganz so strikt halten sie es mit dem Alkohol: Abstinent sind nicht mehr als 16 Prozent, aber gern oder sehr gern trinkt eine klare Mehrheit (52 Prozent). Allerdings halten sie ihren Berufsstand, und zwar ebenfalls zu 52 Prozent, für wenig suchtgefährdet. Eine starke Gefährdung sehen hier nur 38, eine sehr starke nur fünf Prozent.

Die meisten Ärzte bereuen die Wahl ihres Berufes nicht (71 Prozent). Von der Richtigkeit dieser Entscheidung sind aber erheblich mehr Frauen überzeugt als Männer (86 gegenüber 66 Prozent).

Der allgemeine Zustand

Bei so guten Ärzten ist denn der Gesundheitszustand der Deutschen im ganzen nicht schlecht. Zwar schleppen sie einige Schwermetalle und anderes mit sich herum, so zum Beispiel in einem Liter Blut 78 Mikrogramm Blei (arithmetisches Mittel), fast ein Mikrogramm Cadmium, 0,7 Mikrogramm Quecksilber und immerhin fast ein Milligramm Kupfer. Ein Gramm ihrer Haare enthält über 10 Mikrogramm Eisen, 5,8 Mikrogramm Aluminium, aber nur 0,05 Mikrogramm Arsen (Männer etwas mehr als Frauen) und 0,15 Mikrogramm Cadmium (Raucher haben mehr davon). Aber das sind alles Werte unter den derzeit gesundheitspolitisch erlaubten Normen. Und ein Mikrogramm, so kann man sich trösten, ist ja nicht viel: Eine Million davon ergeben erst ein einziges Gramm.

Gefahren

Nun ist die Gesundheit ein wertvolles, aber auch ein vielfältig bedrohtes Gut. 44 Prozent der West- und 35 der Ostdeutschen haben Angst vor verseuchten Lebensmitteln (fast mehr als vor einer unheilbaren Krankheit, nämlich 31 Prozent im Westen und 49 Prozent im Osten). Die Menschen in Ostdeutschland sehen ihre Gesundheit zu 21 Prozent sogar durch Medikamente gefährdet. Auf den obersten Plätzen der Liste stehen jedoch andere Gefahren wie Drogen, der durch die Altlasten der Industrie verseuchte Boden und das Rauchen, während etwa Alkohol erst auf Platz sieben auftaucht, hinter dem Ozonloch.

Das eigene Heim wird dabei noch als relativ glückliche Insel betrachtet. Die Überanstrengung im Beruf wird von mehr als der Hälfte, Streß in der Familie nur von einem knappen Drittel als Bedrohung der Gesundheit empfunden. Und während 72 Prozent die Luftverschmutzung draußen für gefährlich halten, befürchten dies nur 37 Prozent von der schmutzigen Luft zu Hause. Mit dem eigenen Schmutz hat man offenbar leben gelernt; der fremde bleibt bedrohlich.

Große Gefahren für die Gesundheit

Drogen	89	Industrieunfälle	68
Industriealtlasten	87	Streß im Beruf	57
Rauchen	80	Transport gefährlicher Güter	56
Radioaktive Strahlung	79	Bewegungsmangel	46
Verkehr	79	Lärmbelästigung	44
Ozonloch	78	falsche Ernährung	38
Alkohol	75	Luftverschmutzung im Haus	37
Luftverschmutzung außer Haus	72	Chemie in Lebensmitteln	31
Aids	72	Streß im Haus	30
Wasserverschmutzung	71	Arzneimittel	21
Asbest	69		

Ein Viertel der Ostdeutschen (26 Prozent) hat in ein bis zwei Zähnen eine Amalgamfüllung, elf oder mehr solche Zähne haben aber nur sechs Prozent. Sie wissen auch genau, wann sie die Füllungen bekommen haben: Nur jeder Zwanzigste hat es vergessen.

Beschwerden

Zählt man einmal auf, was einem so alles als gesundheitliche Beeinträchtigung passieren kann, und läßt dabei die deutsche Lieblingskrankheit (Herz- und Kreislauf) beiseite, dann wird ein geradezu blühendes Befinden erkennbar.

Sicher: Auch die Ostdeutschen leiden, während der 12 Monate vor der Befragung, »sehr häufig« oder »häufig« an kleinen Wehwehchen wie Abgespanntheit (43), Kopfschmerzen (29) oder Schnupfen (22 Prozent). Aber Schlimmeres wie Husten, gar mit Auswurf (14), Atembeschwerden, Allergien (je 12) oder Hautkrankheiten und Halsschmerzen (je 10 Prozent) sind schon erheblich seltener. Und einen schweren grippalen Infekt (9), eine Bronchitis (7) oder Mandelentzündung (drei Prozent) kennen als häufig auftretend noch weniger Menschen. Auch die Lust am Essen ist kaum verdorben: Nur sechs Prozent leiden öfter mal an Appetitlosigkeit.

Über Schuppen in den Haaren können nur 12 Prozent der Ostdeutschen klagen, 84 Prozent benützen kein Antischuppenmittel im Schampoo. Überhaupt ist bei diesem Körperteil die Hygiene vorbildlich: Am Stichtag der Befragung hatten sich vier Prozent die

Haare gewaschen, bei einem glatten Viertel lag die letzte Haarwäsche nur einen Tag zurück, bei 20 Prozent zwei Tage, bei 13 Prozent drei Tage, bei einem knappen Viertel (24 Prozent) vier bis sechs Tage. Nur eine Minderheit von 12 Prozent wusch sich die Haare jede Woche oder noch seltener.

Die Angst vor dem größerwerdenden Ozonloch hat eine gewisse Wirkung. Nur acht Prozent aller Deutschen geben 1994 an, sie legten sich häufiger als früher zum Bräunen in die Sonne (im Jahr zuvor taten dies noch 16 Prozent). 37 Prozent gehen ebenso oft zum Sonnenbaden wie vorher (1993: 30 Prozent). Eine konstante Mehrheit aber (53 Prozent) setzt sich seltener als früher der harten UV-Strahlung aus.

Sozialabhängigkeit

Derartige Zahlen verdecken immer auch große Unterschiede zwischen einzelnen Gruppen der Bevölkerung. Dafür einige Beispiele: Wenn man etwa die ärztlichen Befunde bei Personen ohne ständigen Wohnsitz untersucht, ergibt sich eine ganz andere Reihenfolge der vorkommenden Krankheiten oder Bedrohungen. Jetzt sind vor allem gefährdet oder betroffen: die Zähne (52 Prozent), an zweiter Stelle die Haut (50), dann die Ohren, die Atmungsorgane (je 48 Prozent), die Leber (30), die Nieren (25) und der Verdauungstrakt (20). Bei dieser Gruppe haperte es aber auch deutlich mit der eigenen Vorsorge. Während über die Hälfte von ihnen in den letzten zweieinhalb Jahren im Krankenhaus war (über ein Viertel in den letzten sechs Monaten), meinten 48 Prozent, sie brauchten vor lauter strotzender Gesundheit überhaupt keine ärztliche Hilfe. Etwa 50 Prozent konsumieren regelmäßig Alkohol, und 55 Prozent rauchen täglich mehr als 20 Zigaretten.

Man hat überdies herausgefunden, daß Krankheiten nicht unabhängig sind von der Schulbildung des Betroffenen. Es macht einen Unterschied für die Gesundheit, ob einer keinen Schulabschluß hat oder ein Abitur. Ein Mensch ohne schulischen Abschluß erleidet im Durchschnitt deutlich mehr Tage gesundheitlicher Beeinträchtigung (23,3), mehr Tage im Bett (8) und mehr Krankenhaustage (2) als der Abiturient (12,9, 5,1 und 1,4 Tage). Andere Bildungsgruppen nehmen typische Mittelstellungen ein.

Dasselbe läßt sich auch bei verschiedenen Berufsgruppen feststellen. Arbeiter, Facharbeiter, einfache Angestellte und Landwirte ertragen wiederum überdurchschnittlich viele Tage mit gesundheitlichen Beeinträchtigungen. Leitende Angestellte dagegen, aber auch Beamte des gehobenen und höheren Dienstes und Selbständige weisen hier durchgehend unterdurchschnittliche Werte auf.

Da ist es schon nicht mehr überraschend, daß dieselbe Beobachtung auch hinsichtlich des Einkommens zu machen ist. Personen mit einem Monatseinkommen unter tausend Mark liegen mehr als doppelt so lange im Krankenhaus (28,2 Tage) wie Personen, die monatlich über 6000 Mark in der Tasche haben (12 Tage). Für andere Beeinträchtigungen treffen ganz ähnliche Unterschiede zu.

Vor der Krankheit sind also nicht alle Menschen gleich. Sie trifft den Armen eher als den Reichen.

Einige Krankheitsbilder

Für die meisten Todesfälle in Deutschland ist die recht undifferenzierte Gruppe der Herz- und Kreislauf-Erkrankungen verantwortlich (1993: 441 000). Die zweithäufigste Todesursache stellen etwa 2000 Gewebe- und Blutveränderungen dar, die alle unter der Bezeichnung »Krebs« zusammengefaßt werden (200000 Todesfälle).

In Deutschland nimmt die Zahl der Männer, die an einem Herzinfarkt sterben, seit einigen Jahren ab, die entsprechende Zahl der Frauen steigt jedoch an. Die Ursache dafür liegt vielleicht nicht nur in der Zunahme der Raucherinnen, sondern in einer Art Therapie-Sexismus. Amerikanische und schwedische Wissenschaftler fanden nämlich heraus, daß Männer bei einem Infarkt schneller und aufwendiger behandelt werden als Frauen.

Die westdeutsche Bevölkerung ist ziemlich gut informiert über die Risiken eines Infarkts. Sie nennen als Hauptrisiko den Bluthochdruck (73 Prozent) sowie andere Faktoren, etwa Durchblutungsstörungen oder erhöhte Cholesterinwerte (über 50 Prozent). Auch Übergewicht, Rauchen und Streß sind als Ursache bekannt (40 Prozent). Ganz anders steht es um die Kenntnis der

Vorboten eines Infarkts. 60 Prozent meinen, ein Nichtmediziner könne ohnehin keine solchen Anzeichen erkennen, und fast alle übrigen bringen Vorboten und Risikofaktoren durcheinander. Nur zehn Prozent wissen einige Zeichen richtig zu deuten (vorübergehende Lähmung, Sprachstörung und ähnliches). Einer nicht repräsentativen Untersuchung zufolge haben denn auch 20 Prozent, die gewisse Vorboten eines Infarkts wahrgenommen haben, nicht sofort einen Arzt geholt, sondern erst einmal längere Zeit abgewartet. Immerhin wissen die meisten (76 Prozent), daß »eine entsprechende Lebensweise« den Schlaganfall verhindern hilft, ebenso der regelmäßige Arztbesuch (63 Prozent). Für sieben Prozent der Bevölkerung ist der Infarkt ein unabwendbarer Schicksalsschlag.

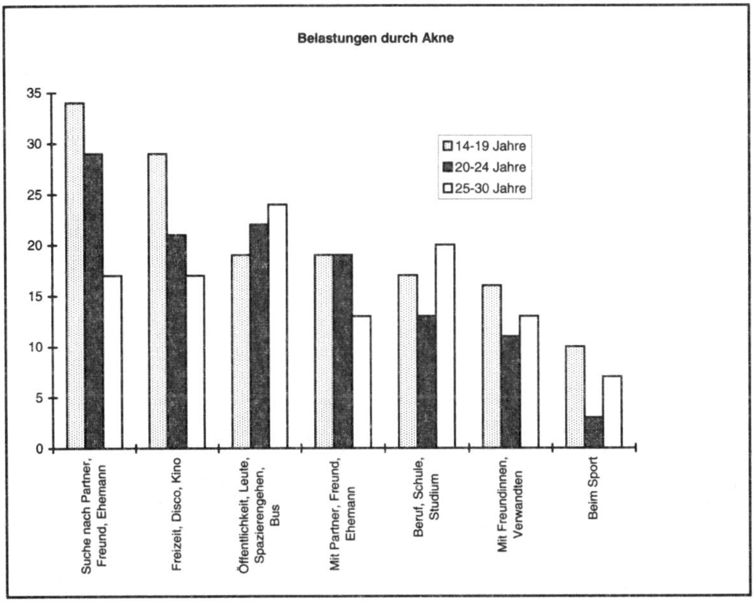

Akne und Psyche

Insbesondere Frauen fühlen sich durch den als Akne bekannten Hautausschlag stark belastet. Aber die Belastung ist charakteristisch abhängig von der jeweiligen Lebenssituation. Am störendsten wird Akne empfunden bei der Suche nach einem Partner oder Ehemann (von insgesamt 27 Prozent der befragten Patientinnen). Im Zusammensein mit dem schon vorhandenen Partner jedoch sinkt die Belastung deutlich ab (auf 17 Prozent). Auch im Beruf oder mit Freundinnen und Verwandten fühlen sich weniger Frauen dadurch gestört (16 bzw. 14 Prozent).

Kommen Frauen mit dem Problem besser zurecht als junge Mädchen? Ja und nein.

In den privateren Lebensbereichen lernen die Frauen offenbar, sich mit der Belastung gewissermaßen zu arrangieren, und die Störung nimmt mit steigendem Alter ab. In der Öffentlichkeit jedoch, etwa beim Busfahren, aber auch in der Schule und im Beruf zeigt sich zum Teil der umgekehrte Verlauf: Hier wirkt die Hautkrankheit um so belastender, je älter die Patientin ist.

Meldepflichtige Krankheiten

Blickt man weit genug zurück, so gibt es bei den Geschlechtskrankheiten ein paar beruhigende Neuigkeiten: Seit 1975 haben sich diese Erkrankungen insgesamt um etwa 90 Prozent vermindert. Von 100000 Deutschen sind nur noch etwa 17 geschlechtskrank. Am stärksten ist der Rückgang bei der Gonorrhöe, während die Syphilis eher stagniert. Der überwiegende Teil der Geschlechtskranken sind Männer (72 Prozent).

Beängstigend, wenn auch nur kurzzeitig, stiegen die Salmonellenvergiftungen: Zwischen 1988 und 1992 verdreifachten sie sich auf 195000 Fälle in Deutschland. Schuld daran waren vor allem verunreinigte Lebensmittel in Restaurants und Läden, vor allem Hühner und Weichkäse. Seitdem sinken die Zahlen jedoch wieder. 1993 gab es nur noch 140000 Erkrankungsfälle.

An Hepatitis Typ A starben 1993 14 Deutsche, an Typ B 157, an Typ C schätzungsweise 5000 (von vermuteten 150000 Menschen, die sich mit diesem Typ angesteckt hatten).

Die wichtigste, weil unheimlichste meldepflichtige Krankheit ist jedoch Aids. Weltweit schätzt man die Zahl der Infizierten, also HIV-Positiven, auf 18,5 Millionen (davon 1,5 Millionen Kinder). Etwa 4,5 Millionen von ihnen waren 1995 bereits an Aids erkrankt.

Bis zum Jahr 2000 rechnet die UNO mit 40 Millionen Infizierten und 10 Millionen Erkrankten, vor allem in Entwicklungsländern.

In Deutschland waren Anfang 1995 beim Robert-Koch-Institut in Berlin 66617 Infizierte gemeldet (12379 Menschen waren erkrankt). Das Durchschnittsalter der HIV-Positiven in Deutschland liegt bei 35,9 Jahren im Westen und 32,9 Jahren im Osten. Der Anteil der unter 20jährigen ist im Westen niedriger (26,4 Prozent) als in den neuen Bundesländern (32,9 Prozent). Etwa 73 Prozent sind Männer. Auch die Infektionswege sind gut erforscht: 46,6 Prozent der Ansteckungen in West-, 59,4 Prozent in Ostdeutschland treten bei homo- oder bisexuellen Menschen auf; 25,8 Prozent im Westen, jedoch nur 7,8 Prozent im Osten bei intravenös Drogenabhängigen; Heterosexuelle sind mit 10 bzw. 3,1 Prozent vertreten. Daß die Seuche in den neuen Bundesländern erst neuerlich im Kommen ist, erkennt man an diesen Zahlen: Im Westen sind 43 Prozent der HIV-Positiven ohne Beschwerden, im Osten noch immer 57,3 Prozent; an Aids bereits erkrankt sind im Westen etwa ein Viertel von ihnen, im Osten dagegen erst 7,7 Prozent.

Freizeitunfälle

Jedes Jahr ereignen sich in Deutschland 4,43 Millionen Heim- und Freizeitunfälle, nach denen der Betroffene entweder zum Arzt muß oder mindestens zwei Wochen lang in seiner Gesundheit beeinträchtigt ist. Insbesondere verunglücken Kinder unter 15 Jahren und Ältere über 55 Jahre: In den neuen Bundesländern ist zum Beispiel beinahe jedes dritte Unfallopfer Schüler oder Schülerin oder ein noch jüngeres Kind, jedes vierte Opfer Rentner oder Pensionär.

Die weitaus meisten Unfälle passieren im Haus. Die zweitschlimmste Gefahrenstelle ist die unmittelbare Umgebung der Wohnung.

Auffallend ist hier der Anteil der Umgebungsunfälle in den neuen Bundesländern (22,3 Prozent gegenüber 14,2 im Westen). Der große Unterschied ist nicht recht erklärbar, er kommt jedenfalls nicht im Garten oder bei der Gartenarbeit zustande (Osten: 9,1 Prozent, Westen: 7,2 Prozent der Unfälle).

Eine zweite Abweichung ist bei Unfällen auf Sportplätzen oder in Sporthallen zu erkennen, worin Westdeutschland einen über doppelt so hohen Anteil aufweist (24,4) wie Ostdeutschland (10,4 Prozent). Ein Grund könnte beim Skifahren liegen: Diese Sportart, im Westen ohnehin häufiger als im Osten, ist dort mit 8,6, hier jedoch nur mit 1,7 Prozent an allen Unfällen beteiligt. Auch Handballunfälle sind im Westen häufiger (7,5) als in den neuen Ländern (5,8 Prozent). Die meisten Unfälle passieren jedoch beim deutschen Volkssport, dem Fußball (32,2 Prozent in den alten, 36,4 Prozent in den neuen Bundesländern).

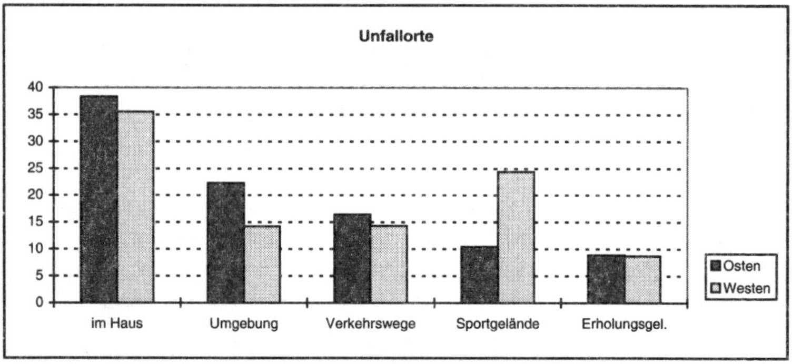

Die erfreulichen Befunde der Untersuchung: Bei Baseball und Cricket wird kein einziger Unfall in Deutschland gemeldet. Das ist aber auch wenig erstaunlich, da diese Sportarten hier kaum betrieben werden.

Therapien

Die teuersten Krankenhäuser stehen in den drei Stadtstaaten. In Hamburg beträgt der Pflegesatz pro Krankenhaustag stolze 731, in Berlin 488 und in Bremen 486 Mark (1994). Knapp dahinter folgen Thüringen, Hessen, das Saarland, Baden-Württemberg, Mecklenburg-Vorpommern, Niedersachsen, Sachsen-Anhalt, Nordrhein-Westfalen, Schleswig-Holstein und Bayern. Unter der 400-

Mark-Grenze liegen nur Rheinland-Pfalz (395), Sachsen (385) und Brandenburg (370 Mark). Die kostspieligsten deutschen Krankenhäuser sind also ziemlich genau doppelt so teuer wie die billigsten.

Krankenhäuser

Man hat die Altersgruppen im Krankenhaus für das Jahr 2000 vorausgeschätzt. Die unter 35jährigen werden dann statt 22 Prozent (1985) nur noch 17 Prozent aller Krankenhaustage beanspruchen, die mittleren Jahrgänge bleiben mit 18 Prozent konstant, und die über 55jährigen belegen statt 60 dann 65 Prozent.

Daß die Verweildauer im Krankenhaus nach bestimmten Operationen sich zwischen 1991 und 1993 verkürzt hat, liegt wohl nicht an der gestiegenen Ungeduld der Patienten, wieder nach Hause zu kommen, sondern eher an den Wirkungen der Kostendämpfung im Gesundheitswesen. Jedenfalls bleibt ein durchschnittlicher Deutscher nach einer Blinddarmoperation nicht mehr 8,42, sondern nur noch 7,2 Tage im Hospital, nach der Entfernung der Rachenmandeln statt 6,5 nur noch 4,5 Tage und nach einer Brustkrebsoperation nicht mehr – je nach Schwere des Falles – zwischen 15,9 und 23,8, sondern nur noch insgesamt 8,2 Tage.

Wer sich ein neues Organ einpflanzen lassen möchte, tut sich schwer in Deutschland: Viele hätten gern eines, wenige wollen eines spenden.

Nur im Leber-Bereich scheinen Angebot und Nachfrage ausgeglichen; hier gab es 1994 weniger Patienten auf der Warteliste (157) als auf dem Operationstisch (574). Aber dringend benötigt werden zum Beispiel Bauchspeicheldrüsen (sechs Operationen, aber 80 Menschen warteten auf eine Spende) und Herzen (442 Verpflanzungen, 628 wartende Patienten). Und bei Nieren sieht es ganz schlecht aus: 1894 Menschen bekamen eine neue, aber 8996 mußten darauf warten.

Die Mehrheit der Deutschen (52 Prozent) ist nicht bereit, nach ihrem Tod Organe für andere zu spenden. Nur vier Prozent wissen dabei nicht recht, wie sie sich verhalten sollen.

Von deutschen Privatpatienten weiß man recht genau, wie zufrieden sie mit ihrem Aufenthalt im Krankenhaus waren.

Die Ausstattung ihres Zimmers finden 28,8 Prozent sehr gut; die nicht ganz so guten Noten 2 und 3 aber vergeben immerhin 50,6 Prozent von ihnen. 17,5 Prozent beurteilen das Zimmer nur mit »ausreichend«, und 3,1 Prozent sind unzufrieden. Das Essen wird schon deutlich kritischer bewertet. Nur 20,8 Prozent der Patienten geben ihm die Note 1, die knappe Hälfte (47,3 Prozent) die Noten 2 und 3. Gerade noch »ausreichend« ist die Benotung bei 22,1 Prozent. Aber knapp zehn Prozent nennen es »mangelhaft« oder »sehr mangelhaft«.

Um so besser stehen die Ärzte bei dieser Umfrage da: 61,6 Prozent der Privatpatienten verleihen der ärztlichen Betreuung die Bestnote, 30,7 Prozent finden sie gut und befriedigend. Für »ausreichend« entscheiden sich lediglich 5,9 Prozent. Die schlechteren Noten verschwinden sozusagen unter der statistischen Nachweisbarkeitsgrenze. Auch die Urteile über die Qualität des Pflegepersonals bewegen sich in diesen Größenordnungen (sogar 64,5 Prozent sind sehr zufrieden).

Privatpatienten genießen aber auch eine ganze Reihe von Privilegien. 5,5 Prozent von ihnen haben einen persönlichen Kühlschrank, 18 Prozent eine Tageszeitung, 41,2 Prozent einen eigenen Botendienst und 82,5 Prozent die freie Menüauswahl beim Essen. Von den flexiblen Besuchszeiten (87,2 Prozent) gar nicht zu reden.

Medikamente

Männer nehmen öfter irgendein Medikament ein als Frauen. Lediglich bei Mitteln gegen Unwohlsein und Kater sowie gegen Sportverletzungen überwiegt der Anteil der Frauen (59 bzw. 60 Prozent). Ansonsten sind die Männer die großen Verbraucher, insbesondere bei Venenerkrankungen (65), Verstopfung (62), Kreislaufstörungen (61), schlechtem Schlaf (60), Hautkrankheiten (59), Übergewicht und Allergien (je 58), Rheuma und Erschöpfung (je 57).

Bei einer ganzen Reihe von Medikamenten sind übrigens überwiegend nicht die Älteren, sondern die unter 40jährigen die Hauptkonsumenten. So etwa bei Mitteln gegen Vitaminmangel, Schnupfen, Zahnschmerzen und Hautproblemen. Umgekehrt liegen die Älteren vorn bei Medikamenten gegen Bluthochdruck, rheumatischen Schmerzen, Kreislaufstörungen, Darmträgheit und Hämorrhoiden.

Die häufigsten Arzneimittel in Deutschland werden gegen Erkältungskrankheiten eingenommen (82,1 Prozent der Bevölkerung). Nur etwas weniger Menschen verwenden Medikamente gegen Husten, Hals- und Kopfschmerzen. Die gute Hälfte der Deutschen (52,8 Prozent) nimmt etwas gegen Zahnschmerzen ein, weniger gegen Magenweh (39,5), Rückenschmerzen (36,6) oder Kreislaufstörungen (29,8). Grob gerechnet ein Viertel der Bevölkerung schluckt Arzneien gegen Schlafstörungen, Verstopfung oder einen Kater; ein knappes Fünftel verwendet etwas gegen Nervosität, Bluthochdruck, Altersbeschwerden oder Hühneraugen. Nur wenig über zehn Prozent tun medikamentös etwas gegen Heuschnupfen, Zyklusbeschwerden oder Übergewicht.

Bei Kopfschmerzen trauen sich überdies 55 Prozent eine sogenannte Selbstmedikation zu, das heißt, sie holen sich auch ohne Arzt das Mittel aus der Apotheke. Bei Erkältungen beträgt der Anteil der Selbstmedikation 37, bei Halsbeschwerden 34, bei Husten 32, bei Schnupfen 29 und bei Schlafstörungen noch immer 15 Prozent. Deutlich vorsichtiger sind die Kranken, wenn sie an Muskel- und Gliederschmerzen leiden (neun Prozent) oder Herz- und Kreislaufprobleme haben (sechs Prozent).

Ob sie die Arznei dann auch richtig nehmen, ist damit noch nicht gesagt, nicht einmal, wenn der Arzt sie ihnen verschrieben hat. Fragt man Patienten einfach so, wie sie es damit halten, so antworten nur vier Prozent, daß sie das Mittel häufig, 14 Prozent, daß sie es gelegentlich entgegen der Vorschrift, also nicht ordnungsgemäß einnehmen. Legt man ihnen jedoch mögliche Formen der Falscheinnahme vor sowie diverse Gründe, warum das schon mal passieren kann, so steigt der Anteil der Falscheinnehmer schlagartig auf 67 Prozent an. Nur 33 Prozent bleiben auch dann dabei, daß sie immer und genau nach ärztlicher Anweisung handeln.

Die Gründe der falschen Einnahme sind vielfältig: Schlichtes Vergessen wird am häufigsten genannt (19 Prozent), auch ist das Medikament oft nicht griffbereit (16), die drohenden Nebenwirkungen auf dem Beipackzettel machen angst (14), der Patient ist gegenüber Medikamenten grundsätzlich mißtrauisch (10), er findet es eigentlich unwirksam (6) oder hat tatsächlich Nebenwirkungen verspürt (sechs Prozent). Und über zwei Drittel der Falscheinnehmer (70 Prozent) sind überzeugt, daß der Arzt es ohnehin selten oder nie merkt, ob sie ihm gehorchen. Das klingt zwar irgendwie sportlich, ist aber nicht ohne Gefahren. Denn schätzungsweise 30 Prozent aller Arzneimittel werden derart gegen die Vorschrift angewandt, daß ernste Gesundheitsschäden die Folge sind. Und bis zu 20 Prozent aller Krankenhauseinweisungen sind das unmittelbare Ergebnis falscher Anwendungen.

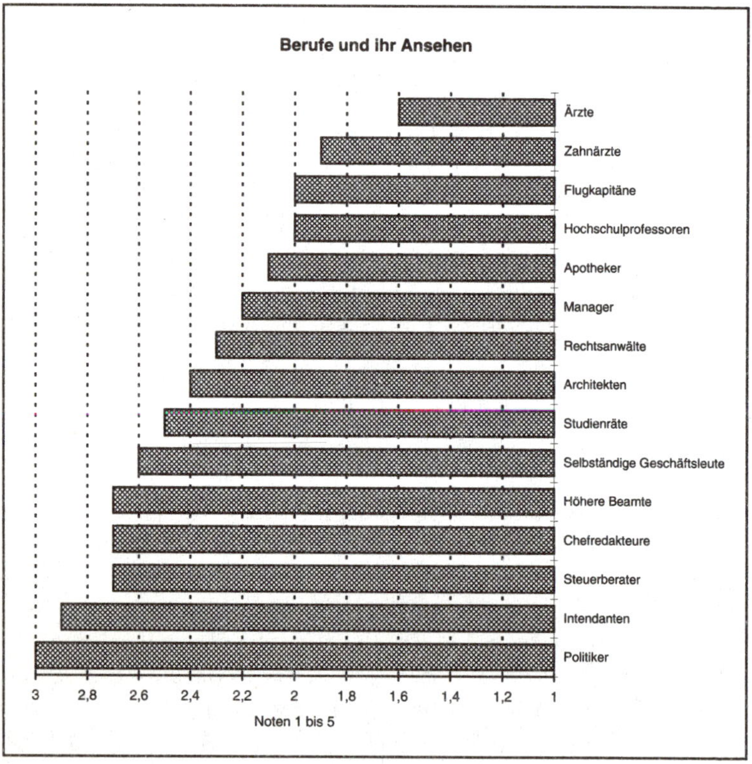

Der Apotheker genießt bei Frauen und bei Menschen mit angegriffener Gesundheit einen außerordentlich guten Ruf. Wenn sie verschiedenen Berufen Noten zwischen 1 (»Sehr großes Ansehen«) und 5 (»Kein besonderes Ansehen«) verteilen, so kommt der Apotheker bereits an dritter Stelle auf der Rangliste. Vor ihm stehen, das ist selbstverständlich, nur die Ärzte und die Zahnärzte.

Auch in der Gesamtbevölkerung ist der Apothekerberuf gut angesehen. Außer den Ärzten muß er nun allerdings auch den Hochschulprofessoren und Flugkapitänen einen kleinen Vorrang lassen. Andere Berufe, selbst Intendanten und Politiker, fallen ihm gegenüber auf sehr niedere Plätze zurück.

Die Deutschen möchten auch beim Einkauf von Medikamenten nicht durch gesundheitsfremde Angebote abgelenkt werden. Die Apotheke ist für sie fast so etwas wie eine Arztpraxis. Sie wissen ganz genau, was auf keinen Fall dort verkauft werden sollte: Kosmetik, die nur der Verschönerung dient (59 Prozent), Waschmittel (81), Fotozubehör (86), Tiernahrung (88) und Alkoholika (89 Prozent).

Rauschmittel

Man muß nicht wissen, wie umfassend die Weltgesundheitsorganisation der Vereinten Nationen den Begriff Gesundheit definiert (»der Zustand eines vollkommenen körperlichen, geistigen und sozialen Wohlbefindens und nicht allein das Fehlen von Krankheiten und Gebrechen«). Die meisten wissen auch ohnedies, was ein gesundes Leben ist. Aber es gehört wohl zu den Widersprüchlichkeiten der Natur, daß so viele Menschen ihre Gesundheit durch legale und illegale Drogen selbst beschädigen. Obwohl sie es besser wissen, befürchten nur 16 Prozent der West- und 13 Prozent der Ostdeutschen einen Gesundheitsschaden vom Rauchen. Dem Alhohol treten sie sogar ziemlich furchtlos gegenüber; nur sieben Prozent im Westen und nicht mehr als vier Prozent im Osten halten ihn für eine Gesundheitsgefahr.

Alkohol

Einige gern verschwiegene Zahlen: Geschätzte 2,5 bis fünf Millionen Deutsche sind behandlungsbedürftige Alkoholiker, zwei Drittel von ihnen Männer; 80 Prozent aller therapierten Alkoholiker werden innerhalb eines Jahres rückfällig; jeder zweite sexuelle Mißbrauch wird unter Alkoholeinfluß begangen; 40000 Menschen in Deutschland sterben jährlich an Alkoholmißbrauch.

»Die Umgangsformen mit Alkohol sind alarmierend«, sagte der Geschäftsführer der Deutschen Hauptstelle gegen die Suchtgefahren, »es ist normal, Alkohol zu trinken, und es ist nicht normal, keinen Alkohol zu trinken.« Und weiter: »Die zunehmende Perspektivlosigkeit durch Wohnungs- oder Arbeitslosigkeit schafft ein Klima, wo Alkohol hilft, der Wirklichkeit zu entfliehen.«

Jeder Deutsche – also jedes Baby, jeder Jugendliche, jeder 90jährige – trinkt pro Jahr durchschnittlich 6,7 Liter harte Spirituosen, dazu 17,5 Liter Wein und außerdem 139,6 Liter Bier. Zusammengerechnet sind das, von Jahr zu Jahr etwas schwankend, über elf Liter reiner Alkohol (1994: 11,4). Die gute Nachricht dabei ist, daß der Konsum neuerdings stagniert; das Rekordjahr war 1993 mit 12 Litern.

Vor einigen Jahren konnten die Deutschen noch mit leichter Verachtung Frankreich für das Land der fleißigsten Trinker halten. Inzwischen sind sie selbst die Weltspitzenverbraucher.

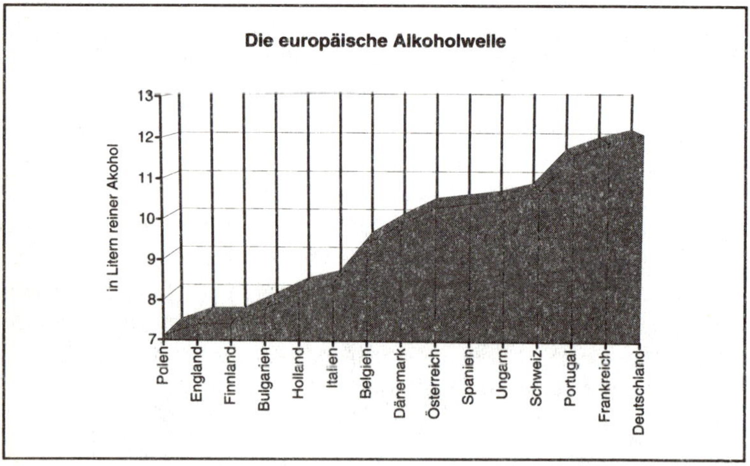

Die Abbildung rückt einige Vorurteile zurecht: Die ordentlichen Schweizer sind überraschenderweise stärkere Trinker als Spanier und Italiener, das kalte Finnland wärmt sich am Alkohol nicht so sehr wie die Holländer, und das angeblich weinselige Österreich ist abstinenter als zum Beispiel Portugal. Noch weniger als in Europa trinkt man in den USA (sieben Liter reinen Alkohol pro Person und Jahr) und in Japan (6,3 Liter).

Beim Weintrinken daheim spielt das Alter der deutschen Hausfrau eine Rolle bei der Wahl zwischen Weiß- und Rotweinen. Ist sie jünger als 35, so wird mehr Rotwein getrunken. Mit zunehmendem Alter wird er jedoch zugunsten des Weißweins immer weniger ausgeschenkt. Die über 60jährige konsumiert an Weinen nur noch 22 Prozent roten, dafür aber 69 Prozent weißen. Für die 0,7-Liter-Flasche zahlen die Deutschen am liebsten fünf bis acht Mark (24 Prozent), notfalls auch noch acht bis zehn Mark (17 Prozent) und nur noch eine schwache Minderheit entweder weniger als fünf oder mehr als zehn Mark (je fünf Prozent). Die knappe Hälfte der erwachsenen Bevölkerung (48 Prozent) kauft überhaupt keinen Wein.

Sehr beliebt sind Spirituosen, aber nicht in gleicher Weise in Ost- und Westdeutschland. Der Westen bevorzugt in erster Linie Branntweinverschnitt, danach deutschen Weinbrand, einen Korn, einen Klaren und einen Halbbitterlikör. Die fünf ersten Rangplätze im Osten sehen etwas anders aus: Deutscher Weinbrand, Korn, brauner Rum, Doppelkorn und Wodka.

Die wenigsten Deutschen achten auf irgendeine Marke beim Trinken, solange die Qualität stimmt. Man hat die Konsumenten in vier Typen eingeteilt. Da gibt es den »Genuß-Orientierten«, der lustig nach außen lebt, aber auf Güte achtet (22 Prozent der Alkoholtrinker), den »Preis-Orientierten« (19 Prozent), den »unbekümmerten Trinker«, der große Mengen in sich hineinschüttet (13 Prozent) und schließlich den »Prestige-Orientierten«, der auf exklusive Marken sieht (elf Prozent).

Zigaretten

Die UNO teilt mit: 1995 starb auf dieser Erde alle zehn Sekunden ein Mensch an den Folgen des Rauchens. Das sind pro Jahr etwa drei Millionen; bis zum Jahr 2015 wird jedoch ein Anstieg auf zehn Millionen erwartet, da vor allem in den Entwicklungsländern das Rauchen stark zunimmt.

Im Rauch des Tabaks sind nicht nur Nikotin und Teer enthalten, sondern etwa 3800 Schadstoffe, darunter Formaldehyd, Plutonium und Cadmium. Sie begünstigen die Entstehung von Lungenkrebs, aber auch Erkrankungen anderer Organe wie Herz, Augen und Nieren.

Der Anteil der Raucher an der Bevölkerung beträgt etwa 28 Prozent und bleibt seit einigen Jahren konstant. Rauchende Männer (29) und Frauen (27 Prozent der Deutschen) sind weitgehend gleichberechtigt. Nur unter den Intensivrauchern mit elf oder mehr Zigaretten pro Tag haben die Männer ein starkes Übergewicht: Nur halb so viele Frauen wie Männer sind Intensivraucherinnen.

Auf das Alter gesehen, nimmt das Rauchen einen typischen Suchtverlauf: Man beginnt in jugendlichem Alter und gibt es zur Pensionierung hin allmählich auf. Frauen fangen später zu rauchen an als Männer und hören auch nicht so schnell auf damit. Es gibt in Deutschland also etwas mehr ältere Raucherinnen als ältere Raucher.

In Westdeutschland ist das Rauchverhalten von Frauen noch genauer untersucht. Der Anteil der Raucherinnen ist überdurchschnittlich hoch bei Singles, unverheirateten oder geschiedenen Frauen, ebenso liegt er höher bei Frauen mit geringerer als bei Frauen mit höherer Schulbildung. 22 Prozent der Frauen rauchen auch während einer Schwangerschaft weiter, weitere 22 Prozent geben die Zigaretten wegen der Schwangerschaft auf, zehn Prozent haben schon vorher damit aufgehört. Die übrigen 46 Prozent sind Nichtraucherinnen.

Nach eigenen Angaben schlagen die Raucher insgesamt aber nicht über die Stränge. Weniger als fünf Zigaretten pro Tag rauchen zum Beispiel im Wohnzimmer die Ostdeutschen nur zu 17 Prozent (West: 12), fünf bis zehn die knappe Hälfte (48 Prozent, West: 42), elf bis 20 Zigaretten 26 Prozent (West: 28), 21 bis 50 Zigaretten bloß noch sieben Prozent (im Westen: elf), und mehr als 50 raucht statistisch geradezu niemand. Auch in dieser Verteilung ist kaum ein Unterschied zwischen den Geschlechtern zu erkennen. Sucht, also Abhängigkeit, entsteht jedoch schon bei einer Aufnahme von mindestens fünf Milligramm Nikotin pro Tag. Diese kritische Menge ist mit vier schwereren oder zehn leichteren Zigaretten bereits überschritten.

Im Vergleich zu ihrem Bevölkerungsanteil unterrepräsentiert sind Raucher ohne eigenes oder nur mit geringem Einkommen (bis 1500 Mark) und die über 60jährigen. Kein Unterschied besteht in dieser Hinsicht zwischen Berufsarten, Stadt und Land oder Bundesländern; hier verteilen sich Bevölkerung und Raucher in gleichen Anteilen.

Um die Nichtraucher vor dem Passivrauchen zu schützen, gehen Unternehmen höchst unterschiedlich vor. Speziell nachlässig ist dabei der Dienstleistungsbereich: Hier praktiziert fast jede zweite Firma (45 Prozent) keinen Nichtraucherschutz, in Industrie und Handel fehlt er nur bei einem knappen Drittel der Unternehmen. Insgesamt sind die häufigsten Maßnahmen das allgemeine Rauchverbot (22 Prozent), die Trennung in Raucher- und Nichtraucherzimmer (20 Prozent) oder spezielle Raucherzonen (18 Prozent). Das Rauchverbot in Konferenzräumen haben 15 Prozent der Firmen eingeführt, in Aufenthaltsräumen elf Prozent. Enthaltsamkeit zu bestimmten Zeiten oder in einzelnen Arbeitsbereichen schreiben je fünf Prozent der Unternehmen vor. Das sieht nicht gerade überwältigend aus. Aber Nichtraucher, die sich vom Qualm belästigt fühlen, sind ja auch noch keine Mehrheit. Nur 40 Prozent wünschen sich ein Rauchverbot in Restaurants, 29 in Reisebussen, 21 am Arbeitsplatz und 20 Prozent in Behörden. 15 Prozent von ihnen würden das Rauchen gern aus der Öffentlichkeit verbannt sehen. Noch weniger (14 Prozent) hätten am liebsten rauchfreie Flugreisen.

Diese letzte Zahl täuscht ein wenig. Denn die Passagiere einer großen deutschen Liniengesellschaft verlangen mit überwältigender Mehrheit Nichtrauchersitze, nämlich 77 Prozent. Die relativ meisten Raucher sitzen dabei in der First Class (27 Prozent Raucherplatzwünsche), schon geringer ist der Wunsch danach in der Business Class (23) und noch geringer in der Economy Class (21 Prozent).

Illegale Drogen

Die Zahl der deutschen Rauschgiftopfer sank, ähnlich wie schon im Jahr vorher, 1994 um 6,6 Prozent auf 1624 Tote.

Unter den Bundesländern verzeichnen die Stadtstaaten, auf ihre Einwohnerzahl bezogen, die relativ meisten Drogentoten (Hamburg 151, Berlin 108, Bremen 63 Tote im Jahr 1994). In den fünf neuen Ländern stirbt bis jetzt kaum jemand am Drogenkonsum (in Sachsen-Anhalt drei Menschen, in Mecklenburg-Vorpommern, Sachsen und Thüringen nur einer, in Brandenburg kein einziger). Die meisten Drogenopfer sind in der alten Bundesrepublik zu beklagen. Die relativ wenigsten Drogenkonsumenten sterben in Rheinland-Pfalz (9,4 Menschen pro Million Einwohner), in Schleswig-Holstein (16,3), in Niedersachsen (18,2) und im Saarland (18,5). Mehr als 20 Opfer je Einwohner-Million haben Bayern (21,1), Nordrhein-Westfalen (22,3) und Baden-Württemberg (24,1). Den traurigen Rekord hält Hessen (27,8). Von den 166 Drogenopfern in diesem Land starben 58 in Frankfurt am Main (1994). Das Erfreuliche an dieser Zahl wird erst im Vergleich zum Jahr 1992 erkennbar: Da waren in der Stadt noch 148 Menschen am Drogenmißbrauch gestorben. Die rapide Verminderung kam zustande durch ein verzweigtes Netz von Hilfs- und Beratungsstationen und die Abgabe der Ersatzdroge Methadon.

Deutsche Eltern reagieren recht unterschiedlich, wenn sie bei ihren Kindern Drogenkonsum feststellen. Zum Beispiel Cannabis oder Haschisch: Bei Kindern unter 16 Jahren ergreifen über 60 Prozent der Eltern Maßnahmen, bei älteren Kindern noch etwa 55 Prozent. Der Anteil der Eltern, die hilflos vor der Situation stehen, beträgt im Fall eines unter 16jährigen Jungen nur 17,9 Prozent, bei den Mädchen aber und den älteren Jungen steigt er auf 30 Prozent an.

Verständnis für Cannabis-Gebrauch haben fast keine Eltern, allenfalls, wenn der Junge schon älter als 16 Jahre ist (2,1 Prozent). Setzt man diese Zahl in einen Vergleich mit dem Verständnis für Alkoholgenuß, ergibt sich ein charakteristisches Mißverhältnis. Wenn das Kind angetrunken heimkommt, trifft es in der Familie eher auf Verständnis.

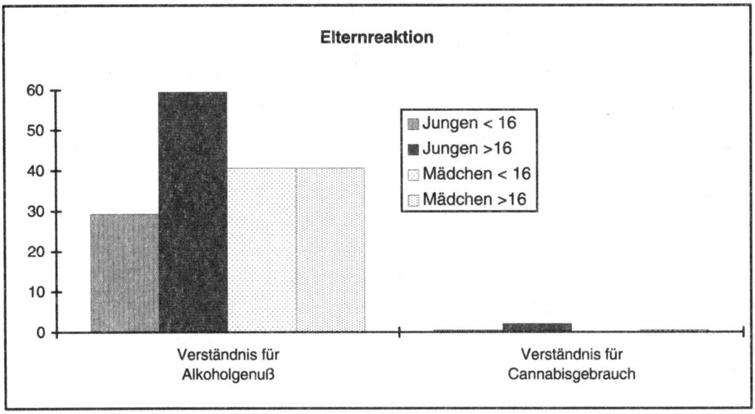

Obwohl Cannabis keine größere Suchtgefahr als Alkohol darstellt, ist die legale Droge vergleichsweise hochwillkommen. Bei Mädchen haben die Eltern wenigstens zu 40 Prozent Verständnis, wenn das Kind betrunken nach Hause kommt, unabhängig von seinem Alter. Bei Jungen unter 16 Jahren sind nur knapp 30 Prozent so verständnisvoll. Ist der Junge über 16, so reagieren schon 60 Prozent der Eltern so wohlwollend. Wer ein deutscher Mann werden will, muß offenbar früh das Saufen lernen.

Täter und Opfer

Einerseits stimmt es ja, daß die Menschen seit den Fernsehkrimiserien übertriebene Angst vor Verbrechern haben. Andererseits ist sie in bestimmten Gegenden aber auch berechtigt. Denn nicht alle Gefängnisse in Deutschland sind gleich ausbruchssicher.

Zwei südliche Bundesländer halten den Minusrekord in diesem Punkt. Von den Einsitzenden in Baden-Württemberg (1993: 8 000) und Bayern (11400) entkommen hier die relativ meisten (57 bzw. 60). Etwas sicherer geht es im größten Bundesland Nordrhein-Westfalen zu, dort kommen bei 16 960 Gefangenen nur 18 sogenannte Entweichungen vor. Auch die fünf neuen Länder verfügen offenbar über besonders widerstandsfähige Strafanstalten (Sachsen: 17, Brandenburg: 15, Mecklenburg-Vorpommern: sechs, Sachsen-Anhalt: zwei Entweichungen, Thüringen nur eine einzige).

Einer Branche verhilft die Kriminalität immerhin zur Blüte: den privaten Sicherheitsdiensten. Ihre Zahl hat sich in den letzten Jahren beträchtlich gesteigert (1988: 798; 1994: 1320), die Zahl der Mitarbeiter mehr als verdoppelt (von 45 500 auf 105 000), und ihre Geschäftsentwicklung weist steil nach oben (von zwei auf 4,2 Umsatz-Milliarden). Insgesamt, also einschließlich des großen Bereichs Technik, setzt das Sicherheitsgewerbe in Deutschland etwa 15 Milliarden Mark um. Ein Viertel seiner Aufträge erhält es von der öffentlichen Hand. Mehr oder weniger unauffällig arbeiten private Sicherheitsleute sogar auch schon in einer Kaserne, in einer Justizvollzugsanstalt oder führen Radarkontrollen durch.

Und trotzdem nimmt die Angst der Bürger vor dem Verbrechen nicht ab, im Gegenteil. Im Jahr der Vereinigung fühlten sich noch 56 Prozent der westlichen Bürger auf Straßen und Plätzen von Kriminalität bedroht, zwei Jahre später waren es schon 71 Prozent. In Ostdeutschland stieg dieser Prozentsatz gleichzeitig von 65 auf beunruhigende 93. Genau dieselbe Anzahl von Menschen war dabei auch der Ansicht, daß die Bedrohung zunehmen werde.

Die größte Angst hat der befragte Deutsche vor Umweltkriminalität, wohl deshalb, weil sie weniger sichtbar vorgeht und schwerer zu ahnden ist. An zweiter Stelle taucht dann aber ein Delikt auf, dem man nicht ganz den Vorwurf ersparen kann, sich durch saftige Medienberichte über Gebühr nach vorn zu puschen: Trotz hoher Dunkelziffer erscheint die ostdeutsche Angst vor dem sexuellen Mißbrauch an Kindern (67 Prozent, West: 50 Prozent) weit übertrieben. Nur ein Delikt, der Diebstahl eines Fahrrads, wird im Westen relativ öfter befürchtet als im Osten.

Woher kommt die größere Angst der Ostdeutschen? Im Vergleich zum Westen liegt ihre »Kriminalitätsbelastung« tatsächlich nicht über, sondern noch immer unter der Verbrechenshäufigkeit in den alten Bundesländern. Die Erklärung, dahinter stecke eben doch die Sehnsucht nach der alten Ordnung, trifft aber nicht recht. Wahrscheinlicher ist ein anderer Grund: In den neuen Ländern ist tatsächlich, wenn auch von einem niedrigen Niveau aus, seit der Wende eine starke Zunahme der Straftaten zu beobachten. Und diese Zunahme wird nicht ganz zu Unrecht als steigende Bedrohung wahrgenommen.

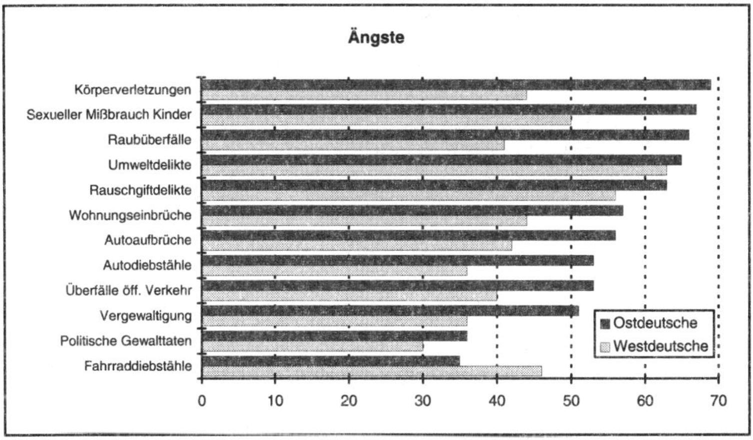

Diebstähle

Das bevorzugte Diebesgut ist natürlich Bargeld: Es wird in 94 Prozent aller Diebstahlsfälle gestohlen. Schon nicht ganz so beliebt ist Schmuck (63 Prozent), noch weniger Münzen- oder Briefmarkensammlungen (40 Prozent). Einen respektablen Platz halten immerhin hochwertige elektronische Geräte (30 Prozent). Überraschenderweise liegen aber auch Waffen (28) gut, knapp vor Drogen und Alkohol (27 Prozent). Porzellan und Bilder sind nur in 23 Prozent der Fälle für deutsche Diebe interessant. Die anderen guten Stücke der Wohnungseinrichtung wie Möbel, Antiquitäten und Teppiche, aber auch Schecks und Kreditkarten verschwinden in 22 Prozent der Diebstähle.

Nun unternehmen die Deutschen aber auch allerhand, um Diebe und Einbrecher abzuschrecken. Eine wirksame und kriminalstatistisch nachgewiesene Abschreckung ist zum Beispiel die nächtliche Beleuchtung des Gartens (33) und des Hauses (43 Prozent). Noch etwas effektiver ist die leuchtturmartige Runddrehlampe (bei 45 Prozent). Auf Nachbarn mit Blickkontakt zum Haus verlassen sich erfolgreich 52, auf eigene Hunde 60 Prozent. Die meisten Diebe werden allerdings durch Technik abgehalten: von Torkameras und Sirenen 65, von einer Alarmanlage 67 und von einem Glasbruchmelder sogar 60 Prozent der zu diesen Methoden befragten Diebe.

Autoklau

Man muß es einmal aussprechen: Es werden noch ganz andere Fortbewegungsinstrumente als immer bloß Autos gestohlen.

Fahrräder zum Beispiel sind nicht nur bei Käufern begehrt. Daß Holland dabei einen uneinholbaren Rekord hält, liegt nicht an der höheren Fahrraddichte des Landes, eher an der häufigeren Benützung des Gefährts. Jedenfalls sind dort 8,4 Prozent der Fahrradbesitzer von einem Diebstahl betroffen. Selbst in Kanada (5,4), den USA, der Schweiz und Belgien (je 4,6 Prozent) werden relativ mehr Fahrradbesitzer ihres Geräts beraubt als in Deutschland (hier sind es nur 4,4 Prozent).

Bei den Motorrädern führt die sonst so geordnete Schweiz die Rangliste an: 4,8 Prozent aller Besitzer verlieren dort ihr Kraftrad durch Diebstahl. Auch in Spanien (3,9), Frankreich (3,6), Holland (3,2) und Belgien (2,9 Prozent) passiert das vergleichsweise vielen, in Deutschland aber nur 1,8 Prozent aller Motorradbesitzer.

Demgegenüber ist der Anteil der deutschen Autobesitzer, die ihren Wagen durch Diebstahl im Jahr der Vereinigung einbüßten, fast unsichtbar: Er beträgt ein halbes Prozent. In Frankreich liegt der Prozentsatz der bestohlenen Einheimischen bei 2,8 Prozent, in Australien und in England ist er fünfmal so hoch wie in Deutschland. Auch in den USA (2,2), in Spanien (1,9), Norwegen (1,4) und Belgien (ein Prozent) bedienen sich die Diebe relativ großzügiger als in unserem Land. Leider fehlt in dieser Umfrage ein Hinweis auf die Verhältnisse in Italien, das hier ja ein besonders schlechtes Image haben soll. In der offenbar eher motorradlustigen Schweiz kommt der Autoklau, wenigstens statistisch, so gut wie gar nicht vor.

Neuerdings haben sich die Autodiebstähle jedoch unglaublich vermehrt (von 60 269 im Jahr 1990 auf 144 057 im Jahr 1993). Besonders gefährdet scheinen Hamburg und die neuen Länder, von wo aus die Wagen gern nach Osteuropa verschoben werden. Immerhin haben hier die schärferen Kontrollen zu einem leichten Rückgang geführt (1994: 142 000 Autodiebstähle). Es sind übrigens nicht immer nur die Luxuskarossen, die verschwinden: Auch der Trabant 601 LX ist mit dabei (2,5 Prozent der Trabantbesitzer).

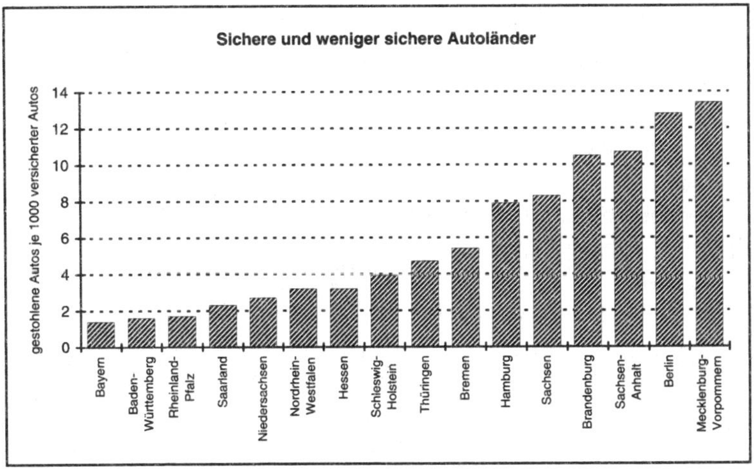

Ein kleiner Trost bleibt: Von den gestohlenen Autos werden 61,3 Prozent wiedergefunden. Und sogar zurückgegangen ist die Zahl gestohlener Autoradios, seitdem mehr als die Hälfte aller Geräte diebstahlgesichert sind. Eine ähnliche Entwicklung darf man bei Autos erwarten, wenn ab 1998 in der Europäischen Union alle Neuwagen mit einer elektronischen Wegfahrsperre ausgerüstet sein müssen. Schon jetzt sind etwa 90 Prozent aller Neuwagen damit versehen.

Ladendiebstahl

Lange Zeit wurde in Geschäften immer mehr geklaut; der Anstieg betraf ebenso die alte wie die neue Bundesrepublik (1992: 594 300,

1993: 662 200 Ladendiebstähle, und das sind immer nur die bekanntgewordenen). Erst 1994 scheint sich der Trend ein wenig umzukehren (da gab es lediglich 585 700). Jedenfalls ist die gute Nachricht dabei, daß die Länder hier einen Rückgang der Armuts- und Beschaffungskriminalität entdecken. Andererseits ist dieses Delikt von einer extrem hohen Dunkelziffer gekennzeichnet: Die vermutliche Zahl tatsächlicher Ladendiebstähle liegt etwa hundertmal so hoch.

Bezieht man die bekannten Ladendiebstähle eines Bundeslandes auf seine Bevölkerung, so steht Nordrhein-Westfalen (1991: 21,8 Prozent) weit oben. Danach kommen Bayern mit 14,4 und Baden-Württemberg mit 12,3 Prozent. Die ehrlichsten Kunden wohnen offenbar in Sachsen-Anhalt (nur rechnerische 3,6 Prozent der Bevölkerung klauen hier), in Thüringen und Schlewsig-Holstein (3,3), in Mecklenburg-Vorpommern (2,4), Hamburg (2,1) und im Saarland (1,3 Prozent).

Das Täterbild ist gut erforscht. Der Dieb handelt fast immer allein (85 Prozent), versteckt das Geklaute oft unter der Kleidung (71) und ist zumeist erstmalig in dieser Weise tätig (64 Prozent). Er wohnt häufig nahe am Tatort (55 Prozent). Nicht nur Kunden stehlen (70 Prozent), auch Mitarbeiter (20) und sogar Lieferanten (zehn Prozent) widerstehen der Versuchung nicht immer. Die größten Warenwerte, am Beispiel einer großen Ladenkette, gehen den Dieben am langen Donnerstag in die Taschen, gefolgt von Freitag, Montag, Dienstag und Samstag. Am Mittwoch verschwindet wertmäßig am wenigsten.

Die populäre Meinung, Ladendiebe seien überwiegend Diebinnen, stimmte allenfalls bis 1972. In diesem Jahr nämlich drehte sich das Verhältnis um und bleibt seitdem auch dabei: Etwa 62 Prozent aller Ladendiebe sind männlich. Ein knappes Drittel aller Täter machen Kinder und Jugendliche unter 21 Jahren aus.

Andere Vermögensdelikte

Die etwa 200 Milliarden Mark, die als Bargeld in Deutschland von Hand zu Hand gehen, sind allermeistens echtes Geld. Die Bundesbank registrierte 1993 nicht mehr als 41 838 gefälschte Banknoten. Das war zwar dreimal so viel wie im Vorjahr, und es klingt gewaltig. Aber am Geldwert gemessen, ist es immer noch ein Nichts: 0,0285 Promille des gesamten Bargeldumlaufs. Das heißt, man müßte im Schnitt erst einmal 100000 Mark ausgeben, dann wären 2,85 Mark davon gefälscht.

Und selbst das ist noch Unfug. Denn Münzen werden nicht gefälscht, der meistgefälschte Geldschein ist der blaue Hunderter. In nicht mehr vorstellbaren Mengen ausgedrückt: Unter einer Million Geldscheinen sind nur sieben bis neun falsch. Und wenn die Bundesbank künftig zu den bestehenden sieben Sicherheitsmerkmalen noch weitere hinzufügt, wird auch mit verbesserten Farbkopierern nicht mehr viel Geld zu machen sein.

Krimineller geht es bei Computerprogrammen zu. Die meisten Softwarepiraten sitzen zwar in China; dort haben nur zwei Prozent der Programme eine Nutzungslizenz des Herstellers. Für Deutschland macht man folgende Rechnung auf: Wenn hier jedes Jahr etwa 1,6 Millionen PCs verkauft werden und daneben 2,2 Millionen Programme, dann könnten auf jedem neuen PC nur 1,375 Programme laufen. Aber diese Annahme ist lebensfremd, es sind vorsichtig geschätzt mindestens drei Programme, andere meinen sogar, es sind genau 3,32 Programme. Das bringt den Herstellern jedes Jahr einen Verlust durch Raubkopien in Höhe von 1,3 bis 1,8 Milliarden Mark ein, allein in Deutschland.

In Europa sind insgesamt 77 Prozent aller benützten Programme Raubkopien. Deutschland nimmt dabei einen mittleren Rangplatz ein (62 Prozent). Gieriger scheinen die italienischen User zu sein (86), ebenso die französischen (73 Prozent). Die Schweiz (59) und England (54 Prozent) kopieren etwas weniger.

Auch das Schwarzfahren ist eigentlich kein Kavaliersdelikt. Trotzdem: 28 Prozent der Bevölkerung saßen schon einmal ohne Fahrschein in Bus oder Straßenbahn. In den Großstädten über 500000 Einwohner, also dem geeigneten Tatort, sind es sogar 44 Prozent. Und man kann einmal nicht behaupten, die Kriminellen seien nur die Ungebildeten. Weit gefehlt. Nur 19 Prozent der Deutschen mit Hauptschulabschluß oder ohne Lehre waren schon mal Schwarzfahrer, aber 29 Prozent der Realschulabgänger und überdurchschnittliche 49 Prozent der Bundesbürger mit Abitur oder einem akademischen Abschluß.

Nicht jede Stadt wird davon in gleicher Höhe betroffen. Gemessen in Prozenten aller Fahrgäste scheinen Kölner und Main-Frankfurter besonders wagemutig.

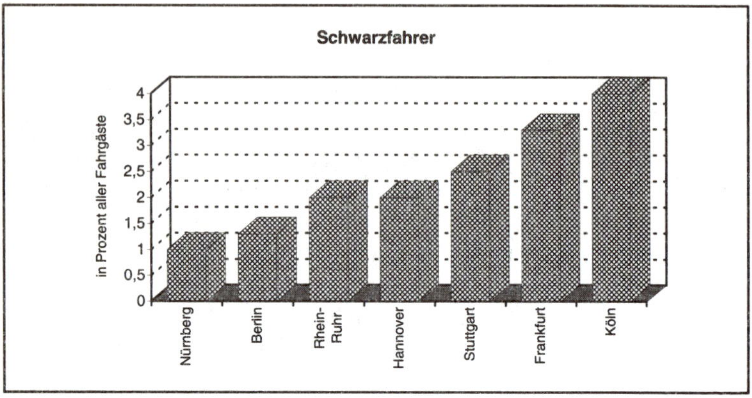

In zwei Verkehrsverbünden scheint das Schwarzfahren so wenig im Schwange, daß es grafisch nicht mehr darstellbar ist, und zwar in München und Hamburg (jeweils 0,04 Prozent aller Fahrgäste).

Erfreulicherweise mangelt es nicht an Unrechtsbewußtsein. In den Großstädten sind 89 Prozent aller Bürger überzeugt, Strafe und Strafgeld für Schwarzfahrer müssen sein. Nur bitte nicht allzu viel: 40 Mark findet die gute Hälfte angemessen (55 Prozent), 60 Mark noch 20 und 80 Mark nur noch vier Prozent. Kurioserweise befürworten jedoch sieben Prozent eine Geldstrafe von 100 Mark und fünf Prozent sogar noch mehr.

Gewalt gegen Personen

1994 wurden in Deutschland insgesamt 6,5 Millionen Straftaten erfaßt. Mehr als die Hälfte davon (59 Prozent) sind Diebstähle aller Art. Je neun Prozent entfallen auf Betrug und Sachbeschädigung. Knapp fünf Prozent machen die leichten Körperverletzungen aus. Und nur etwa vier Prozent sind andere Gewalttaten gegen Personen wie Mord und Totschlag, aber auch Beleidigungen und die Verletzung der sexuellen Selbstbestimmung stecken in dieser Zahl.

Die Ermittlung wenigstens eines Tatverdächtigen scheint stark von der Schwere der Tat abhängig. Nur jeder zweite Diebstahl wird aufgeklärt; bei Tötungen liegt die Aufklärungsquote jedoch bei 93 Prozent.

Unsichere Städte
Es ist zu erwarten, daß in großen Städten mehr Verbrechen begangen werden als in einem ländlichen Dorf. In diesem Sinn gelten etwa Berlin, Hamburg, Frankfurt am Main oder auch München als nicht ganz ungefährlich. Aber wenn man einmal untersucht, wie viele Morde und Mordversuche je 100000 Bewohner hier und dort vorkommen, so ergibt sich eine ganz andere Rangliste. Frankfurt liegt dann zwar noch immer auf dem dritten und Berlin auf dem fünften Platz, Hamburg jedoch auf Platz elf, und München kommt erst an 27. Stelle (das ist allerdings ein wenig geschönt, denn hierbei sind nur die abgeschlossenen, nicht auch die laufenden Ermittlungsverfahren gezählt). Den verblüffenden Rekord hält indes das eigentlich besser beleumundete Hannover.

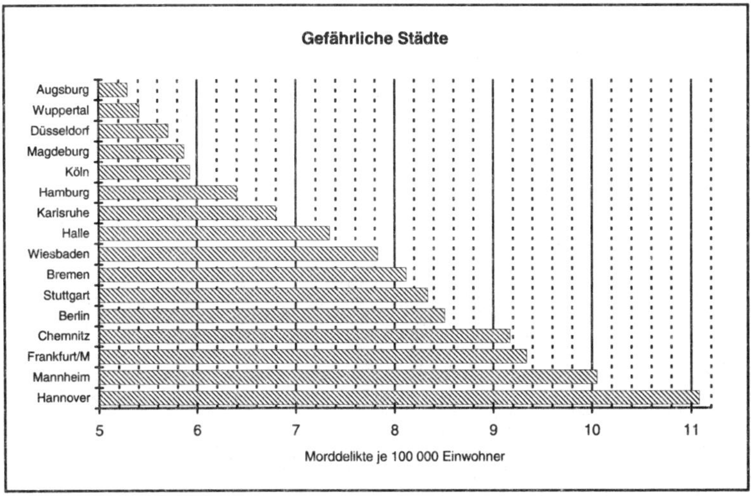

Vier bis fünf Mord- und Mordversuchsdelikte je 100000 Einwohner sind zu verzeichnen in Mönchengladbach, Leipzig, Bochum,

Braunschweig, Nürnberg, Bonn (mit Umland) und Dortmund; zwei bis vier in Münster, Essen, Duisburg, München, Dresden und Gelsenkirchen. Mit nur 1,85 Mordtaten je 100000 Einwohner scheint Bielefeld noch die sicherste Stadt in Deutschland zu sein.

Häusliche Gewalt

In den eigenen vier Wänden hängt der Haussegen auch nicht immer gerade. Dem Blick hinter diese Kulissen zeigen sich einige unschöne Wahrheiten, etwa daß die Gewalttäter zumeist Männer sind. Aber auch etwas Überraschendes: Häusliche Gewalttaten sind in Ostdeutschland signifikant seltener als im Westen der Republik.

Vor kurzem wurde untersucht, wie oft und wie schwer im Verlauf der letzten fünf Jahre die 14- bis 60jährigen Deutschen in Zwei- oder Mehr-Personen-Haushalten unter allen möglichen Gewalttätigkeiten oder Bedrohungen zu leiden hatten. Dabei kam zum Beispiel heraus, daß 13,2 Prozent der westdeutschen Männer einem anderen Haushaltsmitglied schon einmal Schläge angedroht haben (Frauen: immerhin 8,6), ostdeutsche Männer jedoch nur zu 8,1 Prozent (Frauen: 3,3). 14,8 Prozent der Westmänner haben den anderen schon mal fest angepackt und geschüttelt, gegenüber nur 9,3 Prozent im Osten. 10,1 Prozent der Männer im Westen haben schon mal einen Mitbewohner oder die Gefährtin geohrfeigt, die Männer im Osten sind da zurückhaltender (9 Prozent), auch die Frauen (West: 9, Ost: 7,3 Prozent). Fußtritte verteilen 2,3 Prozent der Männer im Westen, 1,4 Prozent im Osten (die Westfrauen stehen ihren Männern hier nicht nach, die Ostfrauen nur wenig: 0,9 Prozent). Damit ist die Liste der häuslichen Gewalttätigkeiten noch nicht zu Ende. Mit der geballten Faust schlagen in der alten Bundesrepublik schon mal 2,9 Prozent der Männer zu (Frauen nur zu 1,3 Prozent), in den neuen Ländern gerade ein Prozent (und nur halb so viele Frauen).

Und als ob das nicht schon reichte, bedrohen 1,5 Prozent der westdeutschen Männer die Partnerin mit einer Waffe (nur halb so oft greifen die Frauen dazu), während in Ostdeutschland diese Gewalttat so gut wie überhaupt nicht vorkommt.

Das dunkelste Kapitel ist wohl die sexuelle Gewalt im eigenen Haus. In der Umfrage treten zwar nicht sehr hohe, aber doch ganz unglaubliche Zahlen zutage. 2,1 Prozent der befragten westdeutschen Männer geben an, sie seien in ihrem Leben mindestens einmal vergewaltigt, 1,8 Prozent, sie seien sexuell genötigt, und 2,1 Prozent, sie seien als Kind unter 16 Jahren sexuell mißbraucht worden (die entsprechenden Prozentsätze für die ostdeutschen Männer sind deutlich niedriger, sie betragen 1,3, 1,3 und 0,9).

Die größere Zahl der häuslichen Opfer sind aber die Frauen, sowohl in den alten wie den neuen Bundesländern: Schon einmal vergewaltigt wurden 6,2 Prozent der Frauen im Westen (im Osten: 2,6), sexuelle Nötigung mußten 5,3 Prozent erfahren (1,5) und als Kind sexuell mißbraucht wurden 3,7 Prozent (1,7).

Bei den Opfern minderschwerer Gewalt ist nicht mit Deutlichkeit zu erkennen, daß sie etwa bei höherem Haushaltseinkommen seltener würden. 13,5 Prozent der Befragten bezeichnen sich als ein solches Opfer bei einem Einkommen unter 2500 Mark monatlich, kaum weniger (11,1 Prozent) bei einem Einkommen über 5000 Mark. Nicht viel klarer ist diese Abhängigkeit bei den Opfern schwerer Gewalttaten: 6,5 Prozent bei den genannten Ärmeren und 4,4 Prozent bei den Reicheren.

Völlig anders wird das Bild, wenn man die Gewalthäufigkeit in Beziehung zur Schulbildung setzt. Flapsig ausgedrückt: Offenbar sind die akademisch Gebildeten nicht so häufig wie andere einem Angriff ausgesetzt. Von den Deutschen mit Hauptschulabschluß zum Beispiel waren 13,2 Prozent schon einmal Opfer minderschwerer Gewalt, bei Mittel- und Realschulabgängern waren es 10,7, bei Personen mit Gymnasialbildung plötzlich 16,7 und bei Akademikern lediglich 1,7 Prozent. Eine ganz ähnliche Reihe ergeben die entsprechenden Prozentsätze für die Opfer schwerer Gewalt (4,3, 4,4, 6,5 und 0,5 Prozent). Warum die Absolventen von Gymnasien dabei so hervorragen, bleibt leider ungeklärt.

Noch eine andere Zahl wirft ein schlechtes Licht auf die Haushalte. 1993 wurden 212 Frauen in Deutschland zum Totschlagsopfer in häuslichen Gemeinschaften. In der Hälfte dieser Fälle wurde ein Verwandter oder Ehepartner als Verdächtiger ermittelt. Männliche Totschlagsopfer im Haushalt waren zwar zahlreicher, nämlich 363, aber nur in 13 Prozent dieser Fälle kam ein Partner oder eine Partnerin in Verdacht.

Anders sieht die Bilanz aus, wenn man nur die schweren Körperverletzungen in Hausgemeinschaften betrachtet. Hier waren 1993 in Westdeutschland 17,7 Prozent weibliche, aber 64,1 Prozent männliche Verletzte gemeldet. Wie viele Opfer sich nicht meldeten, ist leider nicht ebenso exakt erfaßt.

Männer stecken den tätlichen Angriff im deutschen Haushalt offenbar leichter weg: 43 Prozent meinen, er habe ihnen nicht viel ausgemacht (nur 28,3 der betroffenen Frauen empfinden so locker). Lediglich 14 Prozent fühlten sich danach zu Hause unsicher (aber ein Drittel aller Frauen), und nur 17,3 Prozent hatten regelrecht Angst (bei den Frauen jedoch 41,3 Prozent).

Kaum jemals zieht ein geprügelter Mann aus (2,7), viel öfter die geschlagene Frau (10,9 Prozent). Männer sind auch, wie immer man das sehen will, nicht ganz so trennungsfreudig: Nur 3,8 Prozent unternehmen diesen Schritt, aber 16,7 Prozent der angegriffenen Frauen trennen sich von ihrem Partner. Die Polizei wird nach häuslichen Raufereien von beiden Geschlechtern nur äußerst selten eingeschaltet (3,5 Prozent der Männer, 3,1 Prozent der Frauen).

Nach alldem kann man die Singles irgendwie verstehen.

Bildung und Kultur

Ein Land muß reich sein, um sich Kultur heute noch leisten zu können. In Museen gibt es ja keine hilfreiche Bandenwerbung, im Theater kaum Werbeflächen. Und die in vielen Sportarten engagierten Sponsoren bleiben bei den geistigen Produkten der deutschen Gesellschaft eher im Hintergrund. Der Grund ist nicht ein etwaiger Respekt des, sagen wir, Autoproduzenten vor der kulturellen Leistung, sondern banaler: Der Sponsor wird bei einem Symphoniekonzert seltener wahrgenommen als bei einem Autorennen.

Die schwere Last der Kultur fällt deshalb auf die ohnehin schon finanzschwachen Schultern der Kommunen. Sie können das Angebot kaum noch bezahlen, ihre Defizite steigen.

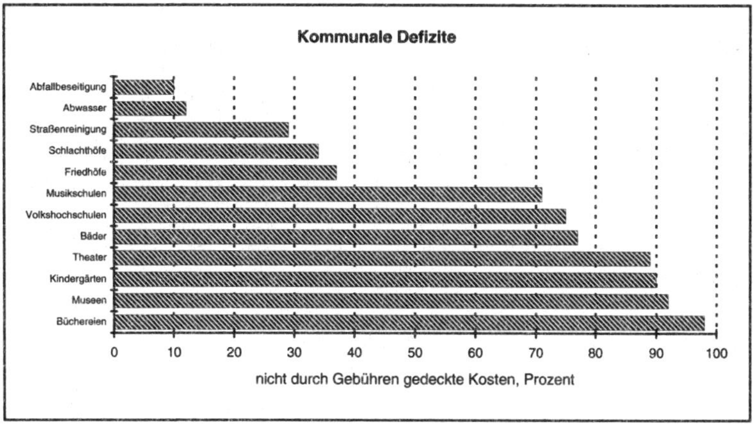

Man sieht: Je schmutziger eine Sache ist, um so bezahlbarer ist sie noch für die Städte. Bei der Straßenreinigung kommen 71 Prozent der Kosten durch Gebühren wieder herein, im Theater nur noch elf, im Museum bloß acht und bei Büchereien magere zwei Prozent. Den Rest muß die Kommune beisteuern.

Basisfertigkeiten

Keiner spricht gern darüber, aber Deutschland hat drei bis vier Millionen funktionale Analphabeten: Menschen, die zwar in der Schule lesen und schreiben gelernt haben, diese Fertigkeiten aber so schlecht beherrschen, daß sie im Alltag nicht ohne fremde Hilfe zurechtkommen.

Auch die Fähigkeiten der übrigen bieten wenig Anlaß zur Euphorie, besonders nicht, wenn man die Deutschen im Vergleich zu anderen Nationen sieht. Eine neuere Studie (1995) hat sieben Ländern einen Lese- und Rechentest vorgelegt, den USA und Kanada, Schweden, Polen, Holland, der Schweiz und Deutschland. Die Ergebnisse sind verblüffend: Die Amerikaner sind bei weitem nicht so lese- und rechenschwach, wie viele denken, die Deutschen liegen bestenfalls im Mittelfeld, aber die Schweden gehen aus diesem Wettbewerb als strahlende Sieger hervor.

Lesen
Zur Prüfung der Lesefertigkeit wurden verschiedene Texte präsentiert, die in fünf Schwierigkeitsniveaus eingeteilt waren. Auf dem niedrigsten Niveau 1 ging es lediglich darum, in dem Text einen bestimmten Begriff wiederzufinden. Auf Niveau 2 war die Aufgabe ähnlich, nur konnte der Prüfling hier durch Zusatzinformationen im Text abgelenkt werden. In der nächstschwierigeren Aufgabenstellung, Niveau 3, mußten für die Antwort mehrere Textstellen zusammengefaßt und als zusammenpassend erkannt werden. Auf den höchsten Niveaus 4 und 5 mußte die richtige Antwort aus längeren Texten herausgefiltert werden, was nur durch Abwägung, Vergleich und das Einbringen eigenen Wissens möglich war.

Wie gut schnitten nun die erwachsenen Deutschen dabei ab?

14,4 Prozent erreichten nur das niedrigste Niveau 1. Die meisten schafften wenigstens die beiden nächsten Niveaus 2 (34,2) und 3 (38 Prozent). Bis zur höchsten Stufe kamen dann aber nur noch 13,4 Prozent.

Die Überlegenheit zweier anderer Länder wird dabei sichtbar. Die USA haben vielleicht mehr schlechte Leser (Niveau 1: 29,7 Prozent) als Deutschland, aber auf der höchsten Stufe übertreffen sie ganz klar die Deutschen (21,1 Prozent, in Kanada schaffen das sogar 22,7 Prozent). Unschlagbar aber sind die Schweden sowohl auf den Niveaus 3 (39,7) und 4/5 (32,4 Prozent).

In vielen Ländern zeichnen sich vor allem Frauen durch hohe Leseleistungen aus, besonders deutlich in Kanada, wo 27,8 der Frauen Niveau 4/5 erreichen, aber nur 17,4 der Männer, oder auch in Schweden (33,6 Prozent der Frauen, 31,3 Prozent der Männer). Hier bietet Deutschland jedoch andere und erstaunlich extreme Werte: Weit über die Hälfte der männlichen Prüflinge erreichen das höchste Niveau (55,4 Prozent), aber nur beschämende 12,4 Prozent der Frauen. In keinem anderen Land ist der Abstand zwischen männlicher und weiblicher Leseleistung auf diesem Level so eklatant. Zum Trost: Das trifft auch in Deutschland schon nicht mehr auf das Niveau 3 zu, das immerhin ebensoviele Frauen schaffen (38) wie Männer (37,9 Prozent).

Eine unerwartete Rolle bei dieser Aufgabe spielt das Alter. Hier nimmt die Lesefähigkeit auf dem Niveau 1 mit steigendem Alter zu, von 8,9 Prozent der Jüngsten auf 22,1 der Ältesten, ebenso das Niveau 2 (von 29,5 auf 43,2 Prozent). Die besseren Leseleistungen machen sich jedoch rarer bei den Senioren: Die Niveaus 3 und 4/5 schmelzen auf 30,1 und 4,7 Prozent dieser Altersgruppe ab.

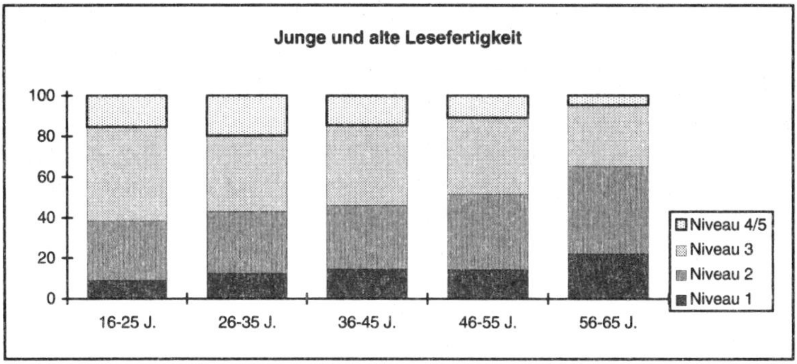

Auch mit diesen Ergebnissen sieht Deutschland im internationalen Vergleich gar nicht gut aus. In den USA erreichen 14,7 Prozent der Ältesten die höchste Stufe, im vorbildlichen Schweden sogar 16,2 Prozent. Unterboten werden die Deutschen hier allenfalls von den Senioren in Polen (0,2 Prozent) und der Schweiz (zwischen 2,3 im französischen und 4,1 Prozent im deutschen Teil).

Rechnen

Für diesen Prüfungsabschnitt wurde die Schwierigkeit ähnlich wie beim Lesen in fünf Niveaus unterteilt. Stufe 1 verlangte bloß eine simple Addition zweier gegebener Zahlen, Stufe 2 eine Addition oder Subtraktion, nur daß jetzt die Zahlen erst aus einer Tabelle oder etwa einem Kontoauszug herausgefunden werden mußten. Auf Stufe 3 mußte man auch teilen und malnehmen, und das mit oft drei oder mehr Zahlen. Auf Stufe 4/5 schließlich mußte der Prüfling selbst bestimmen, welche mathematischen Operationen hintereinander nötig sind und, vergleichbar der Leseaufgabe, eigenes Vorwissen dazu hernehmen.

Daß man so etwas öfter braucht, leuchtet ein. Es ist für die Deutschen sogar nachgewiesen: 28,3 Prozent von ihnen haben wenigstens einmal pro Woche mit dem Schätzen oder Messen von Größe und Gewicht zu tun, und 43,3 Prozent kalkulieren ebenso oft Preise, Kosten oder ihr Haushaltsbudget.

Aber können sie das auch?

Eigentlich ja. Sie sind sogar im Rechnen etwas besser als im Lesen. Auf der höchsten Stufe werden sie zwar auch hier von den Schweden geschlagen (die zu 35,8 Prozent so weit kommen), aber davon abgesehen sind sie mit 23,5 Prozent die Besten auf diesem Niveau.

Auf der Stufe 3 erreichen die Deutschen ebenfalls das zweitbeste Ergebnis in dem Sieben-Länder-Vergleich: 43,2 Prozent, knapp hinter den Holländern, von denen 44,3 Prozent so weit kommen.

In vielen Ländern erweisen sich die Frauen als die besseren Rechnerinnen, speziell auf dem Niveau 3. In Kanada erreichen diese Stufe 35,9 Prozent der Frauen, aber nur 33,9 Prozent der Männer. Ähnlich ist es in Schweden (43,8 gegenüber 40,4 Prozent) oder auch in den USA (32,5 gegenüber 29,9 Prozent), ebenfalls, wenn auch gerade mit großem Abstand, in Deutschland (43,5 gegenüber 42,9 Prozent). Nur in Holland und in der deutschsprachigen Schweiz überwiegen hier die Männer.

Das höchste Niveau 4/5 jedoch erklimmen überall mehr die männlichen Rechner. Dabei tritt überraschenderweise in Schweden der größte Abstand zutage (29,8 Prozent der Frauen, aber 41,9 Prozent der Männer kommen dahin), Deutschland erscheint dagegen weit ausgeglichener.

Die Besten unter den Deutschen, diejenigen auf dem Niveau 4/5, verhalten sich übrigens außerordentlich reserviert dort, wo sie ehrenamtlich oder freiwillig ein Amt in ihrer Gemeinde übernehmen könnten. Nur 24,9 Prozent der besten Rechner und 25,2 Prozent der besten Leser finden sich zu einem solchen Engagement bereit, einmal im Monat wenigstens oder öfter. In der französischsprachigen Schweiz ist die Lage ähnlich unerfreulich. Alle anderen Länder, mit Ausnahme Polens, gehen hier mit besserem Beispiel voran, insbesondere wiederum Schweden (über 53 Prozent der Wettbewerbssieger sind dort so für ihre Kommune tätig), aber auch in den USA (über 44 Prozent).

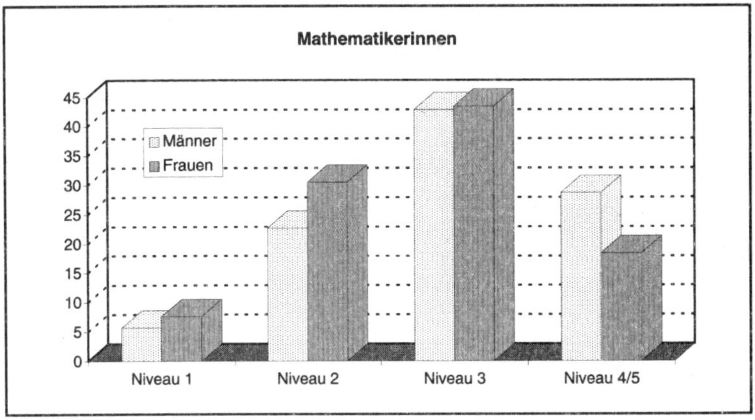

Bildungsanstalten

Die Bundesrepublik produziert ziemlich genau so viele, wenn nicht mehr Abiturienten, wie ihre Wirtschaft als spätere Fach- und Führungskräfte braucht. Bis zum Jahr 2005 wird dieser Bedarf auf 35 bis 40 Prozent eines Schülerjahrgangs geschätzt. Und tatsächlich haben gegenwärtig etwa 37,5 Prozent der Schulabgänger die allgemeine Hochschulreife. Bis zum Jahr 2008 soll dieser Anteil sogar noch auf 44 Prozent ansteigen (das wären 420 000 Schüler).

Im Vergleich zu Japan und den USA liegen die Deutschen vorn, wenn man untersucht, wie viele Erwachsene zwischen 25 und 64 Jahren eine abgeschlossene Lehre, ein Abitur oder etwas Ähnliches vorweisen können. Das sind von hundert Deutschen 61 (Japan: 48, USA: 46 Prozent). Japan hat auch mehr Menschen mit nur einem Hauptschulabschluß oder noch weniger (30 Prozent), Deutschland nur 22, die USA sogar nur 18 Prozent.

Schule

Gegenwärtig gehen in Deutschland 9,8 Millionen in die allgemeinbildenden Schulen. Bis zum Jahr 2002 wird die Schülerzahl noch etwas zunehmen (auf einen Höchststand von 10,222 Millionen). Danach sinkt sie wieder. Im Jahr 2005 wird sie etwa den Stand von 1995 erreicht haben. Fünf Jahre später gehen nur noch 8,953 Millionen Kinder und Jugendliche zur Schule. In den neuen Ländern setzt der kontinuierliche Schülerschwund schon viel früher ein. Waren es hier 1995 noch 2,478 Millionen Schüler, so werden es im Jahr 2010 nur noch 1,670 Millionen sein. Die Berufsschulen erreichen ihre maximale Schülerzahl ein wenig später, im Jahr 2006 mit 2,893 Millionen Schülern. Solche Prognosen sind recht genau, zumindest für die Jahre, deren Schülerzahlen sich aus den schon bekannten Geburtszahlen je Jahrgang vorausberechnen lassen. Trotzdem sind auch diese Prognosen interpretationsbedürftig, da inzwischen immer mehr Schüler die Schule nicht ordnungsgemäß verlassen, sondern länger als die erforderlichen Jahre in der Schule sozusagen sitzenbleiben.

Wie gut jemand im Unterricht ist, hängt auch davon ab, in welchem Bundesland er lebt. Nicht alle Schulen haben die gleiche Qualität. In Westdeutschland hat man sie – im Jahr der Wende – länderweise einem Gutachten unterzogen. Dabei kommen im Durchschnitt 15 Schüler auf einen Vollzeitlehrer. Bremen zum Beispiel unterschreitet diesen Durchschnittswert, dort müssen sich nur 12,3 Schüler einen Lehrer teilen; auch Berlin (12,8) hat einen so guten Wert. Näher am Durchschnitt liegen Baden-Württemberg (14,3), das Saarland (14,4), Bayern (14,5), Hamburg (14,6), Schleswig-Holstein (15,1), Hessen (15,9) und Nordrhein-Westfalen (16,1 Schüler je Vollzeitlehrer). Kultusminister denken bei knappen Kassen eher an eine Erhöhung der Klassenstärke als an die teure Neueinstellung von Lehrern.

So sind diese Werte wohl leider immer noch aktuell. Oder gar negativ überholt: Man hat 1995 für die alten Bundesländer berechnet, daß 96000 neue Lehrer angestellt werden müßten, um auch nur das schlechtere Schüler-Lehrer-Verhältnis von 1992 zu halten, das bei 16,8 : 1 lag. Nur in den neuen Ländern mit ihrem schnelleren Schüler-Rückgang wird schon jetzt ein abnehmender Lehrerbedarf zugrundegelegt.

Ost- und westdeutsche Abiturienten haben gleichstarke Studierabsichten (78 bzw. 77 Prozent). Die Angleichung ist jüngeren Datums. Im Westen hat die Studierneigung in den letzten Jahren zugenommen, im Osten ist sie seit der Wende gesunken. Die Wege der Reifegeprüften trennen sich allerdings beim angestrebten Abschluß. 61 Prozent der Ostabiturienten, aber nur 36 Prozent im Westen wollen auf ein Universitätsdiplom zugehen, die übrigen bevorzugen eher das Staatsexamen.

Lehre und Weiterbildung

In einigen Berufen ist die Nachfrage nach Lehrstellen so groß, daß viele Bewerber nicht vermittelt werden können. Dazu gehören die Industriekaufleute (im Juli 1994 blieben 10517 Interessenten ohne Lehrstelle), die Arzthelfer (9590), die Bauzeichner (6989), die Bürokaufleute (6925) und die Tischler (5340 Bewerber). Auf der anderen Seite blieben scheinbar noch mehr Lehrstellen unbesetzt, so im Lebensmittelverkauf (18354), bei den Industriemechanikern (10208), im Bäckerhandwerk (9695), bei Friseuren (9574) und Köchen (9369 Stellen).

Im ganzen jedoch überwiegt die Nachfrage nach Lehrstellen das Angebot zur Zeit. Den höchsten Anteil noch nicht vermittelter Bewerber hatte im Frühjahr 1995 Sachsen zu verzeichnen (30,5 Prozent), in einigem Abstand gefolgt von Nordrhein-Westfalen (26,9), Sachsen-Anhalt (17,7), Thüringen (16,3), Baden-Württemberg (16,1), Brandenburg (15,9) und Niedersachsen mit Bremen (14,3 Prozent). Am Ende geht die Sache aber immer auf (oder wenigstens beinahe): Das Angebot betrug 1995 schätzungsweise 492000 Stellen, die Zahl der Bewerber 503000.

Der Anteil der Mädchen an den Handwerksberufen nimmt dauernd und kräftig zu. Nach einer gängigen Definition sind alle diejenigen Ausbildungsberufe Männerberufe, in denen der Anteil weiblicher Lehrlinge 1995 unter 20 Prozent lag. Hier eine Auswahl von »Frauenberufen« mit dem heutigen Anteil weiblicher Auszubildender, sozusagen die Lieblingsliste der Mädchen: Konditorin (62,1 Prozent), Chemigraphin (59,3), Schriftsetzerin (58,3), Restaurantfachfrau (58,0), Postfachkraft (49,0) und Raumausstatterin (48,9 Prozent). In vier weiteren Exmännerberufen sind Mädchen schon etwas schwächer vertreten: Gärtnerin (39,7), Köchin (27,3), Vermessungstechnikerin (39,6) und Bäckerin (23,3 Prozent).

In der Einstellung der Deutschen zur beruflichen Weiterbildung zeigt sich eine tiefe Entschlossenheit, sich das Vergnügen daran auch bei großer Mühe nicht nehmen zu lassen. Anders ist es kaum erklärlich, daß über 80 von hundert Befragten überzeugt sind, Weiterbildung sei anstrengend (77 West-, 85 Ostdeutsche), gleichzeitig aber sicher sind, daß sie auch Spaß macht (83 Westdeutsche und 76 Ostdeutsche).

Im zweiten Jahr des vereinigten Deutschland, mögen hier auch noch andere Interessen im Vordergrund gestanden haben. Damals hatten die Ostdeutschen einen besonders hohen Informationsbedarf in allem, was Ansprüche auf finanzielle Leistungen betraf (84 Prozent) sowie Hilfe und Leistungen aller Art (79). Etwas weniger, nur 70 Prozent, interessierten sich vor allem für die beruflichen Fortbildungsmöglichkeiten (70), noch weniger für Arbeitsmöglichkeiten in anderen Branchen (59 Prozent). Die Hälfte von ihnen erwartete sich Hinweise für Bewerbungen und Vorstellungsgespräche und 43 Prozent Informationen über Arbeit in anderen Regionen und Bundesländern.

Immerhin stimmten 70 Prozent der optimistischen Aussage »Wer sich weiterbildet, wird nicht so leicht arbeitslos« zu. Nur jeder siebte Ostdeutsche ließ die Flügel hängen, weil ihm für die berufliche Weiterbildung der Ehrgeiz fehlte.

Hochschulen

Wie deutsche Studenten noch in die Hochschulen passen, ist statistisch gesehen rätselhaft. Es gibt in der Bundesrepublik nämlich nur 910000 Studienplätze, aber mehr als doppelt so viele Studenten (1,84 Millionen im Wintersemester 1994/95). Allein an der größten Universität, in München, haben sich 60106 Studenten eingeschrieben, und das ist schon ein Rückgang zum Wintersemester zuvor um 2224 Personen.

Wie überhaupt die Zahl der Studienanfänger leicht, aber seit einigen Jahren konstant zurückgeht (auf zuletzt 221000, 1992/93 waren es noch 244000). Die Gründe liegen auf der Hand: Die Beschäftigungschancen für Akademiker verschlechtern sich, und die Kosten für ein Studium steigen.

Im Schnitt kostet ein Hochschulstudium 87 000 Mark (dem liegt ein monatlicher Bedarf von etwa 1200 Mark zugrunde für einen Studenten, der nicht bei den Eltern wohnt). Für Studentinnen liegt der Gesamtbetrag um fast 6 000 Mark niedriger, da die meisten von ihnen ohne eigenes Auto auskommen. Am teuersten, da im Schnitt mit 7,8 Jahren das längste, ist ein Studium der Sprach- und Kulturwissenschaften (1993: 94 000 Mark), dahinter kommen gleich Politik- und Sozialwissenschaften sowie Humanmedizin (7,4 Jahre Dauer, 92 000 Mark), sodann Kunst und Kunstwissenschaft (7,1 Jahre, 89 000 Mark) und Mathematik und Ingenieurwissenschaften (sieben Jahre, 88 000 Mark). Relativ preiswert kann man noch Forst- oder Ernährungswissenschaft studieren (in nur 6,2 Jahren für 79 000 Mark). Und billiger wird es nicht, im Gegenteil: Im Jahr 1995 kostete das Studium im Durchschnitt bereits 91 000 Mark.

Etwa drei Viertel aller Studenten sind an einer Universität, Gesamthochschule, Pädagogischen oder Theologischen Hochschule eingeschrieben, fast ein Viertel an Fachhochschulen und lediglich knapp zwei Prozent an Kunsthochschulen.

Nur in wenigen Fächergruppen sind mehr als die Hälfte der Studierenden weiblich, so zum Beispiel in Sprach- und Kulturwissenschaften (64), in Tiermedizin (66) und in Kunst- und Kunstwissenschaft (60 Prozent). Die beiden letzten sind aber insgesamt nicht sehr stark besetzte Fächergruppen. In der studentenreichsten Gruppe, den Rechts-, Wirtschafts- und Sozialwissenschaften sinkt der Frauenanteil bereits ab. Dabei stellt diese Gruppe allein 29 Prozent aller deutschen Studenten. Und bei den Ingenieuren, einem ebenfalls sehr zahlreich besuchten Fach mit etwa 22 Prozent aller Studenten, sind nur noch wenige Studenten weiblich.

Woran mag es liegen, daß der Frauenanteil in den Höhen der akademischen Karriereleiter kontinuierlich kleiner wird? Auf dem Gymnasium sind noch 53,9 Prozent Schülerinnen, weibliche Studierende etwas weniger, 43 Prozent. Bei den Doktoranden schmilzt der weibliche Anteil schon auf 28,5 zusammen. An Habilitationen sind sie noch mit 13 Prozent beteiligt. Und in den obersten Rängen der C4-Professuren sind schließlich nur noch drei Prozent Frauen.

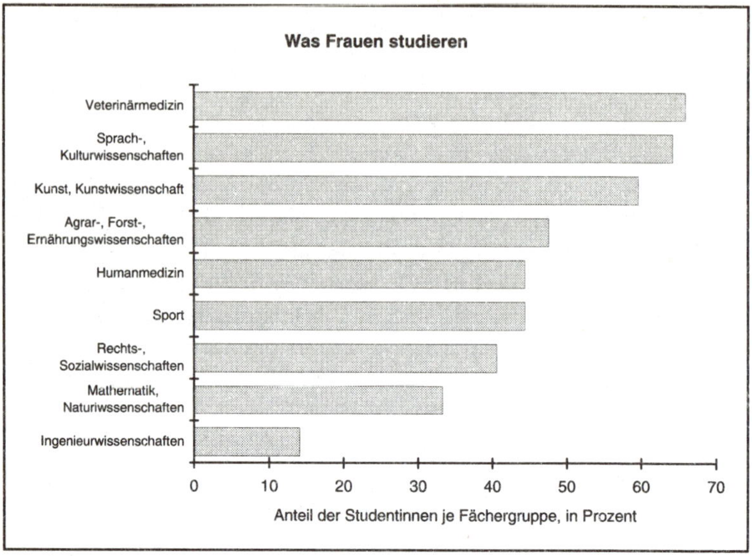

Nicht immer sind die größten Hochschulen die besten. Im Gegenteil, hier kommt die Vielfalt der deutschen Provinzen zu ihrer vollen Blüte. Die beliebtesten Universitäten oder Gesamthochschulen in Westdeutschland sind für die Fächer Anglistik und Germanistik: Duisburg, Siegen und Düsseldorf (Schlußlichter: Augsburg, Bremen und Hamburg), für Geschichte: Trier, Aachen und Bielefeld (abgeschlagen: Hannover, Bonn, Bremen), für Mathematik: Wuppertal, Mainz und Kaiserslautern (am unteren Ende: schon wieder Augsburg, zusammen mit Oldenburg und das in diesem Fall zu hoch gerühmte Heidelberg).

Beamten und Angestellte schicken ihre Kinder besonders häufig auf die Universität. Der Anteil der Beamten an der erwerbstätigen Bevölkerung beträgt im Westen Deutschlands etwa zehn Prozent, der Anteil der Beamtenkinder an den Studierenden jedoch wenigstens ein Viertel. In Ostdeutschland sieht das Verhältnis kaum anders aus: Dort sind zwei Prozent verbeamtet (1991), aber vier Prozent der Studenten haben einen Beamten als Vater. Ähnlich bei den Angestellten: Im Westen machen sie ein Drittel der Erwerbstätigen aus, aber über 40 Prozent der Studentenkinder (in Ostdeutschland ist die Relation sogar 33 zu 64 Prozent). Auch die Kinder von Freiberuflern studieren gern (hier beträgt das entsprechende Verhältnis im Westen zwölf zu 20 Prozent und im Osten sechs zu neun Prozent). Unterrepräsentiert sind dagegen wie eh und je die Arbeiterkinder, überraschenderweise auch in der ehemaligen DDR (59 zu 23 Prozent, im Westen 44 zu 14 Prozent).

Der Student von heute hat starkes Interesse an Ökologie (82 Prozent), Energiefragen (69), Menschenrechten (61) und Sozialreformen (58 Prozent). Er engagiert sich weniger als früher in einer Partei (1979: zehn, 1995: sieben Prozent), einer Gewerkschaft (damals sieben, jetzt vier Prozent), einer politischen Studentengruppe (statt sechs nur noch fünf Prozent) oder gar in der studentischen Selbstverwaltung (von sieben auf zwei Prozent gesunken), am ehesten noch für die Umwelt (neun Prozent).

Nur ein bescheidenes Prozent der Studenten sieht seine politische Überzeugung rechts von den Konservativen. Und doch stimmen 22 Prozent der Äußerung zu: »Das nationale Denken wird heute in der Bundesrepublik zu sehr unterdrückt.« 13 Prozent meinen: »Ich bin gegen eine Diktatur, aber eine starke Hand müßte mal wieder Ordnung in unseren Staat bringen.« Und sogar acht Prozent sind für den Einparteienstaat und finden: »Wir sollten eine einzige starke Partei haben, die wirklich die Interessen aller Schichten unseres Volkes vertritt.« Aber ihnen steht die deutliche Mehrheitsmeinung (80 Prozent) gegenüber, daß die demokratischen Mitbestimmungsrechte in Deutschland noch zu wenig in Anspruch genommen werden. Und 46 Prozent der Studenten sind zuversichtlich, mit allen kommenden Problemen in diesem Land schon irgendwie fertigzuwerden.

Im volkreichsten Bundesland, Nordrhein-Westfalen, hat man die Studienabbrecher genauer untersucht. Die meisten trifft man im Fach Germanistik (84 Prozent der Studienanfänger gehen ohne Abschluß von der Universität), fast ebensoviele in Anglistik (80). Ihnen folgen die Historiker (72), die Volkswirtschaftler (69), die Politologen (63) und die Chemiker (60 Prozent). Um die 30 Prozent oder darunter liegen die Betriebswirte (33), die Psychologen und die Humanmediziner (je 23 Prozent). Die beharrlichsten sind die Zahnmediziner; von ihnen brechen nur etwa sechs Prozent ihr Studium ab.

Das Alter, in dem ein Student mit seinem Abschluß die Hochschule verläßt, steigt. Nur zehn Prozent aller Studenten absolvieren ihr Pensum innerhalb der Regelstudienzeit von neun oder zehn Semestern; der Durchschnitt braucht dafür zwölf bis 13 Semester. Damit liegen die Deutschen noch im europäischen Mittelfeld. In Italien überzieht ein mittlerer Student seine Regelzeit von 4,5 Jahren auf 7,5 Jahre, und der französische Student nimmt sich statt der regelhaft vier Jahre sieben Jahre Zeit. Schneller lernen die Studenten in Holland (tatsächliche Studienzeit: etwa 5,9 Jahre, vorgeschrieben: 4,1), in Schweden (5,5 Jahre gegenüber vier Jahren) und in England (vier gegenüber 3,5 Jahren). Beachtenswert sind die japanischen Werte: Erforderlich sind im Schnitt 4,1 Jahre für ein Studium; absolviert wird es in 4,3 Jahren.

So kommen denn auf je hundert Einwohner in Deutschland nur halb so viele Akademiker, nämlich 22, wie zum Beispiel in Kanada (41). Mehr sind es auch in den USA (31), Norwegen (25) und Schweden (24); weniger in der Schweiz und in Holland (je 21), England und Dänemark (je 19), Finnland (18), Irland (17) und auch in Frankreich (16 Prozent). Ganz am Ende der europäischen Skala stehen hier Griechenland (13), Portugal (sieben) und Italien (sechs Prozent).

Druckmedien

In Deutschland erscheinen nicht nur 423 Tageszeitungen, sie haben auch noch 1597 Regionalausgaben. Dazu kommen jeden Sonntag neun und jede Woche 31 weitere Zeitungen. Mit 32,9 Millionen Exemplaren hat die Bundesrepublik damit fast die Zeitungsdichte Englands erreicht. Dort kommt ein Exemplar auf 0,42, in Deutschland auf 0,41 Einwohner. 80 Prozent aller Deutschen lesen regelmäßig ihre Zeitung, 70 Prozent beziehen sie im Abonnement.

Allerdings: Es gibt immer weniger jugendliche Zeitungsleser zwischen 14 und 19 Jahren. Betrug ihr Anteil in den 70er Jahren noch drei Viertel aller Leser, so sind es Mitte der 90er Jahre noch etwa die Hälfte.

Von den knapp 100 Milliarden Mark, die weltweit jedes Jahr für Bücher ausgegeben werden, gehen etwa 14,4 Milliarden Mark über deutsche Ladentische. Die Umsatzsteigerung, die der Buchhandel bis zum Jahr 2000 erwartet, wird jedoch vor allem durch Bücher auf CD-ROM zustande kommen, deren Anteil an den angebotenen Titeln dann bei schätzungsweise 15 bis 40 Prozent liegen soll.

Gedruckt werden aber noch ganz andere Sachen. Bücher nehmen, am Gesamtwert der Drucksachen gemessen (1993: über 32 Milliarden Mark), nur 8,3 Prozent ein, Zeitschriften schon mehr (14,6), noch mehr die Zeitungen und Anzeigenblätter, nämlich 19,1 Prozent. Der größte Brocken ist hier aber der Riesenstoß von Katalogen und anderen Werbedrucken: 27,9 Prozent.

Presse

73 Prozent der Journalisten sind für die Veröffentlichung geheimer Regierungsdokumente, auch wenn diese den Interessen der Bundesrepublik schaden. Aber nur 27 Prozent glauben, bei ihrer Arbeit auch die Privatsphäre mißachten zu dürfen, während immerhin eine schwache Mehrheit (53 Prozent) sie zu schützen gewillt ist.

Fragt man Politiker, ob ihr schlechter Ruf nur durch die Presse zustande kommt, so glauben überraschende 16 Prozent, es liege doch wohl eher an ihnen selbst (nur 13 Prozent sehen in Presseberichten die Ursache, der Rest enthält sich der Stimme). In der Wirtschaft sind 31 Prozent der Führungskräfte vom Eigenverschulden der Politiker überzeugt, in der Verwaltung sogar 41. In allen drei Bereichen findet man allerdings, daß die Presse speziell in der Verletzung der Intimsphäre häufig zu weit geht (Politik: 56, Verwaltung: 61, Wirtschaft: 62 Prozent).

Nur Politiker geben dem Datenschutz, genauer der Geheimhaltung datengeschützter Informationen, den Vorrang vor der Notwendigkeit, Mißstände aufzudecken (für Datenschutz: 41, für Aufdeckung: 37 Prozent). Umgekehrt liegen die Prioritäten für die Wirtschaft (41 bzw. 49 Prozent), noch entschiedener für die Verwaltung (35 bzw. 50 Prozent).

Die vordringlichen Interessen der Deutschen spiegeln sich in den Titeln ihrer Publikumszeitschriften wider. Ungefähr 200 verschiedene hängen davon am Kiosk, aber das Angebot ist in dauernder Bewegung. Alte, zu allgemeine Zeitschriften gehen unter, neue Special-Interest-Magazine tauchen auf, oft nur auf kleine, aber kaufkräftige Zielgruppen zugeschnitten, etwa die Eigentümer von Zweithäusern im Gebirge. Beinahe die Hälfte aller Zeitschriften hat deshalb eine Auflage von weniger als 5 000 Exemplaren.

Am unteren Ende der Titelhäufigkeit stehen beim Publikum Themen wie Garten, Gesundheit, Film oder der Sport allgemein (1993: je drei Titel), das Motorrad (vier) und Erotik- und Männermagazine (fünf). An der Spitze rangieren konstant Fernsehprogramme (13), das Auto (14) und die wöchentlichen Frauenzeitschriften (15 Titel).

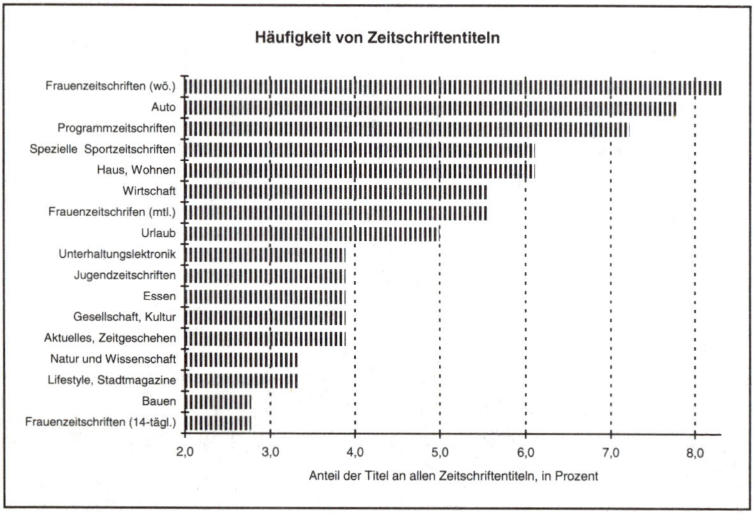

Insgesamt haben demnach allein die Frauenblätter zusammen einen Anteil von knapp 17 Prozent an den Zeitschriftentiteln. Die wöchentlichen Titel dieser Sparte werden aber auch von 17,9 Prozent, die Monatszeitschriften noch von 5,2 Prozent der deutschen Männer in die Hand genommen. Do-it-yourself-Zeitschriften erreichen 5,6 Prozent der Männer und nur 1,6 Prozent der Frauen. Diese lesen zu 4,7 Prozent auch Erotik-Magazine (gegenüber 7,4 Prozent der Männer). Auch beim Thema Kraftfahrzeug ist das Verhältnis unausgeglichen (54,3 Prozent der Männer gegenüber 20,1 Prozent der Frauen), ebenso bei den aktuellen Zeitschriften und Nachrichtenmagazinen (54,0 zu 42,4 Prozent). Nur über das Fernsehprogramm informieren sich beide Geschlechter gleich intensiv (65,0 bzw. 66,3 Prozent).

Sieht man sich die 15 auflagenstärksten Zeitschriften von 1994 genauer an, so erscheint das Lieblingsgerät der Deutschen, das Auto, allen anderen voraus an der Spitze (was dadurch erleichtert ist, daß es sich um eine Clubmitgliederzeitschrift handelt mit der sonst unerreichbaren Auflage von 11,7 Millionen). Zusammen acht Titel sind darunter, die TV-Informationen bieten, des weiteren zwei Frauenzeitschriften und ein Jugendmagazin.

Bücher

Jedes Jahr werden in Deutschland etwa 50000 Bücher erstmals veröffentlicht. Zu dieser Zahl addiert man gern die Neuauflagen eines Buchtitels, eine Zahl zwischen 16000 und 18000 pro Jahr.

Nach einer groben Einteilung liegt die Produktion von Büchern über Sozialwissenschaften vorn (22 Prozent aller Titel bei Erst- und Neuauflagen), dicht gefolgt von Sprach- und Literaturwissenschaft und Belletristik (zusammen 20 Prozent). Unterteilt man die Titel jedoch genauer, so führt die schöne Literatur die Liste an (13,8 Prozent), danach folgen Bücher für Kinder und Jugendliche (6,8), über Medizin (5,7), Recht (5,1), dann Atlanten (4,9) noch vor christlich-religiösen Büchern (4,8) und Wirtschaft (4,6 Prozent).

Nicht alles davon haben Deutsche geschrieben. Der Anteil der übersetzten Titel schwankt seit einigen Jahren zwischen 14 und 16 Prozent. Die weitaus meisten Übersetzungen stammen aus dem Englischen und Amerikanischen (1993: 69,4 Prozent), sehr viel weniger aus dem Französischen (elf), dem Italienischen (3,3) und dem Russischen (2,8 Prozent), das noch vor Holländisch (2,4) und Spanisch (2,3) liegt. Vor allem Belletristik wird übersetzt (41,7 Prozent), etwas Kinder- und Jugendliteratur (13,6), wenig Psychologie (5,6), noch weniger Comics (2,3), und auch die Esoterik ist hier nur sehr schwach vertreten (1,2 Prozent).

Offenbar aus der Zeit, als noch nicht so viel ferngesehen wurde, stehen in ostdeutschen Haushalten vergleichsweise viele Bücher, zumindest in Haushalten mit Kindern zwischen sechs und 13 Jahren.

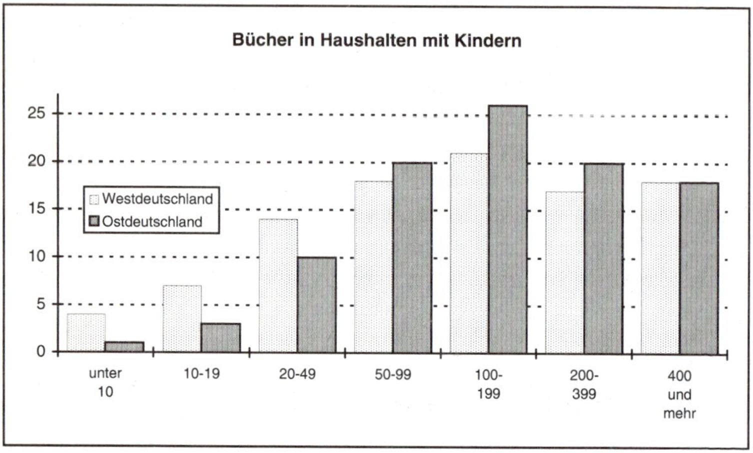

Wird das alles aber auch gelesen? Fragt man die Erwachsenen in Westdeutschland, so geben 32 Prozent an, sie nähmen regelmäßig ein Buch zur Hand; im Osten behaupten dies nur 25 Prozent. Fragt man aber genauer nach, ob sie am Vortag der Befragung ein Buch gelesen hätten, so schnurrt der Prozentsatz auf etwas bescheidenere 19 zusammen (im Osten ähnlich, auf 20). 31 von hundert Westdeutschen lesen selten, 14 nie; ganz ähnlich buchabstinent sind die Ostdeutschen: 31 Prozent lesen selten und ebenfalls 14 Prozent nie ein Buch.

Deutsche Kinder zwischen sechs und 13 Jahren würden ohnehin, vor die Wahl gestellt, lieber fallschirmspringen (39 Prozent) als ein Buch lesen (35 Prozent). Trotzdem bezeichnen sich fast ebensoviele (32 Prozent) als regelmäßige Leser, und ein genaues Viertel von ihnen greift wenigstens ein- oder zweimal pro Woche zu einem Buch. Die seltener lesenden Kinder sind zahlreicher im Osten (30) als im Westen (25 Prozent). Insgesamt nimmt das Lesen bei den kindlichen Freizeitaktivitäten nach Spielen, Fernsehen und Fahrradfahren oder auch Sport erst den vierten oder fünften Platz ein.

Theater und Kino

Nur wenige Deutschen könnten gleichzeitig ins Theater gehen: Es gibt im ganzen Land kaum mehr als ungefähr 220000 Plätze. Wenn man nur die etwa 118 Städte und Gemeinden betrachtet, die eine der insgesamt 462 Bühnen besitzen (1992), so könnte noch nicht mal ein Prozent der Einwohner zur gleichen Zeit darin Platz nehmen.

Da aber nicht jeder jeden Abend ins Theater will, verteilen sich die fast 38 Millionen Besucher recht gut auf fast 60000 Vorstellungen der öffentlichen und privaten Theater. Höchste Beliebtheit genießen dabei Opern und Ballette (32 Prozent aller Besucher), etwas mehr als Schauspiele (31) oder Operetten und Musicals (13 Prozent). Ins Konzert gehen lediglich fünf Prozent aller Besucher.

Teure Opern
Das Verhältnis der Einnahmen zu den Zuschüssen bei öffentlichen Bühnen hat sich in den letzten Jahren verschlechtert. Mußten 1990 in Westdeutschland für jede eingenommene Mark noch 5,22 Mark zugeschossen werden, so war dieser Betrag 1993 in der neuen Bundesrepublik schon auf 6,63 Mark gestiegen.

Noch eindrucksvoller erscheint das öffentliche Zubrot, wenn man den Betrag je Zuschauer einer Oper berechnet. Dann stellt sich heraus, daß die teuerste deutsche Oper wahrscheinlich in Frankfurt steht. Dort sind 1995 für jeden Besucher ungefähr 474 Mark Zuschuß aufzubringen. Weit dahinter kommt Düsseldorf mit 282,37 Mark (1993). Dann folgen die Opernhäuser in Stuttgart (261,01), Berlin (Deutsche Oper: 231,58), Hannover (230,28), Köln (204,45) und Hamburg (202,90 Mark). Weniger als 200 Mark kostet die öffentliche Kasse jeder Operngast in Mannheim (186,37), in Berlin (Komische Oper: 183,57), in München (Gärtnerplatztheater: 176,50, Staatsoper: 145,87; 1995 aber schon 173 Mark) und Essen (175,49 Mark). Am günstigsten wirtschaftet noch die Semperoper in Dresden mit 90,85 Mark Zuschuß je Besucher.

Fast scheint es, als sei Deutschland überversorgt mit Opernbühnen. 95 stehen im ganzen Land. Im Mutterland der Oper, in Italien, sind es nur 14.

Das Kino lebt

Zwar schrumpfte die Zahl der Filmtheater von 1960 bis 1992 in Westdeutschland auf weniger als die Hälfte. Inzwischen haben aber so viele Multiplex- oder Schuhschachtelkinos aufgemacht, daß man nicht mehr Kinos zählen kann, sondern nur noch Kinosäle oder fachlich Leinwände. Und nun stellt sich heraus, daß Deutschland neuerdings (1994) 3795 Leinwände hat gegenüber etwa 3706 nur drei Jahre vorher. Der Zuwachs sieht gering aus. Man darf aber nicht übersehen, daß in den neuen Ländern seit der Wende mindestens hundert Filmtheater geschlossen wurden. Trotzdem stehen nun insgesamt 760000 Plätze zur Verfügung. Der Zuschauerrekord geht allerdings allein auf die Steigerung in den neuen Ländern zurück, wo gegenüber dem Vorjahr 16,8 Prozent mehr Menschen ins Kino gingen, nämlich 16,9 Millionen, sozusagen jeder Ostdeutsche mindestens einmal. Im Westen dagegen sank die Zuschauerzahl um 0,6 Prozent auf 113,1 Millionen.

Bespielt werden die Programme zu 64 Prozent von fünf großen Verleihfirmen aus den USA, die nächsten sechs deutschen Verleihe können dagegen nur 19 Prozent auf sich vereinen. 17 der meistgesehenen 20 Filme in Deutschland kommen aus den USA.

Die fleißigsten Kinobesucher wohnen in Heidelberg und Hannover. Dort werden jährlich 5,25 Kinokarten je Einwohner verkauft (1991/92). Erst danach, mit vier bis fünf Eintrittskarten, kommen Freiburg, Münster, Bochum, Würzburg, Darmstadt, Karlsruhe, Göttingen und Koblenz. Drei bis vier Kinokarten je Einwohner zählt man in Regensburg, Osnabrück, München, Frankfurt, Stuttgart, Bonn, Essen, Paderborn, Aachen und Köln.

Diese Reihenfolge entspricht ganz und gar nicht der Rangliste der städtischen Kinodichte, die von Bremen und Hamburg angeführt wird, in der auch Berlin noch einen Mittelplatz einnimmt. Den größten Andrang an der Kasse verzeichnen also die mittelgroßen Universitätsstädte.

Die drei Stadtstaaten bleiben in der obigen Städteliste unerwähnt, da sie auf sehr niedrigen Rängen liegen (Berlin etwa auf Rang 40). Sie kommen erst dann an die Spitze, wenn man die Zahl der Kinobesucher je Einwohner eines Bundeslandes untersucht. Dann war jeder Hamburger 1995 2,9mal, jeder Berliner 2,8mal und jeder Bremer 2,4mal im Kino. Die folgenden Plätze belegen sodann Nordrhein-Westfalen (1,8), Schleswig-Holstein, Niedersachsen und Baden-Württemberg (je 1,7), Bayern und Hessen (je 1,6), Rheinland-Pfalz (1,3) und das Saarland (1,2). Die fünf neuen Länder liegen weit am Ende: Hier geht der durchschnittliche Einwohner allenfalls einmal pro Jahr ins Kino.

Der deutsche Filmbesucher ist eher männlich (51 Prozent aller Kartenkäufer), zwischen 20 und 29 Jahren alt (47 Prozent) oder jünger (24 Prozent) und wohnt eher in einer Kleinstadt unter 20000 Einwohnern (33 Prozent) oder in einer Mittelstadt bis 100000 Einwohner (27 Prozent). Er ist Schüler oder Student (40 Prozent), seltener Angestellter (30 Prozent), und er zahlt zwischen neun und elf Mark für die Kinokarte (35 Prozent).

Er geht vor allem am Samstag ins Kino (24 Prozent). Am Vortag sind es nur 17, am Sonntag 14, am Mittwoch 13, am Montag 12 Prozent. Die besucherschwächsten Tage sind der Dienstag und der Donnerstag mit jeweils zehn Prozent aller Besucher.

Die meisten mögen die Vorstellung, die um 20 Uhr herum beginnt (51 Prozent). Am Nachmittag bis 16 Uhr gehen aber immer noch 14 Prozent ins Kino, wohingegen lediglich elf Prozent die Spätvorstellungen ab 22 Uhr sehen. Von durchschnittlich zehn bis zwölf gezeigten Werbefilmen (Mindestdauer: 44 Sekunden) vergessen die Zuschauer hinterher vier bis fünf.

Vom deutschen Kinosterben kann also eigentlich keine Rede sein. Nur im europäischen Vergleich stehen die Kinobesucher nicht ganz so gut da. Die Frage, ob sie in den letzten vier Wochen einen Film gesehen haben, können 38,6 von hundert Schweizern bejahen, 21 Dänen, 19,3 Norweger, 18,9 Italiener, 18,2 Spanier, 17,1 Portugiesen, 16,8 Belgier, 15 Schweden, 13 Holländer, 11,8 Griechen und 11,3 Iren. Erst jetzt sind die Westdeutschen dran: nur 10,8. Darunter liegen bloß noch Österreich und England.

Menschen und Lebenswelten

Es klingt wie aus einer anderen Welt: Im Jahr 1871, im zweiten deutschen Reich, hatte aufgrund der hohen Säuglingssterblichkeit ein männliches Neugeborenes eine Lebenserwartung von nur 35,58 Jahren; ein weibliches etwas mehr, 38,45 Jahre. Schaffte es das Kind gegen alle Chancen, seinen 60. Geburtstag zu feiern, so konnte ein Mann immerhin noch auf 12,11, eine Frau auf 12,71 weitere Jahre hoffen.

Später aber schnellte die Kurve der Lebenserwartung nach oben. Die 50-Jahres-Grenze wurde zwar erst kurz nach dem Ersten Weltkrieg überschritten, das 60er-Limit aber schon im Dritten Reich, und etwa seit 1980 wird der statistische Deutsche über 70 Jahre alt. Heute beträgt die mittlere Lebenserwartung der Männer 73, der Frauen 79 Jahre. Damit steht der deutsche Mann neun Jahre, die deutsche Frau sogar elf Jahre über dem Durchschnitt der Welt.

In der Kindersterblichkeit (sechs Tote je tausend Geborene) läßt sich Deutschland nur von zwei skandinavischen Ländern unterbieten, von Finnland und Schweden (je fünf). Auch im Wettlauf um die wenigsten Kinder hat es einen Spitzenplatz: Jede deutsche Frau bringt nur noch 1,5 Kinder zur Welt. Weniger sind es allenfalls in Spanien (1,3) und Italien (1,4).

Damit für den Fall der Fälle vorgesorgt ist, schließt mehr als die Hälfte der Deutschen (55,5 Prozent) eine Lebensversicherung ab. Ihre Ersparnisse haben sie auf einem Konto oder Sparbuch nicht sehr häufig der Post anvertraut (14,4), öfter einer Bank (28,9), am liebsten aber einer Sparkasse (53,6 Prozent). Eine Euroscheck- oder Kreditkarte besitzen 53,9 Prozent.

Hohen Wert legen die Deutschen auf Körperpflege. Wenn auch nur 16,5 Prozent mit Schaumzusätzen baden und duschen, so benützen doch 77,4 Prozent irgendein Deo gegen den störenden Eigengeruch. Über elf Prozent werfen morgens eine elektrische Zahnbürste an, über 19 Prozent brauchen Gebißreiniger und Haftmittel. Nur 33 Prozent der deutschen Männer rasieren sich naß, aber 85 Prozent nehmen ein Rasierwasser. Die Hälfte aller Deutschen benützt eine Hautcreme (darunter sind aber auch fast zehn Millionen Männer), etwas weniger pflegen sich mit einer Körpermilch (49,4 Prozent, davon wiederum fast neun Millionen Männer).

So steht eigentlich alles zum besten, sollte man meinen.

Die Familie und andere Lebensformen

In den knapp zwanzig Jahren von 1972 bis 1990 hat sich allein die Zahl der westdeutschen Single-Haushalte um 63,8 Prozent auf 9,85 Millionen gesteigert. Damit hatten sie die Zahl der Ehepaare mit Kindern (10,4 Millionen) schon fast eingeholt. Mitte der 90er Jahre bestehen über ein Drittel aller Haushalte aus nur einer Person. Es sind aber, wie sich gleich zeigen wird, nicht immer die jungen, dynamischen Aufsteiger, die allein wohnen.

Die verbreitetste Lebensform bleibt jedoch die Familiengemeinschaft aus Eltern und Kindern. 58 Prozent der Bevölkerung sind hier zu finden. Diese setzen sich zu 84 Prozent aus verheirateten Paaren zusammen, zu zwölf Prozent aus Alleinerziehenden und zu vier Prozent aus nichtehelichen Lebensgemeinschaften.

Partnerlose

Deutschland, wo in 35 Prozent aller Haushalte ein Single lebt, nimmt in Europa zusammen mit Norwegen und Dänemark den zweiten Platz ein, hinter dem Spitzenreiter Schweden mit 40 Prozent. Auf dem dritten Rang steht die Schweiz (32), dann folgen die Niederlande (29), Österreich und Frankreich (je 28), Belgien und England (je 26), Ungarn (24) und Italien (23 Prozent). Weniger verbreitet ist der Single-Haushalt in Irland (21), Griechenland (19), Polen (18), Portugal (13) und Spanien (elf Prozent).

Alleinlebende

Ziemlich genau in Zahlen erfaßt sind diejenigen Deutschen, die ohne einen Partner allein oder auch mit ihren Kindern leben. Es sind im Westen 18,9, im Osten 15,9 Prozent der Bevölkerung über 14 Jahren (1994).

Offenbar fördern die großen Städte diese Lebensweise, denn die weitaus meisten Alleinlebenden sammeln sich in Berlin (Westteil: 31,3, Ostteil: 21,6 Prozent), und Schleswig-Holstein, dem in dieser Untersuchung Hamburg und Bremen zugeschlagen wurden, liegt ebenfalls über dem Durchschnitt (25,1 Prozent). Noch präziser: In den Kernbereichen der Großstädte über 500000 Einwohner liegt der Prozentsatz im Westen bei 26 und im Osten bei 19,3.

Am Ende der westdeutschen Skala liegt hier das Bundesland Niedersachsen (15,8), fast auf dem niedrigeren ostdeutschen Durchschnittswert (der von Mecklenburg-Vorpommern mit 13,4 Prozent am deutlichsten unterboten wird).

Daß es dabei nicht nur um Aufsteiger-Haushalte geht, zeigt mit großer Klarheit die Unterteilung nach Altersstufen.

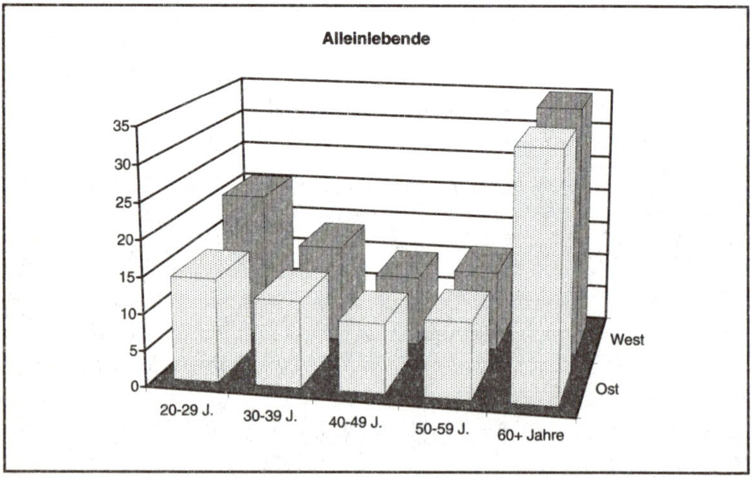

In der Gruppe der 20- bis 29jährigen überwiegt der Westen (20,6 gegenüber 14,3 Prozent dieser Altersgruppe im Osten), ebenso in der nächsten der 30- bis 39jährigen (13,6 gegenüber 11,9 Prozent). Die beiden folgenden Altersgruppen sind in beiden Teilen Deutschlands etwa gleich stark.

Die allermeisten Alleinlebenden jedoch weist die Gruppe derer auf, die 60 Jahre oder älter sind (35,5 Prozent im Westen, 33,5 im Osten). Das sollte zu denken geben. Wenn nämlich von der zunehmenden Zahl der Singles gesprochen wird, vergißt man leicht, wie viele ältere Frauen und Männer sich in den dabei zitierten Zahlen verbergen.

Überhaupt sind die Alleinlebenden mit den höheren Einkommen (1994) nicht unbedingt zahlreich. Im Westen findet man sie noch relativ häufig in der ohnehin stärksten Gruppe mit einem Nettoeinkommen zwischen 1500 und 2500 Mark: 30,4 Prozent von ihnen leben allein. Ihr Anteil nimmt aber nach oben hin kontinuierlich ab, bis auf 10,8 Prozent in der Gruppe über 6000 Mark. In der früheren DDR liegt die stärkste Einkommensgruppe der Gesamtbevölkerung eine Etage tiefer, bei unter 1500 Mark, und in dieser Gruppe leben 18,9 Prozent allein, mehr als in den nächsthöheren Einkommensschichten.

Man kann also nicht einfach so tun, als wären alle sogenannten Singles immer nur kaufkräftige, karriere- und aufstiegsorientierte Jungdeutsche.

Alleinerzieher

Anfang der 90er Jahre lebten 293000 deutsche Männer allein mit ihrem Kind, 80000 mit zwei Kindern und 21000 mit gar drei oder mehr Kindern. Die alleinerziehenden Frauen sind erheblich zahlreicher: Es sind 1,525 Millionen mit einem Kind, 490000 mit zwei und 131000 mit drei und mehr Kindern. Das Mißverhältnis kommt zum Teil daher, daß bei 85 Prozent aller Scheidungen in Deutschland die Kinder der Mutter zugesprochen werden. Eine Scheidung ist aber nur zu 39 Prozent der Grund für die allein zu tragende Bürde. Weitere zwölf Prozent sind verwitwet, 15 getrennt lebend und 33 blieben einfach unverheiratet. Im Jahr 1993 ist die Zahl der Alleinerzieher insgesamt bereits auf 2,65 Millionen angestiegen.

Das sind gut zwölf Prozent aller Familien. Unter ihnen sind 420000 Männer und 2,23 Millionen Frauen.

Seit den nichtehelichen Kindern der Makel der minderen Geburt genommen wurde, trauen sie sich offenbar in größerer Zahl auf die Welt. Im Jahr 1970 betrug ihr Anteil an allen westdeutschen Geburten erst 5,5 Prozent, 1992 aber hatte er sich auf 11,6 Prozent verdoppelt. Im vereinten Deutschland kommen mittlerweile (1993) 14,8 Prozent aller Kinder nichtehelich zur Welt.

Geschiedene

Während sich statistisch ein Ehepaar scheiden läßt, heiraten drei andere Paare. Vor 25 Jahren wurden noch knapp fünfmal so viele Ehen geschlossen wie geschieden. In der hierbei immer schon lokkereren DDR betrug die Zahl der Scheidungen damals 20,6 Prozent der Eheschließungen, in der alten Bundesrepublik 17,3 Prozent.

Untersucht man, wie viele Ehen eines Jahrgangs nach maximal 25 Jahren Ehedauer geschieden werden, so kommt man auf etwa 24 Prozent. Jedes vierte Paar bleibt also weniger als ein Vierteljahrhundert zusammen.

Verursacher

Die wenigsten Ehescheidungen werden von beiden Partner gemeinsam beantragt (8,2 Prozent). Männer wünschen sie nur in 34,5 Prozent der Fälle, Frauen dagegen in selbstbewußter Mehrheit (57,3 Prozent). Der Anteil der Scheidungen, die eine Frau ohne Zustimmung des Mannes beantragt, ist dabei mit acht Prozent fast doppelt so hoch wie der umgekehrte Fall (4,3 Prozent). Insgesamt ist aber das Partnereinverständnis die Regel. Auch hier schalten öfter die Frauen (49,3 Prozent) den Familienrichter ein als die Männer (30,2).

Die meisten der einverständlich Scheidungswilligen trennen sich nach der einjährigen Trennungszeit des neuen Scheidungsrechts (64 Prozent aller Scheidungen). Nur 4,9 Prozent lassen sich bereits nach wenigen Monaten Trennungszeit scheiden. 9,4 Prozent nehmen die dreijährige Trennung in Anspruch. 21 Prozent der Scheidungen erfolgen wegen eines allgemeinen Scheiterns der Ehe.

Ehedauer

Das »verflixte siebente Jahr« ist eine hübsche Idee, aber falsch. Die Wahrheit sieht anders aus und läßt sich am Beispieljahr 1991 nachrechnen.

Die Kurzzeitehen, die schon nach wenigen Monaten geschieden sind, fallen statistisch nicht ins Gewicht. Auch nach einem Jahr Ehedauer verstehen sich die Partner noch ausgezeichnet (nur 1,7 aller Scheidungen fallen in diese Kategorie). Interessant wird es erst bei den längerlebigen Ehen. Bei 5,3 Prozent der Scheidungen dauerte die Ehe zwei Jahre, bei 6,9 Prozent drei und bei 7,4 Prozent vier Jahre. Das ist aber auch schon das Maximum. Danach sinken die Anteile schon wieder: 6,9 Prozent der geschiedenen Ehen hielten fünf Jahre, 6,2 Prozent sechs, 5,6 Prozent die berühmten sieben, 5,2 Prozent acht und 4,6 Prozent neun Jahre. Wenn es also ein kritisches Jahr gibt, dann ist es das vierte. Wer danach noch verheiratet ist, hat sozusagen das Schlimmste hinter sich.

Oder auch, bei anderer Einteilung, nicht: Bei 21,3 Prozent der Scheidungen betrug die Ehedauer null bis vier Jahre, bei 28,6 Prozent jedoch fünf bis neun Jahre. Nur in der alten DDR war das übrigens genau umgekehrt: Dort lagen die Scheidungen nach kurzer Ehedauer (bis vier Jahre) über denen mit längerem Zusammenleben (fünf bis neun Jahre). Erst in der nächsten Fünfergruppe sinken die Zahlen wieder: 17,1 Prozent der gesamtdeutschen Scheidungen betreffen Ehedauern von 10 bis 14 Jahren, 12,2 Prozent 15 bis 19 Jahre und nur noch 11,6 Prozent 20 bis 25 Jahre vorheriger Ehe.

Dann aber hat das Paar wirklich eine gute 90,8-Prozent-Chance zusammenzubleiben. Nur 9,2 aller Scheidungen trennen Ehepartner, die schon 26 Jahre oder länger verheiratet waren.

Scheidungskinder

Es sind, trotz sinkender Geburtenzahl, nicht gerade die kinderlosen Paare, die sich scheiden lassen. Die Zahl der von Scheidungen betroffenen Kinder blieb dabei überraschenderweise lange Zeit konstant: Sie betrug etwa drei Viertel der geschiedenen Ehen. Erst in den Jahren 1993 und 1994 wurden überdurchschnittlich viele Kinder zu Scheidungswaisen gemacht: 1993 waren es bei 156 000 Scheidungen 124 000, 1994 bei 166 000 Scheidungen 135 000 Kinder. Insgesamt und langfristig nimmt der Anteil der Scheidungen mit Kindern ab; er ist seit 35 Jahren von etwa 60 Prozent auf weniger als die Hälfte aller Scheidungen gesunken. Das ist wenig verwunderlich, denn die Zahl der Ehen mit Kindern nahm ebenfalls ab, und zwar von gut 12 Millionen im Jahr 1972 auf 11 Millionen im Jahr 1992.

In diesen allgemeinen Angaben stecken jedoch wieder einmal große Ungleichgewichte.

Gesunken ist im genannten Zeitraum erwartungsgemäß der Anteil mit drei oder mehr Kindern, und zwar von 12,5 auf 7,2 Prozent aller Scheidungen mit Kindern. So viele Kinder traut sich ja heute kaum noch jemand zu. Dagegen ist der Anteil mit zwei Scheidungskindern jedoch leicht gestiegen, von 26,7 auf 31,8 Prozent. Das Einzelkind bei der Scheidung ist klar der häufigste Fall; diese Scheidungen sind aber mit einem Anteil von etwa 61 Prozent ziemlich konstant geblieben.

Familien

Allein in Westdeutschland zählte man 1972 noch 8,1 Millionen Familien mit Kindern; 1992 waren es nur noch 6,2 Millionen. Besonders rar geworden sind Familien, in denen außer Kindern auch noch Enkel leben. Es gibt höchstens 300 000 von ihnen. Nur noch 19 Prozent aller Kinder zwischen sechs und 13 Jahren sind so gut wie jeden Tag mit ihren Großeltern zusammen.

Die Zahl der kinderlosen Ehepaare ist dagegen im Steigen. Nimmt man die Ehepaare und die Alleinerziehenden zusammen, so machen 1992 die Kinderlosen daran den größten Anteil aus, nämlich 39 Prozent (8,6 Millionen). Ein einziges Kind haben 23 Prozent dieser Gruppe und zwei Kinder 20 Prozent. Nur noch fünf Prozent haben drei Kinder und vier oder mehr nur noch ein

Prozent (als absolute Zahl sind das immerhin 318 000 Elternpaare). Die restlichen 12 Prozent sind 2,6 Millionen Alleinerziehende.

Die Gründe für diese Entwicklung sind nicht nur der Geburtenrückgang, sondern auch das höhere Heiratsalter der Deutschen. Die ostdeutsche Frau geht eine Ehe mit 25,5 Jahren ein, die westdeutsche aber überlegt sich das noch 1,4 Jahre länger.

Kinderliebe

Wenn die Kinder aber mal da sind, herrscht weitgehend Freude an ihnen. Fragt man junge westdeutsche Eltern mit Kindern unter 15 Jahren, so sind quasi alle (97 Prozent) davon überzeugt, daß Kinder das Leben intensiver und erfüllter machen. Gar zu 99 Prozent stimmen sie voll und ganz der Äußerung zu, es mache Spaß, Kinder im Haus zu haben und sie aufwachsen zu sehen. Erheblich weniger, nur noch 37 Prozent, sind entschieden der Meinung, Kinder brächten die Partner einander näher (daß sie die Partnerschaft belasteten, weisen immerhin 60 Prozent weit von sich). 44 Prozent finden mehr oder weniger entschieden, daß man mit Kindern jemanden hat, der einem im Alter hilft.

Die Strenge in der Erziehung hat ihre Befürworter verloren: In Westdeutschland glauben voll und ganz daran nur noch sechs Prozent der Mütter (mit Kindern zwischen sechs und 13 Jahren), in Ostdeutschland noch elf Prozent. Die Erziehung zur Selbstständigkeit ist den Müttern ein höherer Wert (West: 43, Ost: 49 Prozent volle Zustimmung). Gleichwohl befolgt hier wie dort ein Drittel das Prinzip, man müsse dem Kind klare Grenzen setzen. Und überall achtet etwa ein Viertel der Mütter ganz besonders darauf, welche Freunde und Freundinnen ihr Kind hat. Nur 20 Prozent der ostdeutschen, aber 34 Prozent der westdeutschen Mütter halten ihr Mutterdasein für einen anstrengenden, ja stressigen Beruf.

Zum Teil äußern sie aber auch Widersprüchliches. Einerseits findet die ostdeutsche Mutter seltener als die westdeutsche, man müsse, um das Kind nicht allein zu lassen, öfter mal aufs abendliche Ausgehen verzichten (18 gegenüber 28 Prozent stimmen dem voll zu). Andererseits sind sie häufiger als ihre westdeutschen Kolleginnen der Meinung, ein Kind brauche für seine Entwicklung viel persönliche Zuwendung (volle Zustimmung Ost: 70, West: nur 61 Prozent). Für 81 Prozent ist im Osten die Familie ganz klar der wichtigste Faktor im Leben des Kindes, im Westen nur zu 75 Prozent. Auf der anderen Seite halten die ostdeutschen Mütter in geringerem Maß auch dann noch zu ihrem Kind, wenn es im Unrecht ist (gesamte Zustimmung: sechs Prozent, im Westen dagegen elf Prozent).

Berufstätige Eltern

Solange kein Kind im Haushalt lebt, sind die jungen westdeutschen Paare in ihrer überwältigenden Mehrheit der Meinung, beide sollten Geld verdienen gehen.

Das ändert sich mit einem Kleinkind unter drei Jahren. Dann fallen die Vorstellungen über die Arbeitsverteilung sehr viel differenzierter aus, je nachdem, ob die Eltern beide vollzeitlich tätig sind oder nicht. Wo beide einen ganztägigen Beruf haben, wird dies nicht als die ideale Form gesehen: Den eigenen Zustand finden nur 15 Prozent von ihnen richtig. Zu recht ähnlichen Teilen hätten sie lieber beide einen Teilzeitjob oder überhaupt nur einen Elternteil im Beruf. Klare Zufriedenheit ergibt sich bei den Paaren, von denen nur ein Teil ganztägig Geld verdient: 85 Prozent von ihnen finden, das sollte auch so sein. Gemischt fallen die Wunschvorstellungen der Gruppe aus, in der einer oder beide Eltern einer Teilzeitarbeit nachgehen. Daß wenigstens ein Elternteil daheim beim Kind bleiben sollte, befürworten natürlich besonders stark (78 Prozent) diejenigen, die drei oder mehr Kinder haben.

Man kann aus anderen Ergebnissen dieser Umfrage noch einen gewissen Unterschied der Geschlechterrollen herauslesen. Bei den Eltern äußern sich Männer und Frauen leicht unterschiedlich zur Arbeitsverteilung. Während nur 20 Prozent der Väter es für richtig halten, daß von zwei arbeitenden Eltern einer nur teilzeitbeschäftigt sein sollte, sind die Mütter zu 27 Prozent dieser Auffassung. Entsprechend sind etwas mehr Männer (76) als Frauen (69 Prozent) der Meinung, es sollte überhaupt bloß einer berufstätig sein. Welchen Elternteil die Männer dabei im Auge haben, darf wohl als ausgemacht gelten.

Hausarbeit
Daß eine Mutter nichts im Haus tut, unabhängig von der Berufsbelastung des Paares, kommt nicht vor. Umgekehrt rühren 31 Prozent der deutschen Väter keinen Finger im Haushalt. Diese Lebensweise scheint übrigens im Westen (40 Prozent) erheblich verbreiteter zu sein als im Osten (nur zwölf Prozent). Immerhin helfen 54 von hundert deutschen Vätern im Haushalt ein wenig mit, aber auch hier gibt Ostdeutschland das bessere Beispiel (67 gegenüber nur 49 Prozent). Diese Angaben machten Schulkinder unter 14 Jahren.

Die Aussagen der Eltern zum gleichen Thema stimmen damit nicht überein. Folgt man ihnen, so erledigt der Mann, wenn er allein berufstätig ist, sogar 17 Prozent der anfallenden Hausarbeit. Stehen beide im Beruf, so wächst sein Arbeitsanteil ein wenig, auf 20 Prozent. Und wenn nur die Mutter arbeitet, so kümmert er sich wenigstens um 35 Prozent der täglichen Arbeiten. Das ergibt insgesamt einen jämmerlichen Schnitt von 21. Zum Vergleich: Die allein beruflich beanspruchte Mutter muß sich immer noch um 37 Prozent aller Hausarbeiten kümmern und um volle 71 Prozent, wenn sie keinem Beruf nachgeht.

Es kommt aber darauf an, welche häuslichen Tätigkeiten anstehen. Sind es Reparaturen oder die Vorbereitung einer Party, so sagen vor allem die Männer, sie erledigten das (zu 72 bzw. 76 Prozent). Ihren eigenen Aussagen zufolge machen sie auch oft das Frühstück (49 Prozent) oder nehmen den Staubsauger in die Hand (51, nach der Aussage der Frauen aber nur 43 Prozent der Arbeit). Männer sagen auch, sie kümmerten sich in der Küche um 35 Prozent der Mahlzeiten; fragt man aber die Frauen, so sind es bloß 27 Prozent. Jedes vierte Fenster werde von Männern geputzt, sagen diese (die Frauen: Nein, nur 14 Prozent), und 17 Prozent der Wäsche gewaschen (nicht mehr als zehn, sagen die Partnerinnen). Und wenn man ihnen noch glauben darf, wird doppelt so viel Bügelarbeit von Männern erledigt, wie die Frauen tatsächlich registrieren (16 bzw. acht Prozent).

Geburten

Seit einem halben Jahrhundert wurden noch nie so wenige Kinder in Deutschland geboren wie 1994: Nur noch 770000 Babys kamen hier auf die Welt. Das bisherige Minusrekordjahr (1972 mit 782000 Geburten) wurde damit klar unterboten. Zählte man nur die Kinder mit deutscher Staatsangehörigkeit, so käme man auf noch weniger, bloß 669000. Und die Zahl ausländischer Neugeborener ist ebenfalls rückläufig: Sie liegt gegenüber dem Vorjahr um zwei Prozent niedriger.

Damit verlor die Bundesrepublik, wenn man die Geburten von den Sterbefällen abzieht 115000 Einwohner (ein Jahr vorher, 1992, waren es erst 105000 mehr Verstorbene als Geborene). Mathematiker mögen mit diesem Trend nun berechnen, wann das Land von Einwohnern gänzlich entblößt ist. Wenigstens bei den Ausländern gab es einen Geburtenüberschuß von 88000 zu verzeichnen, bei den deutschen Einwohnern dagegen einen Sterbeüberschuß von 203000. Dabei sterben in Deutschland immer weniger Menschen pro Jahr: 1994 waren es nur noch 885000 Sterbefälle, 1,4 Prozent weniger als im Jahr zuvor.

Der Geburtenrückgang in den neuen Ländern

In der Einstellung zum ersten Kind besteht zwischen West- und Ostdeutschland ein oft mißachteter Unterschied. Im Westen wird das Kind in die Zeit nach einer beruflichen Ausbildung, wenn nicht Betätigung verschoben. Im Osten jedoch versuchten die Frauen, und zwar systembegünstigt erfolgreich, Berufsarbeit und Kindererziehung gleichzeitig zu bewältigen. So lag denn auch vor der Wende das häufigste Gebäralter der Mütter im Osten bei 23, im Westen bei etwa 27 Jahren. Auch die Väter sind in den neuen Ländern jünger. Hier haben 68 Prozent der Schulkinder einen Vater im Alter von 30 bis 39 Jahren, in Westdeutschland nur 50 Prozent. Dagegen sind im Westen 39 von hundert dieser Väter in der Altersgruppe 40 bis 49 Jahre, im Osten dagegen nur 22.

Im Jahr der deutschen Vereinigung, genauer im Juni 1990, blickten viele ostdeutsche Frauen zwischen 18 und 30 Jahren der weiteren wirtschaftlichen Entwicklung mit Sorge entgegen. Dies war jedoch nicht der ausschlaggebende Grund für ihr Zögern, ein Kind zur Welt zu bringen. Auch nicht, daß das hereinbrechende Westsystem der berufstätigen Frau erheblich weniger Möglichkeiten zur Kinderbetreuung bot als die DDR, etwa die gewohnten Betriebskindergärten oder den problemlosen Urlaub bei einer Krankheit des Kindes.

Der entscheidende Grund war vielmehr die Angst um die persönliche finanzielle Lage. Nur vier Prozent der Frauen, die sich darum Sorgen machten, konnten sich im Jahr danach zu einem Kind entschließen. Bei den anderen, die die eigene Situation sorglos ansahen, waren es immerhin 17 Prozent. Diese waren jedoch so sehr in der Minderzahl, daß 1990/91 insgesamt nur fünf Prozent der Frauen der genannten Altersgruppe ein Kind zur Welt brachten. In den Jahren vorher hatte dieser Anteil durchweg bei zwölf bis 14 Prozent gelegen.

Gravierend waren an diesem Rückgang die jüngeren Frauen beteiligt (zwischen 20 und 25 Jahren). Nur noch zehn Prozent von ihnen konnten sich zu einer Erstgeburt entschließen, während ihr Anteil bis dahin doppelt so hoch gewesen war. Bei den 25 bis 30 Jahre alten Frauen verlief der Geburtenrückgang weniger dramatisch, da es für diese Altersgruppe schwieriger ist, die Erfüllung eines ersten Kinderwunsches noch viele Jahre hinauszuschieben. Leichter fällt ihnen selbstverständlich der Verzicht auf Zweit- und Drittgeburten.

Ein »Babyboom« aus dem Osten?

Der rapide Absturz der ostdeutschen Geburtenzahl verliert jedoch unter einem längerfristigen Aspekt einiges von seiner Dramatik.

Experten stellen dazu folgende Überlegung an: Die jüngeren Frauen stellen sich in den Jahren nach der Wende auf veränderte wirtschaftliche Bedingungen ein. Während dieser Zeit verzichten sie auf den Kinderwunsch, aber nur vorübergehend. Haben sie ein Alter von 25 bis 30 erreicht, so ist entweder die Umstellung einigermaßen vollzogen, oder die Entscheidung zum Kind wird dringlicher oder sogar beides. Es käme dann gewissermaßen zu Nachholgeburten, das heißt wieder ansteigenden Geburtenzahlen.

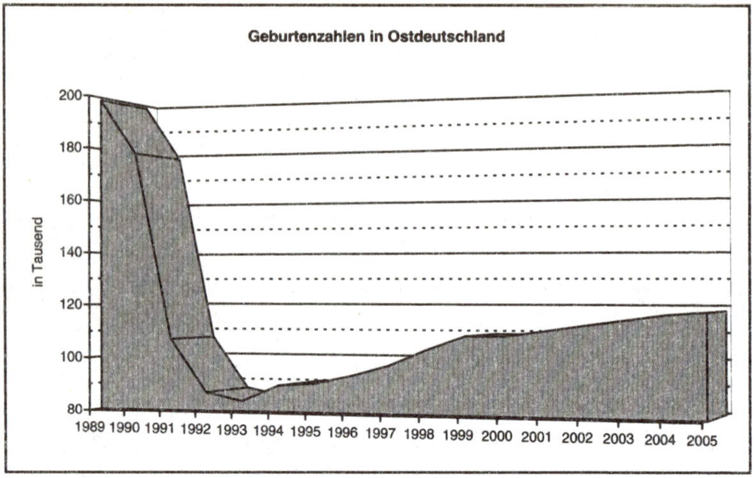

Daß die ostdeutsche Geburtenzahl nach dem Tiefstand von 84000 (1993) schon wieder leicht auf 87000 (1994) anstieg, gibt dieser Prognose zusätzliche Wahrscheinlichkeit. Ohnehin ist bei Angleichung der Lebensverhältnisse zu erwarten, daß sich die Frauen der neuen Bundesländer langfristig dem Gebärverhalten in der alten Bundesrepublik nähern. Nach der Prognose dürfte das etwa im Jahr 2007 der Fall sein.

Damit liegt die Gebärfreudigkeit im Osten immer noch weit unter dem Niveau der Jahre vor der Wende. Aber man sollte auch sehen, daß sie gegenüber dem Tiefstand 1993 (84000 Geburten) bis zur Jahrtausendwende schon wieder um 25 Prozent zunehmen wird (110000). Es wäre kurzsichtig, wenn sich Politiker und Unternehmer darauf einstellten, in den neuen Ländern bliebe es bei der derzeitigen Babyflaute.

Kinder und Jugendliche

Nicht immer ist es das reine Glück, in Deutschland geboren zu sein. Ein Kind unter 15 Jahren hat in Westdeutschland nämlich eine höhere Chance als anderswo, bei einem Verkehrsunfall zu verunglücken: in Zahlen ausgedrückt 0,477 Prozent, das sind 477 verunglückte pro 100000 Kinder. Erst mit einem gewissen Abstand folgen Belgien (431), England (416) und Österreich (386 verunglückte Kinder). Selbst in den neuen Ländern sind es erheblich weniger (151). Und noch sicherer können sich die kleinen Italiener fühlen (117), erst recht die Kinder in Schweden (111 Verunglückte).

Das sind Zahlen aus dem Jahr der Wende. Im Jahr danach stieg auf dem Gebiet der alten DDR die Zahl der bei einem Verkehrsunfall getöteten Kinder auf insgesamt 199 an. Seitdem sterben dort nicht mehr ganz so viele Kinder auf diese Weise; 1993 waren es nur noch 142. Auch in Westdeutschland geht die Zahl zurück, wenn auch langsamer (1993 um 1,3 Prozent gegenüber dem Vorjahr auf 303 Tote).

Besser steht Deutschland bei der Kindergartendichte da. In Frankreich und Belgien können 95 Prozent der Drei- bis Fünfjährigen in einen Kindergarten gehen, in Italien 88, in Dänemark 87, Holland 75, Spanien 66 und Griechenland 62 Prozent. Unter ihnen nimmt Deutschland mit über 80 Prozent einen Mittelplatz ein. Es fehlen hier allerdings eine halbe Million Kindergartenplätze. Ab 1996 hat aber jedes dreijährige deutsche Kind einen gesetzlichen Anspruch auf einen Kindergartenplatz.

Dabei sind jedoch große regionale Unterschiede zu beachten. Ostberlin und einige neue Länder, erst recht nach ihrem Geburtenrückgang, können 1994 tatsächlich eine hundertprozentige Kindergartenversorgung anbieten, mit der Ausnahme von Brandenburg, wo der Versorgungsgrad nur 90,2 Prozent beträgt, und Sachsen mit 94 Prozent. Ähnlich hoch liegt er auch in Baden-Württemberg und im Saarland. Nordrhein-Westfalen, Bremen und Bayern liegen zwischen 80 und 90 Prozent, Westberlin, Hamburg, Niedersachsen und Hessen zwischen 70 und 80. Das Schlußlicht ist hier Schleswig-Holstein mit einem Versorgungsgrad von nur 61,1 Prozent.

Immerhin leben noch 88 Prozent der Schulkinder bei ihren leiblichen Eltern (im Westen mit 90 Prozent etwas mehr als in der scheidungswilligeren Ex-DDR mit 84 Prozent). Nur vier Prozent der Kinder leben mit der Mutter und ihrem neuen Partner zusammen, sieben Prozent mit der alleinerziehenden Mutter.

Aktivitäten

Die Schulkinder der neuen Länder sitzen auffallend länger vor dem Fernseher als ihre Altersgenossen in Westdeutschland. Jeden oder fast jeden Tag sehen hier 77 Prozent der Kinder fern, im Osten beinahe alle (93 Prozent). Bei diesen tritt sogar das Lernen für die Schule (90 Prozent) hinter den Fernsehkonsum zurück, anders als im Westen (wo 91 Prozent so gut wie täglich damit befaßt sind). Vielleicht liegt das aber auch daran, daß die ostdeutschen Kinder nur zu 23 Prozent sehr gern in die Schule gehen (im Westen: 28), zu 36 Prozent aber nicht so gern (im Westen nur 29 Prozent).

Lieblingsbeschäftigungen
Gibt man den Schulkindern eine Menge von Beschäftigungen zur Auswahl, verbunden mit der Frage, was ihnen davon besonderen Spaß mache, so wird wiederum das Fernsehen überaus häufig genannt, allerdings nicht so oft wie das Spielen, sei es allein oder mit anderen, draußen oder drinnen.

Die bekannten Ost-West-Unterschiede beim Fernsehen und Lesen treten abermals deutlich hervor. Aber auch andere häusliche Kinderaktivitäten scheinen in Ostdeutschland noch mehr gepflegt zu werden, so etwa das Musikhören mit Schallplatten und Kassetten oder das Basteln und Handarbeiten wie Stricken und Sticken. Die körperliche Ertüchtigung dagegen spielt im Westen die größere Rolle.

Unter ferner liefen, und zwar in beiden Teilen Deutschlands, muß man andere, traditionelle und neuere Beschäftigungen suchen. Das gesamtdeutsche Schulkind singt nicht mehr gern im Chor und macht kaum noch Gartenarbeiten (nur je ein Prozent der Befragten). Es geht ungern ins Kino, vermeidet das Faulenzen, Nichtstun und Schlafen sowie das Spaziergehen und den Stadtbummel (nur je zwei Prozent). Nur vier Prozent sind Skatebordfahrer. Mit Puppen spielen noch sechs Prozent, ebensoviele spielen mit dem Computer oder gehen zum Reiten. Sieben Prozent gehen gern mit ihrem Tier spazieren oder musizieren selbst mit Flöte und Klavier.

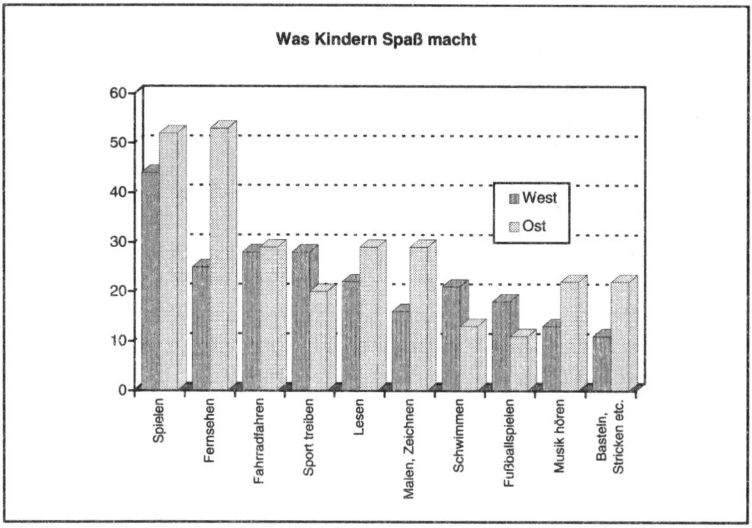

Sie haben sich damit weitgehend ihren Müttern angeglichen, die ihrerseits zu 87 Prozent im Osten und 72 Prozent im Westen jeden Tag fernsehen, wohingegen nur noch vier Prozent, hier wie dort, ebenso häufig malen oder zeichnen. Angeblich machen fast alle Mütter (93 Prozent ost- und 89 westdeutsche) beinahe täglich mit ihren Kindern Hausaufgaben. Zehn Prozent der westlichen, aber 14 Prozent der östlichen Mütter befassen sich noch mit Handarbeiten. Noch seltener als ihre Kinder machen sie selbst Musik (fünf Prozent im Westen, zwei im Osten).

Die klare Mehrheit der schulpflichtigen Kinder, 60 Prozent, wünscht sich, daß die Mutter besonders viel Zeit für sie hat (wobei Ostdeutschland mit 66 dem Westen mit nur 57 Prozent weit voraus ist). Aber auch der moderne Vater wird als Gefährte gewünscht (49 Prozent). An dritter Stelle kommen Freunde und Freundinnen (31 Prozent). Daß sich nur 15 Prozent ein Zusammensein mit ihren Geschwistern wünschen, liegt wohl eher an der hohen Zahl der

Einzelkinder. Und bei zwölf Prozent nehmen sogar noch die Großeltern einen gewissen Ehrenplatz ein.

Kinder und Medien

Am Radio sucht sich jedes zweite Kind sein Programm selbst aus; nur 39 Prozent hören mit, was die anderen eingestellt haben.

Besonders gern hören die meisten Kinder natürlich alle möglichen Musiksendungen (73 Prozent), aber auch Krimis und Abenteuergeschichten (51), Ratesendungen (48) und Sportberichte (47 Prozent). Offenbar dürfen sie aber nicht alles hören, was sie gern möchten. Denn nur sechs Prozent geben an, sie hörten zum Beispiel Kriminalgeschichten tatsächlich oft, und nur elf Prozent sagen das von Ratesendungen. Nicht ganz so groß ist der Unterschied etwa bei Informationssendungen (22 Prozent hören sie besonders gern, aber nur fünf Prozent oft). Noch geringer weichen die beiden Angaben bei einer überraschend beliebten Sparte voneinander ab: Werbung im Radio hören sich 22 Prozent der Schulkinder sehr gern an, und ebensoviele tun es auch tatsächlich oft.

Auf Tonkonserven, also Schallplatten, Kassetten oder CDs wird von Kindern nicht bloß Musik abgespielt (29 Prozent), sondern in höherem Maß anderes wie Märchen und Abenteuererzählungen (67 Prozent).

77 Prozent der westdeutschen und 93 Prozent der ostdeutschen Kinder sitzen jeden oder fast jeden Tag vor dem Fernseher. Ihre Lieblingssendungen sind Zeichentrick- (43) und Actionfilme (15) sowie Familienserien (zwölf Prozent). Werbung schaut sich nur ein Prozent der Kinder gern an. Aber auch hier ergeben sich für das tatsächliche Fernsehverhalten ganz andere Werte. Die ungeliebten Werbespots sind nach den Zeichentrickfilmen (West: 66; Ost: 78) beinahe zwangsläufig die meistgesehene Sparte (48 Prozent sehen sie oft; im Osten sogar 66 Prozent). An dritter Stelle folgen Tier- und lustige Stummfilme (je 37), danach Kindersendungen (38), das Actionkino (34) sowie Quiz und Show (33 Prozent). Viele sehen sich auch noch Science-fiction an (28), einen Western (25) und die Familienserien (23 Prozent). Liebesfilme oder politische Nachrichten spielen so gut wie keine Rolle (sechs bzw. ein Prozent).

Bei so intensiver Fernsehnutzung erstaunt es, daß ein gutes Drittel der Kinder (37 Prozent) nicht angeben kann, wozu sie eigentlich gut sein soll. Ein weiteres Drittel (35 Prozent) meint immerhin oder behauptet zumindest, man lerne etwas daraus, und es verbessere die Allgemeinbildung. Lediglich 16 Prozent rücken mit dem wohl wahren Grund heraus und sagen, es sei unterhaltsam und vertreibe die Langeweile. Und neun Prozent können am vielen Fernsehen überhaupt nichts Gutes finden.

Im Schnitt zieht sich jedes Kind täglich über zweieinhalb Stunden Fernsehen rein (157 Minuten). Treibt man die Untersuchung noch einen Schritt weiter, so wird man schon fast von einem Suchtverhalten sprechen. Denn die knappe Hälfte aller Schulkinder (48 Prozent) ist überzeugt, das viele Glotzen schade ihrer Gesundheit, speziell ihren Augen, und verursache Kopfschmerzen. Sie konstatieren als Folgen Schlafstörungen (elf, im Osten sogar 19), Probleme in der Schule (zehn) und Kontaktverarmung (neun Prozent). Daß sie davon auch noch phantasielos und aggressiv werden sollen, glauben allerdings die wenigsten Kinder (vier und fünf Prozent).

Den Tag gleich mit dem Fernseher zu beginnen, fällt nur einer winzigen Minderheit ein: Vor sechs Uhr morgens sitzt – im Wochendurchschnitt – lediglich ein halbes Prozent der Schulkinder vor dem Apparat. Kurz vor zehn Uhr schaut sich schon jedes zehnte Kind etwas an. Danach steigt die kindliche Zuschauerzahl bis nach 20 Uhr stetig an; um diese Zeit, exakt zwischen 20.15 und 20.30 Uhr sitzen 48,6 Prozent von ihnen vor dem Apparat. Die Zehn-Prozent-Beteiligung ist dann gegen halb elf Uhr abends wieder erreicht. Und um 23.15 sehen immer noch 2,5 Prozent der Kinder fern.

Gemütszustände

Die gebotenen Unterhaltungseffekte wirken offenbar: Ganze drei Prozent aller Kinder langweilen sich sehr oft, nur sieben ziemlich oft. Aber 38 Prozent wissen manchmal nicht, was sie mit ihrer Zeit anfangen sollen. Den übrigen wird die Zeit entweder selten zu lang (41) oder nie (elf Prozent).

Falls sie sich doch einmal langweilen, setzen sich weitaus die meisten gleich wieder vor die Mattscheibe, und sei es mit einem Video (38 Prozent, in Ostdeutschland wiederum mehr, nämlich die Hälfte). Fast ebensoviele sind dann am liebsten mit Geschwistern oder Freunden zusammen (37), hören Radio oder eine Kassette (33), unternehmen draußen etwas oder beschäftigen sich sogar allein (je 28 Prozent).

Wenn sie wütend sind und Ärger loswerden wollen, so ziehen sie sich jedoch zumeist allein in ihre Zimmer zurück (54 Prozent). Andere Gegenmittel werden sehr viel seltener ergriffen, etwa eine Selbstbeschäftigung (15), eine aushäusige Aktivität (zwölf), Radiohören (elf) oder das Zusammensein mit den Eltern (zehn Prozent). Da scheint sogar das Fernsehen nur mageren sechs Prozent Abhilfe zu schaffen.

Sind Kinder aber besonders guter Laune, so drängt es die meisten, die Stimmung mit Freundinnen, Freunden und Geschwistern zu teilen (60) oder etwas draußen zu unternehmen (53 Prozent). Ein knappes Viertel (23 Prozent) ist dann gern mit den Eltern oder anderen Erwachsenen zusammen (etwas mehr im Osten: 30 Prozent), 18 Prozent hören sich Musik an. 17 Prozent beschäftigen sich allein. Und ebensoviele sitzen auch dann wieder vor dem Fernseher.

Sexualverhalten Jugendlicher

In Deutschland lebt etwa jeder fünfte junge Erwachsene zwischen 16 und 25 Jahren sexuell enthaltsam (19 Prozent). Dieser Anteil ist in keiner Weise rekordverdächtig. Er liegt, international gesehen, eher im Durchschnitt. In den USA sind 89 Prozent dieser Altersgruppe sexuell aktiv, in Frankreich 83. Länder, die hier unter dem deutschen Prozentsatz liegen, sind etwa Großbritannien (80), die Schweiz (78), Italien (77) und besonders markant Japan (61 Prozent). Unter anderen Aspekten geht Deutschland jedoch charakteristisch eigene Wege.

Besonders schwach ausgeprägt ist in diesem Land die Reaktion auf die Immunschwäche Aids. Die Zahl ihrer Sexualpartner haben hier lediglich vier Prozent deshalb eingeschränkt, während sich in Frankreich sechs, in der Schweiz neun und in England zwölf Prozent so verhalten. In den USA sind sogar 17 Prozent deshalb vorsichtiger. Die Deutschen scheinen auch auf eine genauere Auswahl ihrer Partner nicht so sehr zu achten. 14 Prozent geben dies als Schutzmaßnahme gegen Aids an. Das sind zwar etwas mehr als in Frankreich (8) und Japan (12), aber deutlich weniger als in den USA, Italien, England und der Schweiz (je etwa 30).

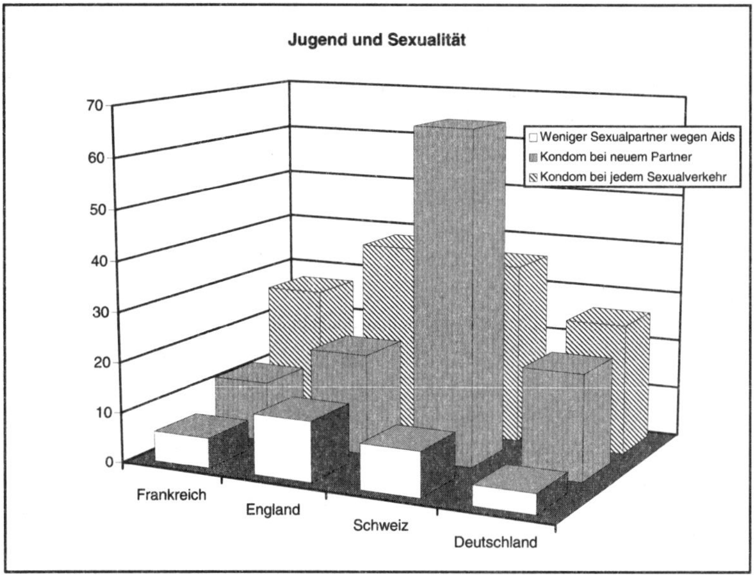

Die regelmäßige Benützung eines Kondoms ist immerhin bei 26 Prozent der deutschen Jugendlichen üblich. Aber auch hier wird es von vielen vergleichbaren Ländern übertroffen (Frankreich 27, USA 32, Schweiz 36, England 38, Japan 50 Prozent). Anders verteilt sich der Kondomgebrauch bei einem neuen Sexualpartner. In diesem Fall greifen 21 von hundert deutschen Jugendlichen dazu, mehr als in Japan (zehn), in Frankreich (zwölf), Italien (16) und England (20). Andere Länder sind aber hier ebenfalls vorsichtiger. In der Schweiz geben sogar 66 Prozent an, so zu verfahren, in den USA 23.

Insgesamt haben jedenfalls genau 50 Prozent der Jugendlichen in Deutschland ihr Sexualverhalten wegen Aids auf die eine oder andere Weise geändert. Damit liegt es wieder gut im Mittelfeld der Vergleichsländer. Häufiger ist das geänderte Verhalten in den USA (67), in England (60) und der Schweiz (51), seltener in Italien (47) und Frankreich (35 Prozent). In Japan lassen sich gerade mal 23 Prozent dieser Altersgruppe von Aids beeindrucken.

Die Kaufkraft der Kinder

Genau zwei Drittel der Schulkinder trauen der Werbung im Fernsehen nicht. Und neun Prozent meinen sogar, daran stimme überhaupt nichts (ebensoviele glauben dem Werbefernsehen aber jedes Wort). Ein Drittel findet Reklame übertrieben, 21 Prozent lustig, 18 langweilig und blöd.

Und doch scheint wenigstens die Werbung für Schnell- und Fertiggerichte alles andere als chancenlos. Im Jahr 1992 waren noch 38 Prozent der 14- bis 29jährigen im Westen (52 im Osten) der Meinung, daß sie sich auch künftig jedes Essen selber kochen würden. Zwei Jahre später verminderte sich dieser harte Kern auf 35 Prozent der westdeutschen, sogar 29 Prozent der ostdeutschen Jugendlichen. Überaus beliebt in den neuen Ländern sind nun speziell Dosenessen (59, im Westen nur bei 34 Prozent) und Fast food (51, im Westen 43 Prozent). Auf dem dritten Rang folgt Tiefkühlkost (43 Prozent, in Westdeutschland sogar 46). Im übrigen nimmt das Essen im Restaurant bei den Jüngeren nur einen bescheidenen Platz ein (20 Prozent im Osten, 18 im Westen).

Finanzielle Ausstattung

Drei Viertel aller Kinder zwischen sieben und 15 Jahren (73,2 Prozent) erhalten ein regelmäßiges Taschengeld. 11,4 Prozent müssen ohne jeden Zuschuß zurechtkommen. Der Rest bekommt von Fall zu Fall etwas zugesteckt.

Teilt man die Kinder in drei Altersgruppen ein (sieben bis neun, zehn bis zwölf, 13 bis 15 Jahre), so nimmt der Anteil mit Taschengeld nach oben hin zu. Nur 59,5 der Jüngeren, aber 78,5 der Mittleren und 82,1 Prozent der Älteren können monatlich oder wöchentlich damit rechnen. Kein Taschengeld bekommen 20,3 Prozent der Jüngeren, aber nur 7,9 Prozent der Mittleren und von den Älteren nur noch 5,7 Prozent. Die übrigen erhalten Taschengeld je nach Bedarf.

Bei der Höhe der monatlichen Zuwendung wird zwischen den Geschlechtern kaum ein Unterschied gemacht. Jungen haben durchschnittlich 31, Mädchen 29 Mark zur Verfügung. Natürlich haben auch hier wieder die Jüngeren weniger (15 Mark) als die Mittleren (25) und Älteren (45 Mark).

Das ist aber bei weitem nicht die gesamte Finanzkraft der Kinder. Unregelmäßig kommen nämlich bei der knappen Hälfte (47,2 Prozent) noch weitere Geldzuwendungen hinzu. Ihre Höhe beträgt durchschnittlich 50 Mark im Monat für die Jungen, etwas weniger (43 Mark) für die Mädchen. Und obendrein können die meisten Kinder (69,9 Prozent) zu besonderen Anlässen auf zusätzliche Geldgeschenke hoffen. Die häufigste Höhe dieser Finanzausstattung liegt zwischen 100 und 200 Mark (16,1 Prozent), die nächsthäufigen 60 bis 100 Mark (13,9) und 40 bis 60 Mark (9,1 Prozent; nur 3,7 Prozent erhalten dabei mehr als 500 Mark). Insgesamt summieren sich diese Geschenke im Jahresdurchschnitt auf 193 Mark für Jungen und fast ebensoviel, 191 Mark, für Mädchen. So daß am Ende jeder Junge pro Monat statistisch 97, jedes Mädchen 88 Mark in der Tasche hat (1993). Das summiert sich zu einem stattlichen Betrag: Die Sieben- bis 15jährigen Deutschen verfügen jährlich über 2 Milliarden Mark Taschengeld, mit den übrigen Geldgeschenken sogar über insgesamt 5 Milliarden.

Dabei ist das selbstverdiente Geld, speziell durch das Austragen von Zeitungen und Werbeprospekten, noch nicht mitgezählt. Ältere Jugendliche, im Alter zwischen 14 und 19 Jahren, leben nur noch zu einem Viertel vom Taschengeld, in der Mehrheit jedoch (52 Prozent) bereits von einer festen Arbeit, 18 Prozent von einem Gelegenheitsjob. Fünf Prozent von ihnen beziehen »Bafög« (das sind Unterstützungen nach dem Bundesausbildungsförderungsgesetz mit einem Höchstbetrag für Schüler und Studenten von etwa 990 Mark). Höher liegt der Anteil derer, die auf Sozialhilfe angewiesen sind: sechs Prozent.

Ein Jugendlicher der genannten Altersgruppe kommt im Monat bereits auf ein Nettoeinkommen von 1089 Mark. Seine Vorstellungen, wieviel er mit 35 pro Monat verdienen möchte, liegen im Schnitt bei 4070 Mark netto. Gefragt, wieviel eine vierköpfige Familie monatlich zu einem guten Leben braucht, antwortet er seltsamerweise mit fast demselben Betrag (4059 Mark).

Anschaffungen

Kinder sind Sparer. Die Ergebnisse schwanken ein wenig, je nachdem, welche Altersgruppe man betrachtet. Aber immer wird am häufigsten das Sparen genannt, nicht des ganzen Taschengelds, aber eines Teiles davon. Konstant an zweiter Stelle folgen dann immer wieder Süßigkeiten, an dritter Comics und Zeitschriften, an vierter Spiele und Spielzeug.

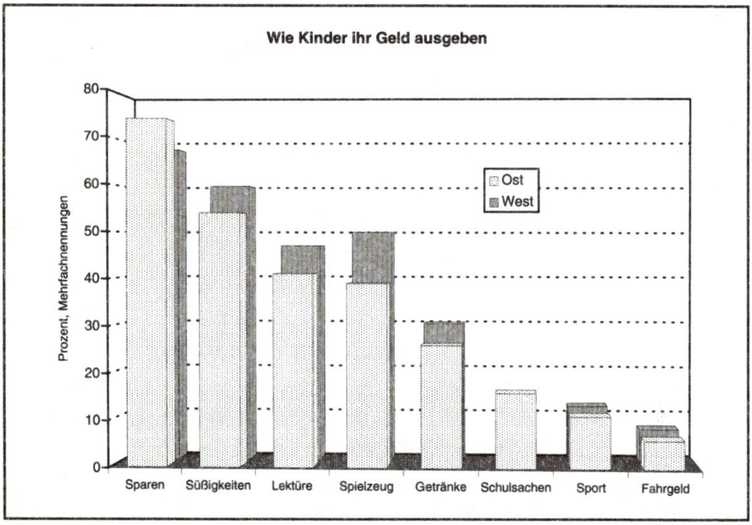

Während in Untersuchungen im Jahr nach der Wende die ostdeutschen Kinder noch erheblich seltener Taschengeld auf die Seite legten oder auch Süßes davon kauften, haben sich wenigstens bei den Kindern die Ausgabeverhalten in beiden Teilen Deutschlands einander weitgehend angeglichen. Auch sparen Mädchen ebenso häufig wie Jungen. Man glaubt es kaum: Ein sieben- bis 15jähriger Junge hat im Durchschnitt 1018 Mark angespart, ein gleichaltriges

Mädchen fast ebenso viel, 986 Mark. Schon bei den Jüngeren beträgt diese Summe 587 Mark, bei den Mittleren 857 und bei den Älteren 1542 Mark.

Meist wird eine Hälfte des Taschengelds gespart, die andere ausgegeben (50 Prozent der Kinder zwischen sechs und 14 Jahren in Ost wie West). Das ganze Taschengeld legen 16 Prozent der westdeutschen und sogar 26 Prozent der ostdeutschen Kinder auf die hohe Kante. Die letzteren sparen auch öfter auf eine ganz bestimmte Sache (39) als ihre Alterskollegen im Westen (26 Prozent). Nur ein Drittel der Kinder im Westen gibt alles oder fast alles Taschengeld aus, im Osten noch weniger (21 Prozent). Insgesamt belaufen sich die Sparguthaben aller deutschen Kinder und Jugendlichen auf 6,5 Milliarden Mark.

Weit oben an der Spitze der kindlichen Eßbedürfnisse rangiert das Speiseeis (79 Prozent der Sieben- bis 15jährigen nennen es als bevorzugtes Genußmittel). Gleich danach verlangen die Kinder nach einem Cola-Getränk (75,4), nach einem Joghurt (68,3) und Cornflakes (66 Prozent).

Scharf ausgeprägt ist auch das Markenbewußtsein der Jugendlichen zwischen 14 und 19 Jahren. Für 51 Prozent von ihnen kommt es bei Jeans genau darauf an, welches Etikett drauf ist, bei Schuhen ist dies für 27 Prozent wichtig, bei Jacken und Kleidern für 23, bei Hemden und Unterwäsche noch für zwölf Prozent. Selbst Obst kauft jeder zehnte von ihnen nur, wenn ihm die Marke paßt.

Einstellungen

Jugendliche haben einen idealistischen Traumberuf: Sie wollen am liebsten Künstlerin oder Künstler werden. Im Alter von 16 bis 24 Jahren haben 23,6 Prozent der Frauen und immerhin 16,5 Prozent der Männer nur dies im Sinn. Alle anderen Berufswünsche fallen demgegenüber ab.

Sechs Prozent der jungen Frauen möchten gern in einen Heil- und Pflegeberuf, 5,8 wollen Lehrerin werden, 5,3 Ingenieurin oder Architektin, 4,5 Ärztin oder Kauffrau oder etwas Sozialberufliches und 4,4 Psychologin. Für 4,2 Prozent ist der Tourismus attraktiv, für 3,4 der Journalismus. Das Leitbild der eher fürsorglichen Frau ist also immer noch relativ wirksam.

Die Jungen und Männer dieser Altersgruppe wollen, wenn nicht Künstler, wenigstens Sportler werden (7,2 Prozent). 7,1 von hundert zieht es in EDV-Berufe, 6,7 möchten Ingenieur oder Architekt werden, und für 5,4 ist die ideale Tätigkeit, ein Flugzeug zu steuern. 4,9 Prozent streben handwerkliche, 4,8 technische Berufe an. 4,1 nennen Volks- und Betriebswirt, 4,1 Naturwissenschaftler und 3,9 den Juristen als ihren Traumberuf.

Staat und Politik

Dann hört der Idealismus schon wieder auf. Die Bereitschaft, persönliche Opfer für die Vereinigung zu erbringen, findet man nur noch bei einem knappen Drittel der 16- bis 24jährigen Deutschen. Diese Einstellung hängt aber mit ihrem kritischen, ja mißtrauischen Verhältnis zu Staat und Wirtschaft zusammen: 44 Prozent der west- und 34 Prozent der ostdeutschen Jugend dieser Altersgruppe sind unzufrieden mit den wirtschaftlichen Leistungen, und lediglich 14 Prozent finden, daß der Staat genügend tut.

Es ist bekannt, daß Ostdeutsche eher für die Einschränkung des Asylrechts plädierten als Westdeutsche, eine Haltung, die auch von den Jugendlichen so ungleich vertreten wurde (78 Prozent Ost, 70 West). Nur 28 Prozent der jungen Ostdeutschen können oder wollen sich daran gewöhnen, daß Deutschland nun mal Einwanderungsland ist, im Westen sind es nicht viel mehr, 35 Prozent. Daß »das Boot voll ist«, meinen 62 Prozent der Jugendlichen im Osten, im Westen ist jeder zweite Jugendliche gegen den weiteren Zuzug von Ausländern. Nahezu ein Drittel der gesamtdeutschen Jugendlichen muß allgemein als ausländerfeindlich angesehen werden, 13 Prozent sogar massiv. Lediglich ein aufrechtes Fähnlein von 25 Prozent spricht sich nachdrücklich gegen Ausländerfeindlichkeit aus.

Zwischen der Gruppe der 14- bis 17jährigen auf der einen und den 18- bis 24jährigen auf der anderen Seite ergeben sich bei der Frage nach den wichtigen Lebenszielen zum Teil interessante Verschiebungen. Der Wunsch nach »Recht und Ordnung« zum

Beispiel nimmt mit höherem Alter zu (von 51,2 auf 58,8 Prozent der Befragten), noch deutlicher das Verlangen nach sozialer Gerechtigkeit (von 53,5 auf 67,5 Prozent). Die Bereitschaft, sich aktiv am politischen Leben zu beteiligen, ist nur noch auf erheblich tieferem Niveau zu erkennen, immerhin mehr bei den älteren (13,9 Prozent) als den jüngeren Jugendlichen (9,4 Prozent).

Lebenspläne

Auch einige private Lebensziele sind Jugendlichen (14 bis 17 Jahre) und jungen Erwachsenen (18 bis 24 Jahre) nicht gleich wichtig.

Nur wenig steigert sich die Bedeutung zweier vorrangiger Ideale, die sich auf den ersten Blick auszuschließen scheinen: einerseits Sicherheit und Geborgenheit (die für 61,8 Prozent der Jugendlichen, aber für 70,1 Prozent der jungen Erwachsenen wichtig sind), andererseits Unabhängigkeit (68,4 gegenüber 69,3 Prozent). Auch die Wertschätzung einer allgemeinen Toleranz gegenüber Andersgläubigen und sogar Ausländern verändert sich kaum mit dem höheren Alter (57,6 gegenüber 61 Prozent). Und daß alle Deutschen, also auch die Jugend, Reinlichkeit und Sauberkeit als hohes Ideal ansehen, überrascht ebenfalls nicht (51,6 gegenüber 53,4 Prozent). Einen großen Sprung nach oben in der älteren Jugend-Gruppe machen jedoch die Leistungsbereitschaft (von 33,4 auf 46,5) und der Wunsch nach sozialem Aufstieg (von 31,2 auf 43 Prozent).

Andere Werte büßen mit dem Alter ihre Attraktivität ein wenig ein. Dazu zählen leider auch die Bereitschaft, Menschen zu helfen, die in Not geraten sind (von 57,5 auf immerhin noch 52,9 Prozent), oder für den Umweltschutz einen gewissen Verzicht zu leisten (was schon bei den Jüngeren keine Mehrheit fand und nun von 41,6 auf 40,5 noch absinkt). Zum moralischen Ausgleich werden nun aber auch der materielle Wohlstand und hohe Einkommenswünsche niedriger gehängt (nur noch 42,8 der Älteren finden das erstrebenswert gegenüber 46,2 der Jüngeren).

Ein vom christlichen Glauben geprägtes Leben zu führen, planen sowohl Jugendliche wie junge Erwachsene noch seltener (nur etwa elf Prozent), als sich in der Politik zu engagieren.

Arme und Schwache

Als Ganzes mag Deutschland als ein reiches Land erscheinen, aber nur, wenn man über die Armen hinwegsieht.

Obwohl die Bundesrepublik ihre Grenzen vor Armutsflüchtlingen verschließt, wird eigene Armut nicht weniger. Im Gegenteil: 1980 bekamen in Deutschland 1,3 Millionen Sozialhilfe, 1994 sind es schon fünf Millionen. Gleichzeitig wächst aber die Zahl der Haushalte mit einem monatlichen Nettoeinkommen über 10000 Mark und hat jetzt etwa 1,7 Millionen erreicht.

Hauptursachen der zunehmenden Verarmung sind lang andauernde Arbeitslosigkeit und schier unbezahlbar gewordene Wohnungen. In vielen Städten sind bis zu 25 Prozent der Sozialhilfeempfänger arbeitslos, in Ruhrgebietsstädten gar 50 Prozent. Aber auch die Jüngeren sind von der neuen Armut betroffen, speziell in Ostdeutschland; dort ist jeder zweite, der Sozialhilfe bezieht, noch nicht 25 Jahre alt. In einer westdeutschen Großstadt existiert etwa jeder Zehnte unter der Armutsgrenze, in ostdeutschen Städten, zum Beispiel Magdeburg, sind es oft bis zu 50 Prozent der Bewohner.

Auch die Zahl der Obdachlosen nimmt nicht ab: Man schätzt sie heute in ganz Deutschland auf 150000, und ein Drittel von ihnen sind Frauen.

Elf Prozent aller westdeutschen Haushalte sind verschuldet (im Osten sogar 15,8 Prozent), und ihre durchschnittliche Schuldenlast wiegt nicht eben leicht: 5200 Mark (in den neuen Ländern ist sie immerhin nur halb so hoch).

Was ist Armut?

Nach der Definition der Europäischen Gemeinschaft gelten als arm alle Personen oder Personengruppen, »die über so geringe (materielle, kulturelle und soziale) Mittel verfügen, daß sie von der Lebensweise ausgeschlossen sind, die in dem Mitgliedstaat, in dem sie leben, als Minimum anwendbar ist«. Arme sind also nicht erst dann arm, wenn sie sich kaum noch ernähren und kleiden können. Armut ist nicht bloß ein finanzielles, sondern vielmehr ein »soziokulturelles Existenzminimum«. Es kommt demnach darauf an, was in dem jeweiligen Land umfassend als Lebensweise üblich ist.

Allgemein geht man bei der zahlenmäßigen Erfassung davon aus, daß die Armutsschwelle bei der (noch gesondert gewichteten) Hälfte des Durchschnittseinkommens der Haushalte liegt. Diese Größe nennt man das Äquivalenzeinkommen. Zusätzlich wird oft noch eine 40-Prozent-Schwelle als »strenge Armut« erfaßt sowie eine 60-Prozent-Grenze, unterhalb derer man meist von einem »Niedrigeinkommensbereich« spricht.

Arme Westdeutsche

Besonders arme Städte oder Regionen bleiben bei dieser Definition als Bezugsrahmen unberücksichtigt, es gilt nur der Gesamtstaat. Und da beginnen im Fall Deutschland schon die Probleme. Denn noch sind die Lebens- und erst recht die Einkommensverhältnisse in Ost und West einander nicht angeglichen. Ostdeutschland ist also immer noch ärmer als Westdeutschland. Kann man trotzdem einen irgendwie gesamtdeutschen Durchschnitt als Bezugsgröße nehmen? Wohl kaum, denn damit würde die Armutsgrenze für westdeutsche Verhältnisse zu weit nach unten gedrückt und die Zahl der Armen statistisch schöngerechnet (für Ostdeutschland gälte genau das Umgekehrte). So bleibt das Land, in diesem Punkt, weiterhin zweigeteilt: Man arbeitet einfach mit zwei verschiedenen Einkommensgrößen.

In Westdeutschland betrug dieses durchschnittliche Haushaltsnettoeinkommen im Jahr 1994 ziemlich genau 4190 Mark im Monat (1993: 4033), das Äquivalenzeinkommen, die Armutsgrenze also, die knappe Hälfte davon, 1888 Mark (1993: 1805).

Mit höchstens 60 Prozent des Einkommens müssen in Westdeutschland etwa knapp 20 Prozent der privaten Haushalte auskommen, mit maximal der Hälfte des Betrags etwas mehr als zehn und mit 40 Prozent davon noch ungefähr fünf Prozent. Die letzteren sind also der Prozentsatz der »strengen Armut« in Westdeutschland. Die Anteile ändern sich auch über längere Zeiträume betrachtet nur wenig.

Die Armut überfällt nicht alle Menschen in gleicher Weise. Noch bis 1986 waren Männer- und Frauenanteil etwa ausgeglichen. Neuerdings (1992) sind Frauen eher arm als Männer (10,9 bzw. 8,7 Prozent). Ausländische Haushalte sind in sehr viel höherem Maß von Armut betroffen als deutsche (19,6 bzw. 8,1 Prozent). Und wenn man auf den Familienstand sieht, geht es den getrennt lebenden Verheirateten besonders schlecht.

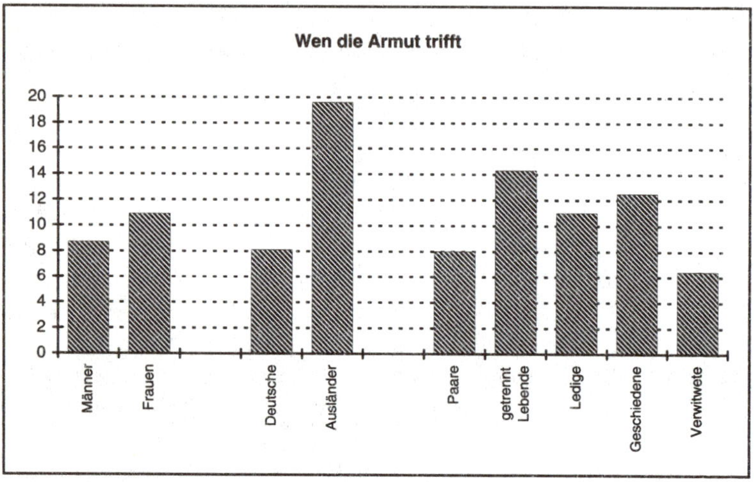

Es sind auch nicht vorrangig die Alten, die Not leiden, sondern die Kinder. Unter der Armutsgrenze leben 14,2 Prozent der bis 15jährigen, aber nur 11,2 Prozent der über 75jährigen. Den drittgrößten Anteil stellen die 16- bis 30jährigen.

Erwartungsgemäß werden Menschen mit geringerer Schulbildung leichter arm. In 17 Prozent dieser Haushalte hat der Betroffene nur einen Hauptschulabschluß, in 8,1 Prozent dazu noch eine Lehre. Deutsche mit Abitur sinken zu 6,3 Prozent, mit akademischer Bildung nur noch zu 1,1 Prozent unter die Armutsgrenze.

Auffällig sind räumliche Unterschiede der Armutsverteilung über die Jahre hinweg. 1984 hatten den größten Anteil noch die Randzonen kleinerer Großstädte unter 500000 Einwohnern

(17,6 Prozent). Neuerdings rangieren sie jedoch am untersten Ende der Skala (5,3 Prozent). Den höchsten Prozentsatz an Armen haben nunmehr Kleinstädte bis 20000 Einwohner (14,2 Prozent).

All diese Zahlen ergeben aber immer nur eine Momentaufnahme; man darf aus ihnen nicht schließen, daß immer dieselben Menschen damit erfaßt sind. Mit anderen Worten: Viele von ihnen sind eine Zeitlang arm, dann aber nicht mehr, dann doch wieder, oder statt ihrer geraten andere in die Armut. Ein paar Beispiele für die sogenannte Armutshäufigkeit: Im Verlauf von neun Jahren litten neun Prozent aller Westdeutschen ein Jahr lang unter der »strengen Armut«, zwei Jahre lang 3,5, drei Jahre 1,4 Prozent. Der Anteil derer, die sozusagen in Dauerarmut leben, liegt bei etwa 0,1 Prozent.

Die neuen Länder

Würde man die 50-Prozent-Schwelle der Armut in Ostdeutschland mit dem westlichen Äquivalenzniveau berechnen, so ergäbe sich seit dem Jahr der Währungsunion 1990 eine deutliche Verminderung der Armen. Statt 26,7 wären 1994 nur noch 15,6 Prozent der privaten Haushalte von Armut betroffen.

Sinnvoller ist es jedoch, die ostdeutsche Armutsgrenze, das Äquivalenzeinkommen der neuen Länder, als Maßstab zu nehmen. Es stieg 1994 gegenüber dem Vorjahr von 1250 auf 1376 Mark (das durchschnittliche Haushaltseinkommen lag bei 2957 bzw. 3216 Mark). Dabei ergibt sich ein völlig anderes Bild. Nun steigt die Armut plötzlich von 3,5 (1990) auf 8,9 Prozent (1994). Die Verschiedenheit der beiden Verläufe, mal rauf, mal runter, erklärt sich aber ganz einfach so: In Ostdeutschland wächst das Durchschnittseinkommen, wegen der fortschreitenden Lohnangleichung, erheblich schneller als in Westdeutschland; wo aber die meisten immer mehr verdienen, geraten viele um so leichter unter die ja mitsteigende Armutsschwelle.

Sieht man sich jedoch einmal die strenge Armut im Osten an, so ist neuerdings in jedem Fall ein Anstieg zu verzeichnen, und zwar gleichgültig, ob man sie mit dem westdeutschen oder dem ostdeutschen Durchschnittseinkommen vergleicht oder auch mit dem subjektiv erwarteten Einkommen.

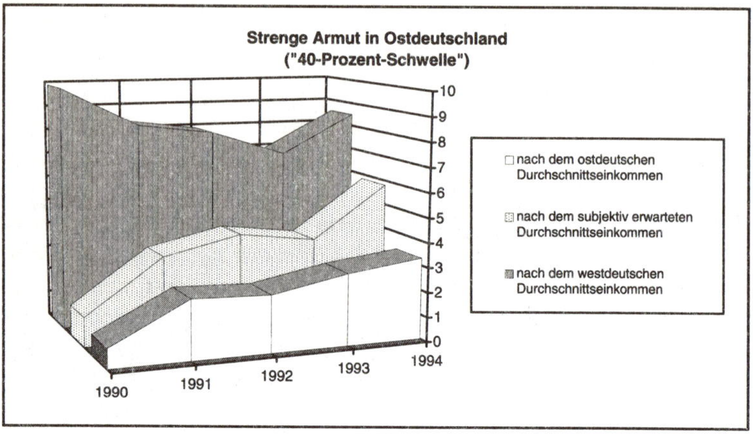

Das bedeutet: Die durchschnittliche Einkommensverbesserung in Ostdeutschland läßt immer mehr Menschen links liegen. Nicht nur die Reichen, auch die Armen werden zahlreicher.

Aufs Ganze gesehen bewegt sich aber auch die ostdeutsche Armutskurve auf das unerfreulich stabile westdeutsche Niveau zu. In beiden Teilen der wohlhabenden Bundesrepublik werden zehn Prozent der Haushalte sogar von einem Minimum der üblichen Lebensweise ausgeschlossen bleiben.

Pflegefälle

Das Sprichwort »Wer rastet, der rostet« finden neun von zehn Deutschen richtig (Ältere und Ostdeutsche sogar zu 95 Prozent). Die Auffassung, es gelte auch für alte Menschen, ist jedoch recht altersabhängig. Sie wird nur von 74 Prozent der Jüngeren (16- bis 29jährigen) vertreten, jedoch von 82 Prozent der über 60jährigen. Offensichtlich verstehen die Senioren darunter jedoch etwas anderes als die Jugend. Denn jeder zweite über 59jährige Deutsche gibt gleichzeitig zu, täglich mehr als drei Stunden vor dem Fernseher zu sitzen.

Als Bismarck die Rentenversicherung einführte, gab es für je zehn ältere Deutsche über 65 Jahren 94 junge unter 20 Jahren, die für sie zu sorgen hatten. Im Jahr 2030, wenn jeder dritte Deutsche im Rentenalter ist, stehen den zehn Älteren noch ganze sechs Jüngere gegenüber.

Nur 19 Prozent betrachten die Überalterung der Gesellschaft mit Gelassenheit und meinen, es werde sich nicht viel ändern. Sieben von hundert Deutschen sehen gar Positives voraus: Das Leben würde dann weniger hektisch verlaufen; je zehn Prozent vermuten, daß Entscheidungen dann überlegter fallen werden und überhaupt weniger Fehlentscheidungen passieren, weil mehr Menschen mit Erfahrung da sind. Und jeder sechste freut sich schon, weil dann wohl häufiger auf Sicherheit und Ordnung geachtet wird.

Überwiegend macht man sich jedoch Sorgen. Etwa dieser Art: Junge Menschen hätten dann weniger Einfluß (17 Prozent), neue Ideen ließen sich nur noch schwer verwirklichen (19), Ausländer müßten die fehlenden Arbeitskräfte ersetzen (27), oder auf Familien mit Kindern würde weniger Rücksicht genommen (29 Prozent). 42 Prozent erwarten wachsende Spannungen zwischen Jungen und Alten. Und sicher zu Recht befürchten 60 Prozent höhere Beiträge zur Krankenkasse und 77 Prozent zur Rentenversicherung.

Hilfebedürftige

Ende 1993 waren etwa 6,4 Millionen Menschen schwerbehindert (und zwar im Westen jeder zwölfte, im Osten nur jeder 19. Einwohner). Die allermeisten Behinderungen, 83,3 Prozent, haben allgemeine Krankheiten als Ursache. Angeboren sind sie nur bei 4,5 Prozent aller Fälle, nur wenig mehr, als sich durch Kriegs-, Wehr- oder Zivildienst ergeben haben (4,2 Prozent). 1,4 Prozent kommen durch Arbeitsunfälle zustande. Und die wenigsten Behinderungen entstehen durch häusliche Unfälle, etwa 0,2 Prozent, genauer bei 10000 Menschen.

Es ist also nicht immer das hohe Alter, das zwangsweise zu Hilfebedürftigkeit führt. Ganz im Gegenteil: Die 80jährigen und Älteren in privaten Haushalten können zu 62 Prozent ihre Wohnung alleine sauber halten, zu 64 die öffentlichen Verkehrsmittel benützen und bewältigen zu 78 Prozent auch ihre Körperpflege selbständig.

Vom anderen Ende der Altersstufen her betrachtet: 4,1 Prozent der zu Hause lebenden Behinderten sind Kinder bis zu 14 Jahren. Im Alter von 15 bis 44 stehen 13,7 der Behinderten, 24,2 Prozent sind 45 bis 64, 20 Prozent 65 bis 74 Jahre alt, und der Hauptteil, nämlich 38 Prozent, ist noch älter. Mit nur kleinen Abweichungen haben die Behinderten in Ost- und Westdeutschland denselben Altersaufbau. Diese Altersstruktur stimmt nicht überein mit der amtlichen Statistik der anerkannten Schwerbeschädigten; diese erfaßt vor allem die erwerbstätige Gruppe zwischen 45 und 64 Jahren (mit 38 Prozent).

Beträchtliche Unterschiede ergeben sich allerdings bei der Wohnungsausstattung. In den alten Bundesländern können wenigstens 30 Prozent ihre Wohnung betreten, ohne Stufen steigen zu müssen, weitere 38 Prozent haben nur einige Treppenstufen zu überwinden. In den neuen Ländern hingegen liegt fast die Hälfte aller Behindertenwohnungen (46 Prozent) im ersten Stock oder noch höher, und zwar ohne Aufzug. Auch mit zentralem Warmwasser und Zentralheizung sind die Ostdeutschen deutlich unterversorgt.

Wohnungsausstattung hilfebedürftiger Behinderter

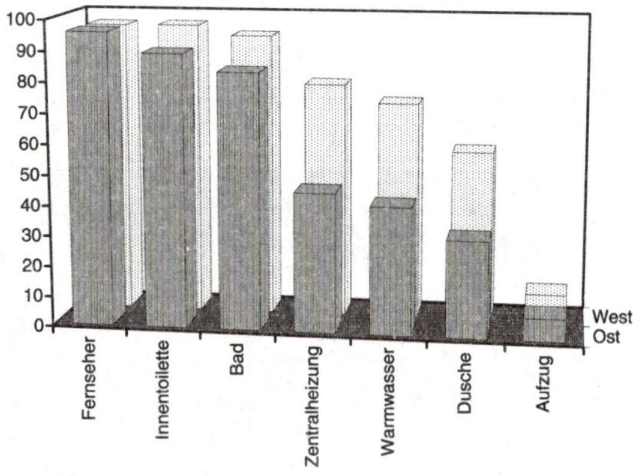

Die Behinderten im Osten haben auch nur zu 62 Prozent Cafés oder Gaststätten in der Nähe (im Westen: 73), zu 58 Prozent eine Bank oder Sparkasse (West: 76), und nur 22 Prozent können sich in der Nachbarschaft mit anderen Menschen treffen (West: 39 Prozent).

Einen Seniorenclub besuchen die Behinderten nur selten (sieben Prozent), noch weniger eine Selbsthilfegruppe (vier) oder Weiterbildungsveranstaltungen (knapp zwei Prozent). Aber viele von ihnen lesen Zeitung (65 Prozent) oder Zeitschriften (51), bekommen Besuche (67) oder besuchen selbst andere (40 Prozent). Elf Prozent machen auch mal längere Reisen oder Ausflüge. Und sechs Prozent von ihnen übernehmen sogar Hilfsdienste für andere Bedürftige.

Pflegearbeiten

Fast eine halbe Million Pflegebedürftige lebt heute in Heimen. Auf häusliche Pflege angewiesen sind aber viel mehr Menschen, etwa 1,2 Millionen. Dabei werden 70 Prozent der Männer von ihren Frauen, aber nur 53 Prozent der Frauen von ihren Männern gepflegt (weil ältere Frauen zahlreicher als Männer sind). 18 Prozent der Frauen, aber nur fünf Prozent der Männer haben eine Tochter, die sich um sie kümmert. Söhne sind hier eher abwesend und lediglich bei acht Prozent der Frauen und zwei Prozent der Männer tätig. Auch die Nachbarschaftshilfe ist in Deutschland unterentwickelt: Nicht mehr als fünf Prozent bei den pflegebedürftigen Frauen und jämmerliche zwei Prozent bei den Männern werden von einem Nachbarn betreut.

Den daheim wohnenden Behinderten, das heißt der guten Hälfte von ihnen, stehen soziale Dienste in der Nachbarschaft zur Verfügung. Sie werden im Westen aber insgesamt nur von 20, im Osten von 30 Prozent der behinderten Menschen auch in Anspruch genommen. Gern akzeptiert werden Hilfen zur Körper- und Behandlungspflege, aber auch zur Haushaltsführung. Auch das »Essen auf Rädern« spielt noch eine gewisse Rolle (bei 24 Prozent der Menschen, die soziale Dienste benützen). Andere Hilfeleistungen werden kaum benützt, zum Beispiel beim Erreichen der Schule oder des Arbeitsplatzes (73 Prozent brauchen so etwas nie) oder beim Kochen zu Hause (was 69 Prozent nie benötigen).

Die tägliche Hilfe wird also hauptsächlich von Familienangehörigen erbracht. Hier fällt aber ein charakteristischer Ost-West-Unterschied auf: In den alten Bundesländern erhalten 19, in den neuen aber nur elf Prozent der privat lebenden Behinderten keinerlei Hilfe von ihrer Familie. Das verrät jedoch eher eine bessere Versorgung mit Sozialdiensten im Westen als den intakten Familienzusammenhalt im Osten. Denn dort leben sogar etwas mehr Behinderte allein (31 Prozent) als in der alten Bundesrepublik (28 Prozent). In Drei- oder Mehr-Personen-Haushalten leben in den alten Bundesländern immerhin 34 Prozent der Behinderten, in den neuen Ländern dagegen nur ein knappes Viertel (24 Prozent). Fast jede zweite Hauptpflegeperson im Osten (45 Prozent) bleibt, wohl gezwungenermaßen, in vollem Umfang berufstätig, im Westen aber nur jede vierte.

Untersucht man die Hilfsbedürftigkeit der über 16jährigen Behinderten genauer, dann erweist es sich für die meisten als besonders schwierig oder unmöglich, die eigene Wohnung in Ordnung zu halten. Fast dieselben Schwierigkeiten machen das Einkaufen und die Benützung von Verkehrsmitteln. Und einigen macht es erhebliche Probleme, stundenlang allein zu sein.

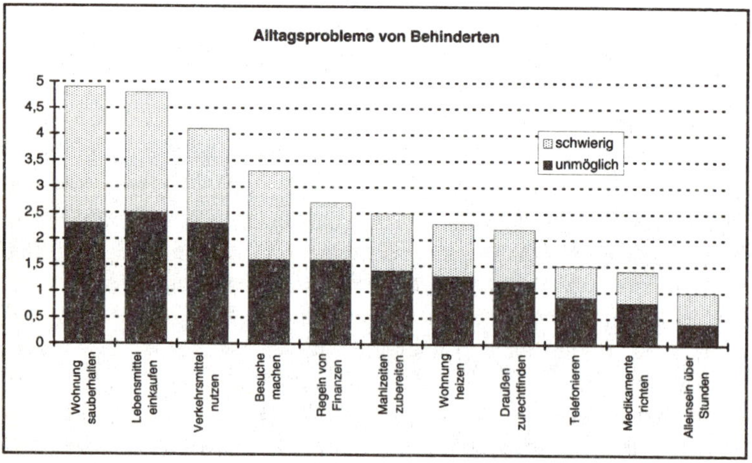

Manche alltäglichen, sonst selbstverständlichen Handlungen sind den Behinderten schlicht unmöglich (wenn auch nur in geringen Prozentsätzen). Die relativ meisten können nicht allein baden (1,4), sich nicht waschen oder duschen oder Treppen steigen (je 0,9 Prozent). Einige brauchen sogar Hilfe beim Kämmen (0,2 Prozent) oder beim Gang auf die Toilette (0,4 Prozent).

Eine Prognose bis zum Jahr 2030 zeigt, daß der Anteil der Pflegebedürftigen an der Bevölkerung der Bundesrepublik von heute etwa 1,4 auf 2,2 Prozent ansteigen wird. Das sieht harmlos aus. Aber es bedeutet: Es sind dann nicht mehr 1,24 Millionen, sondern etwa 450000 mehr Menschen, die Pflege brauchen, selbst unter der Annahme einer extrem schrumpfenden Bevölkerungszahl. Die Zahl der Pflege- und Hilfebedürftigen insgesamt steigt im gleichen Zeitraum von etwa 3,3 auf etwa 4,5 Millionen.

Die Umwelt

Es liegt eine gewisse Ungerechtigkeit in der Feststellung, jeder Bewohner der Bundesrepublik erzeugt täglich mehr als zehn Kilo Abfall. Sie stimmt zwar, wenigstens statistisch. Aber genau genommen ist der deutsche Müll in der Hauptsache Bauschutt (146 Millionen Tonnen 1994), Industrieabfall (124 Millionen Tonnen) und Klärschlamm (fast fünf Millionen Tonnen). Der Haushaltsmüll nimmt sich daneben bescheiden aus: nur 34 Millionen Tonnen. Und das sind nur 1,1 Kilo pro Tag und Einwohner.

Vor der Wende waren die Ostdeutschen beim privaten Müll zurückhaltender. Ihre jährliche Menge pro Einwohner betrug damals nur 180 Kilo. Mit dem gesteigerten Konsumangebot hat sie sich jedoch seitdem verdoppelt und damit das hohe westdeutsche Niveau, man könnte auch sagen, die Angleichung der Lebensverhältnisse bei den Mülltonnen erreicht.

Überdurchschnittlich eifrige Abfallproduzenten sind, im weltweiten Durchschnitt, die Großstädter. Jeder von ihnen wirft jeden

Tag zwei Kilo Nahrungsmittel weg, ebenfalls zwei Kilo feste Abfälle, hinterläßt 9,5 Kilo Rückstände aus Brennstoffen und verpestet die Luft mit fast einem Kilo Giftstoff. Ganz abgesehen davon, daß jeder Großstädter täglich 625 Liter Wasser verbraucht. Es ist ein schwacher Trost, daß diese Zahlen nicht nur in Deutschland gelten, sondern für jede Millionenstadt der Welt.

Und das noch: 32 Prozent der Kantinengäste eines großen deutschen Unternehmens sind nicht bereit, auch nur einen Pfennig mehr für die Mahlzeit dafür zu bezahlen, um sie aus ökologischem Anbau zubereiten zu können. Fast ebensoviele allerdings, 29 Prozent, würden dafür jedoch wenigstens eine Mark mehr bezahlen.

Problembewußtsein

An den dichteren Verkehr haben sich viele Ostdeutsche anscheinend noch nicht gewöhnt: 67 Prozent fühlen sich durch Autolärm und Abgase belästigt, im Westen nur 57 Prozent. Auch in der Wasserverschmutzung sehen sie öfter ein ernstes Problem (49 Prozent) als die Westler (37 Prozent). Zur Umweltbelastung der Kernkraftwerke haben sie indes ein entspannteres Verhältnis; nur elf Prozent (im Westen aber 26) fühlen sich davon beeinflußt. Ganz folgerichtig spenden sie deshalb auch seltener für eine bekannte Umweltschutzorganisation (fünf Prozent »in den letzten 12 Monaten«, im Westen jedoch überweisen 21 ihre Spende).

Gesundheitsgefährdungen

Allgemein wird die Luftverschmutzung von zwei Dritteln der Bevölkerung als unmittelbare und große Gefahr für die Gesundheit bezeichnet (Ost 72, West 62 Prozent). Auch die Wasserverschmutzung wird als gefährlich bezeichnet, verständlicherweise stärker in den neuen (71) als in den alten Bundesländern (58 Prozent).

Den Transport gefährlicher Güter sehen im Westen und im Osten ungefähr gleich viele Menschen als gesundheitsbedrohend an (59 bzw. 56 Prozent), ebenso Unfälle bei der Produktion und Lagerung von Chemikalien (64 bzw. 68 Prozent). Bei der Gefährlichkeit radioaktiver Strahlung für die Gesundheit, anders als bei der persönlichen Belästigung, ist zwischen alten und neuen Bundesländern allerdings ein gewisser Unterschied der Bewertung zu sehen (70 bzw. 79 Prozent). Noch bedrohlicher finden alle Deutschen jedoch das wachsende Ozonloch (74 Prozent im Westen, 78 im Osten).

Die Personen, die insgesamt unter Lärm zu leiden haben, beklagen sich in den neuen Ländern häufiger als im Westen über Geschrei auf Kinderspielplätzen (16 gegenüber nur fünf Prozent), ebenso über den Lärm der Nachbarn (22 gegenüber 15 Prozent).

Umweltnoten

Wenn man die Menschen in Ostdeutschland bittet, die Qualität ihrer Umwelt mit Noten von Eins bis Fünf zu bewerten, so überwiegt fast immer die Note Drei, wenn nicht eine schlechtere Zensur. Beispiele: Die Mittelnote gaben der Pflanzenwelt 46, dem Artenreichtum der Tiere 50, der Luftqualität 53, dem Boden 54, dem Trinkwasser 55 Prozent.

Die entsprechenden Bewertungen mit der Note Drei in Westdeutschland unterscheiden sich davon nicht wesentlich. Die Beispiele in derselben Reihenfolge: Pflanzen 38, Tiere 46, Luft 56, Boden 55, Trinkwasser 51 Prozent.

In beiden Teilen Deutschlands wird der Zustand der Oberflächengewässer besonders kritisch benotet. Hier überwiegt beidemale die Note Vier (Ost: 46, West: 43 Prozent).

Nun hat man jedoch in einer Erhebung die Fragen jeweils doppelt gestellt, zuerst nach der Qualität der Umwelt im allgemeinen, dann nach der Qualität der Umwelt in der eigenen Wohnumgebung. Und dabei ergibt sich ein charakteristischer Unterschied: Die eigene Lebenswelt erhält öfter die besseren Noten, nicht aber die fernere, allgemeine Umwelt.

Sieht man sich einmal an, wie oft im Osten die Noten Sehr gut und Gut vergeben wurden, so zeigt sich beispielsweise bei der Gewässerqualität, daß nur fünf Prozent hinsichtlich der gesamten Umwelt so wohlwollend sind, 18 Prozent jedoch glauben, die Gewässer ihrer eigenen Umgebung hätten die guten Noten verdient. Dasselbe bei der Luftqualität: Nur acht Prozent vergeben gute Noten für die Umwelt als Ganzes, aber glatt viermal so viel für die Luft, die sie selber atmen. Und so geht es immergleich und weiter von den Pflanzen und Bäumen (elf gegen 34 Prozent) über den Zustand der Naherholungsräume (30 gegen 40 Prozent) bis zur Landschaft (38 gegen 49 Prozent).

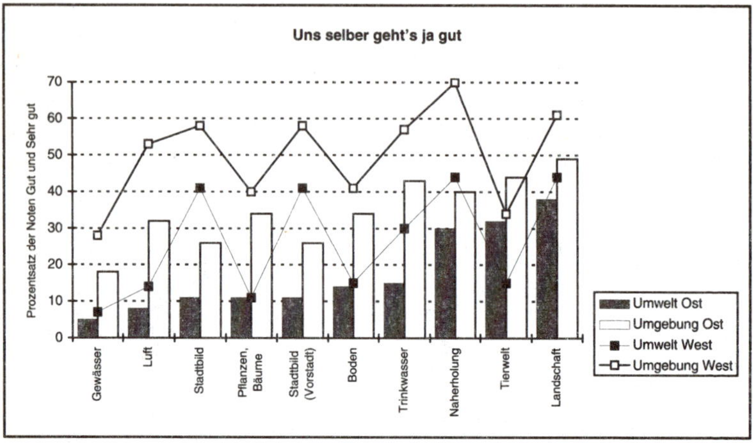

Schlecht ist die Umwelt also eher bei den anderen, die eigene Umgebung ist dagegen relativ sauber und in Ordnung.

Und nicht nur in den neuen Ländern. Die alte Bundesrepublik bietet hier exakt dasselbe Bild. Die guten Noten werden durchweg öfter der eigenen Umgebung verliehen als der Umwelt der anderen.

Bei der Hinterlassenschaft der DDR überrascht es kaum, daß die Häufigkeit der Bestnoten im Westen erheblich höher ist als im Osten (beim Stadtbild, und wohl mit gutem Recht, liegt sie sogar sehr weit darüber). Lediglich in zwei Bereichen, bei der Bewertung der Pflanzenwelt und der Bodenqualität, liegen die ost- und westdeutschen Notenvergaben näher beieinander. In einem Fall allerdings urteilen die Westdeutschen kritischer: Der Artenreichtum der Tierwelt wird hier als viel gefährdeter angesehen. Nur 14 Prozent wollen hier dem allgemeinen Zustand die guten Noten geben, in den neuen Ländern tun das immerhin 32 Prozent. In beiden Teilen Deutschlands aber sehen viele Befragte um sich herum eine vergleichsweise intakte Tierwelt (West 33, Ost 44 Prozent).

Aber noch einmal scheint die Umwelt um so besser zu werden, je näher sie einem ist. Die Luftqualität, eben noch in der engeren Umgebung in Ost und West von nur 32 bzw. 53 Prozent mit guten Noten versehen, erfährt eine wundersame Verbesserung innerhalb der eigenen Wohnung. Ihre häusliche Atemluft finden 67 Prozent im Osten und 77 Prozent im Westen gut oder sehr gut. Allerdings nur im Sommer. Während der Heizperiode sind sie mit den Bestnoten für ihre Zimmerluft nicht ganz so großzügig. Aber auch dann liegen die Häufigkeiten der guten Benotung noch weit über den entsprechenden Werten für die Außenluft (Ost: 39, West: 59 Prozent). Wäre es da nicht der wirksamste Umweltschutz, wenn alle einfach ihre Fenster öffneten?

Gute Vorsätze

Die Deutschen sind selbstlos: Obwohl ihre private Umwelt so gesund ist, wollen sie alles mögliche zum Schutz der Allgemeinheit tun. Die meisten versprechen, alte Batterien zu sammeln (59 Prozent), Medikamente nicht mehr einfach wegzuwerfen (57) und energiesparende Geräte zu benützen (56). Jeder zweite ist bereit, Lackreste als Sondermüll zu entsorgen und Kunststoffabfälle in den Spezialcontainer zu werfen. In vier Disziplinen sind die Ostdeutschen besonders vorbildlich: Die Mehrheit will den organischen Müll getrennt erfassen (52, im Westen nur 44 Prozent), weniger Wasser (54 gegenüber 23) und Strom verbrauchen (58 gegenüber 24) sowie ein verbrauchsarmes Auto fahren (61 gegenüber 41 Prozent). Aber mit der weitergehenden Idee, überhaupt weniger Auto zu fahren, können sich nur noch zwölf Prozent der Ostdeutschen anfreunden (im Westen deutlich mehr, 21 Prozent). Auch warm soll es bleiben, und zwar für alle gleich: Nur zwölf Prozent sehen eine Chance, beim Heizen zu sparen. Wenigstens das Überheizen der Räume im Winter wollen 83 künftig vermeiden. Hochherzige 64 Prozent versprechen, zur Winterzeit das Auto nicht mehr im Stand warmlaufen zu lassen.

Aber der gute Wille hat seine Grenzen. Der mittlere Deutsche weigert sich einfach, beim Weihnachtseinkauf auf den eigenen

Wagen zu verzichten und statt dessen mit öffentlichen Verkehrsmitteln zu fahren (62 sagen Nein dazu). Und stromsparende Glühbirnen kommen bei 53 Prozent der Deutschen nicht ins Haus.

Privateinkäufe

Die meisten Deutschen wissen immerhin, daß es eine amtlich genehmigte Kennzeichnung für umweltfreundliche Produkte gibt. In den neuen Ländern sind es 59 Prozent. Nicht mehr ganz so viele Ostdeutsche, 43 Prozent, können auch genaue Angaben machen, worum es sich dabei handelt. Im Westen wissen sogar etwa 70 Prozent Bescheid, und ebensoviele geben richtig an, daß das Zeichen nicht der Grüne Punkt ist, sondern der Blaue Engel, das Umweltemblem der Vereinten Nationen. Trotzdem bleibt das Mißtrauen hoch. In den alten Bundesländern sind 64 Prozent der Menschen nicht davon überzeugt, daß damit schon die Umweltfreundlichkeit der Ware garantiert ist. In den neuen Ländern haben 60 Prozent denselben Verdacht.

Abgesehen davon achtet jedoch die große Mehrheit der Westdeutschen beim Einkauf auf die Umweltverträglichkeit der Produkte: 59 Prozent sehen fast immer darauf und 30 Prozent wenigstens gelegentlich. In den neuen Ländern scheint noch ein gewisser Gewöhnungsbedarf vorzuliegen, 17 von hundert Einkäufern passen hier nie auf, 22 nur selten.

Man könnte sich fragen, warum im Supermarkt noch Plastiktüten ausliegen. Die überwältigende Mehrheit der Deutschen trägt den Einkauf angeblich in eigenen, mitgebrachten Behältern nach Hause (etwa 90 Prozent). Jeder dritte Westdeutsche (aber nur neun Prozent der Ostdeutschen) benützen dafür auch mal Kartons oder Papiertüten aus dem Geschäft.

78 Prozent wissen, was der Grüne Punkt bedeutet. Aber anderes klingt zu schön, um ganz wahr zu sein: 83 von hundert Deutschen sagen allen Ernstes, sie verzichteten darauf, eine Ware in übertriebener, preistreibender Verpackung zu kaufen. Und fast ebensoviele (West: 80, Ost: 74 Prozent) lassen angeblich die begehrteste Ware liegen, wenn ihnen die Verpackung umweltfeindlich vorkommt.

Recycling
In Europa sind Holländer und Schweizer eifrigere Glassammler; dort werden über 70 Prozent dieses Abfalls wiederverwertet. Deutschland nimmt mit einer Quote von 65 Prozent einen guten dritten Platz ein. Im Pro-Kopf-Recycling ist es sogar Meister: Statistisch wirft jeder Deutsche jährlich mehr als 30 Kilo Glas in den Container, mehr als jeder andere Europäer. Selbst in Schweden kommen nur 58 Prozent des Glasmülls zur Wiederverwertung, in Frankreich 44, in Spanien 27 und in Griechenland nicht mehr als 20 Prozent.

Von Holland und der Schweiz könnten die Deutschen beim Papierrecycling ebenfalls noch einiges lernen. Auf demselben hohen Niveau liegt übrigens auch Spanien. Überall dort beträgt die Wiederverwertungsquote etwa 50, hier aber nur 40 Prozent.

Zwischen den einzelnen Bundesländern ergeben sich beim Recycling insgesamt gravierende Unterschiede. Den ersten Rang hält Rheinland-Pfalz mit 51,22 Prozent.

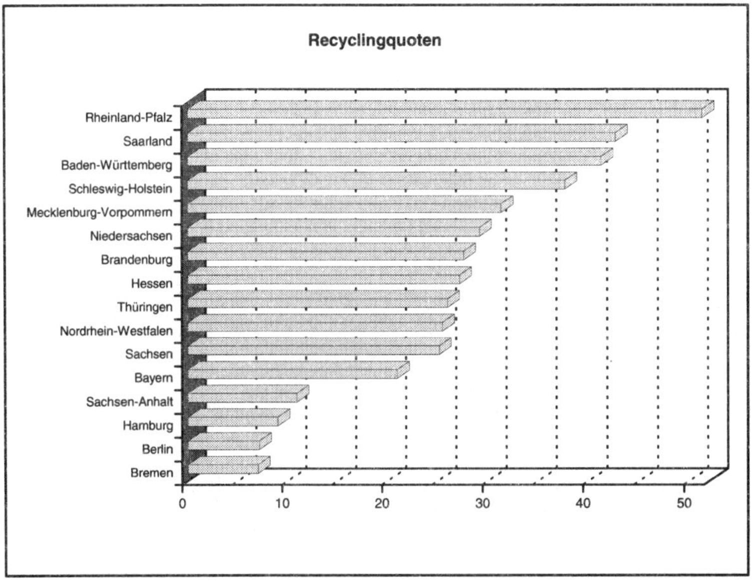

Die Rangfolge ist nicht ohne Interesse. Die neuen Länder stehen als Ganzes nicht schlechter da als manche alten. Die beiden Spitzenplätze werden von zwei kleinen Ländern eingenommen. Und die drei Stadtstaaten, in denen das Altmaterialsammeln eigentlich leichter sein sollte als auf dem Land, fallen auf die schlechtesten Plätze zurück, mit Quoten zwischen bloß noch sieben und neun Prozent.

Erfreulich ist die Akzeptanz von Umweltpapier, wennschon nicht bei allen Produkten gleich hoch. In Westdeutschland macht es für 94 Prozent keinen Unterschied, wenn die Tageszeitung aus recyceltem Papier besteht. Etwa 90 Prozent der Konsumenten finden Illustrierte, Toilettenpapier und Kaffeefilter, aber auch privates Briefpapier und Taschenbücher aus Altpapier durchaus in Ordnung. Geringer wird diese Bereitschaft erst bei Geschenkpapier (74) und Papiertaschentüchern (82 Prozent). Und Servietten aus wiederverwertetem Papier zu verwenden, können sich vielleicht 81 Prozent der Männer vorstellen, aber nur 75 der Frauen.

Diese Umfrage brachte noch etwas anderes zum Vorschein: Umweltpapier findet um so mehr Anhänger, je jünger die Befragten sind. 14- bis 19jährige beispielsweise akzeptieren zu 94 Prozent Altpapiertaschenbücher, bei den über 70jährigen etwas weniger, 69 Prozent. Die Gruppe der 20- bis 29jährigen würde sogar Hardcover-Bücher mit festem Umschlag aus altem Papier zu 62 Prozent annehmen, bei den über 60jährigen ist es nur jeder zweite. Trotz aller Unterschiede sind diese Zahlen auch ein Zeichen für die gewachsene Umstellungsbereitschaft der Senioren.

Freizeit

Von der Freizeitgesellschaft ist Deutschland als Ganzes noch ein Stück entfernt. Auf dem Weg dahin sind immerhin die Westdeutschen ein wenig fortgeschritten: Nur ein gutes Drittel von ihnen nennt die Arbeit wichtig für das Wohlbefinden im Leben (37 Prozent). Die Ostdeutschen dagegen sind mit klarer Mehrheit (58 Prozent) dieser Meinung. Man kann die Frage auch anders stellen: Ist die Freizeit wichtiger als der Beruf? 30 Prozent bejahen die Frage im Westen, aber nur elf im Osten. Hier halten 51 Prozent den Beruf für bedeutsamer, im Westen tun das lediglich 30 Prozent. Westdeutschland zeigt auch einen gewissen Zusammenhang zwischen Arbeitsethos und Einkommen: Die niedrigen Einkommen sind freizeitorientierter. Und westdeutsche Frauen sind es ebenfalls mehr als die Männer. Eine solche Verteilung ist in Ostdeutschland nicht zu erkennen. Nahezu alle Gruppen glauben hier eher an den Vorrang von Arbeit und Beruf.

46 Prozent der Westdeutschen, aber nur 35 der Ostdeutschen sagen, sie hätten viel Freizeit. Auch die Zufriedenheit mit der arbeitsfreien Zeit ist ungleich verteilt. Auf einer Skala von 0 bis 10 (sehr zufrieden) geben die Menschen im Westen ihrer Freizeit die Note 7,8, im Osten fällt sie mit 6,7 deutlich schlechter aus. Die Zufriedensten hier sind noch die Rentner, die mit ihren schnell gestiegenen Bezügen zu den Gewinnern der Einheit gehören (Note 7,6); auch junge Erwachsene bis zu 27 Jahren finden die neue Freiheit erquicklich (7,2). Die schlechteste Bewertung vergeben die 38- bis 47jährigen Ostdeutschen (5,7). Im Westen zeigt sich eine völlig andere Zufriedenheitsverteilung: Sie liegt relativ niedrig bei den Jüngeren (7,6) und den reiferen Jahrgängen bis zu 47 Jahren (7,4), steigt dann aber stetig über die Gruppe der 58- bis 67jährigen (8,4) bis zur Rekordnote der noch Älteren an (8,6).

Angeblich verbringen die Deutschen ihre Freizeit vor allem mit Büchern, mit Nichtstun, Spaziergängen, Musik und ihren Kindern. In schönen Prozentsätzen sagen sie, daß sie all dies regelmäßig tun. Fragt man jedoch nach, ob das auch zufällig gestern so war, dann schrumpfen die Zahlen sozusagen kleinlaut zusammen.

Sollte es Zufall sein, daß – abgesehen vom Faulenzen – nur bei den ohnehin selteneren Freizeitbeschäftigungen etwas wie Übereinstimmung zu erkennen ist?

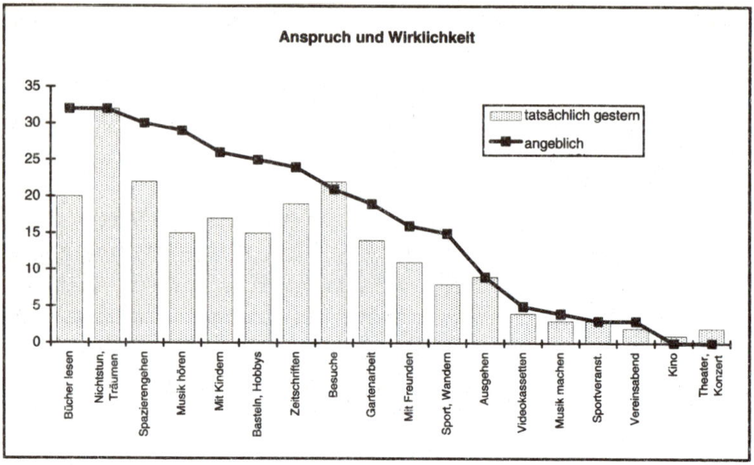

Aktivitäten

Was die Menschen mit ihrer Freizeit anfangen, hängt natürlich stark vom Familienstand ab. Die fleißigsten Fernseher sind etwa die Alleinstehenden über 40 Jahren (78 Prozent tun das »oft« im Osten, 63 im Westen). Die jüngeren Alleinlebenden ohne Kinder besuchen am eifrigsten Freunde und Verwandte (Ost: 62, West: 69 Prozent). Sie sind, obschon auf sehr viel tieferem Niveau, die relativ größten Sportfanatiker: In Ost wie West sind je 33 Prozent aktive Sportler. Die eigene Familie ist erwartungsgemäß für Eltern mit Kindern besonders wichtig (Ost: 83, West: 87 Prozent). Der Gartenarbeit widmen sich vor allem die Paare über 40 ohne Kinder (Ost: 55, West: 44 Prozent).

In allen Gruppen, und zwar in Ost- und Westdeutschland, sind es immer wieder die Frauen, die öfter als Männer soziale Bindungen aufrechterhalten. Wenn sie allein und kinderlos sind, treffen sie am häufigsten ihre Freunde und Anverwandten (73 Prozent, gegenüber 66 Prozent der Männer im Westen, sogar nur 57 der ostdeutschen Männer). Selbst die älteren alleinstehenden Damen sind bei solcher Kontaktpflege rühriger als ihre männlichen Kollegen (West: 54

gegen 31, Ost: 35 gegen ebenfalls 31 Prozent). Männer sitzen dafür in ihrer Freizeit lieber vor dem Fernseher oder einem Video, besonders oft, wenn sie allein und älter als 40 Jahre sind (81, Frauen nur 76 Prozent). Aber auch die kinderlosen Männer mit Partnerinnen sind im Westen sehr oft derart passiv (63), während Frauen solcher Paare mit der Glotze etwas sparsamer umgehen (59 Prozent). In Ostdeutschland aber ist das in dieser Gruppe gerade umgekehrt (Männer 64, Frauen 72 Prozent).

Einen ähnlichen Unterschied zwischen den Geschlechtern verrät die Aufteilung der Freizeitarbeit im Garten. In beiden Teilen des Landes scheint er eine Domäne vor allem der kinderlosen über 40jährigen. Aber die Frauen betätigen sich dort stärker als die Männer, im Westen 46 gegenüber 43 Prozent und noch ausgeprägter im Osten: 63 gegenüber 47 Prozent.

Beim Sport bleiben dagegen die Frauen passiver. Im Westen begeistern sich am meisten die Jüngeren ohne Kinder dafür (zu 35 Prozent, Frauen nur zu 29). In den neuen Ländern treiben ihren Sport vor allem die jüngeren Männer, die eine Partnerin haben (45, Frauen nur elf Prozent).

Bemerkenswert ist in den neuen Ländern die völlige Gleichstellung von Mann und Frau bei der Beschäftigung mit den eigenen Kindern. Beide sind zu 83 Prozent oft damit befaßt. In der alten Bundesrepublik bleibt ein gewisser Mann-Frau-Unterschied bestehen: Väter spielen in ihrer Freizeit nur zu 83, Mütter aber zu 90 Prozent mit ihren Kindern.

Der deutsche Heimwerker

Die wenigsten Do-it-yourself-Anhänger, nur 12 Prozent von ihnen, sind allein wegen der Freude daran so aktiv. Viel öfter haben sie dafür auch sachliche Gründe (West: 60, Ost: 67 Prozent).

Der Heimbastler steht mehrheitlich in einem Ganztagesberuf (64 Prozent). In den alten Ländern sind viele von ihnen Rentner (18 Prozent), in den neuen nicht ganz so oft (13 Prozent). Unter Berufsaspekten haben natürlich diejenigen den stärksten Anteil, die auch sonst mit ihren Händen umzugehen wissen, die Arbeiter (40 Prozent im Westen, 48 im Osten). Höhere Angestellte greifen erheblich seltener zum Schlagbohrer, sie stellen nur 34 Prozent aller Heimwerker.

In beiden Teilen Deutschlands trifft man unter ihnen besonders viele, die weder arm noch reich sind. Wobei auch hier das west-östliche Einkommensgefälle sichtbar bleibt: Die zahlreichste Gruppe im Westen, 28 Prozent der Heimwerker, verdient monatlich zwischen 2 000 und 3 000 Mark netto; im Osten liegt sie eine Stufe tiefer, 1 000 bis 2 000 Mark (42 Prozent).

Viele von ihnen haben einen Garten für den Obst- und Gemüseanbau, in den neuen Bundesländern aber erheblich öfter (51 Prozent) als in der alten Bundesrepublik (nur 27 Prozent). Hier wiederum ist bei den Heimwerkern der Ziergarten verbreiteter (45 gegen nur 16 Prozent im Osten).

Überraschenderweise sind im Osten jedoch gewisse Reste eines Patriarchats stehengeblieben. Zum Beispiel das Rasenmähen: Diese Arbeit wird von 92 Prozent der Männer, aber nur von 85 Prozent der Frauen erledigt, während im Westen dabei auf dem 92-Prozent-Niveau Gleichberechtigung herrscht. Alle anderen Arbeiten sind jedoch vorwiegend männlich, wenn etwa ein Gartenteich anzulegen ist, was die Ostdeutschen überhaupt viel öfter tun (60 Prozent Männer, 41 Prozent Frauen) als die Westdeutschen (44 Prozent Männer, Frauen nur 31 Prozent).

Kinderspiel

Was deutsche Kinder zwischen sechs und 13 Jahren in ihrer freien Zeit anstellen, hängt stark davon ab, wo sie es tun, in den alten oder den neuen Bundesländern.

Hier wie dort hochbeliebt sind natürlich alle Arten von Spielen, allein oder mit anderen, drinnen oder draußen: 44 Prozent der westlichen und 52 Prozent der östlichen Kinder nennen diese Freizeitbeschäftigung natürlich am ehesten. Seltener, aber in Ost und West ebenfalls gleich häufig wird auch das Fahrradfahren genannt (28 und 29 Prozent).

Daneben fallen aber große Unterschiede ins Auge. Die Kinder der neuen Länder finden erheblich mehr Gefallen am Fernsehen als Westkinder (53 gegenüber unglaublich niedrigen 25 Prozent), aber auch an aktiveren Beschäftigungen wie Malen und Zeichnen (29 gegenüber 16), Lesen (29 gegenüber 22) Musikhören (22 gegenüber 13), Basteln (22 gegenüber elf Prozent).

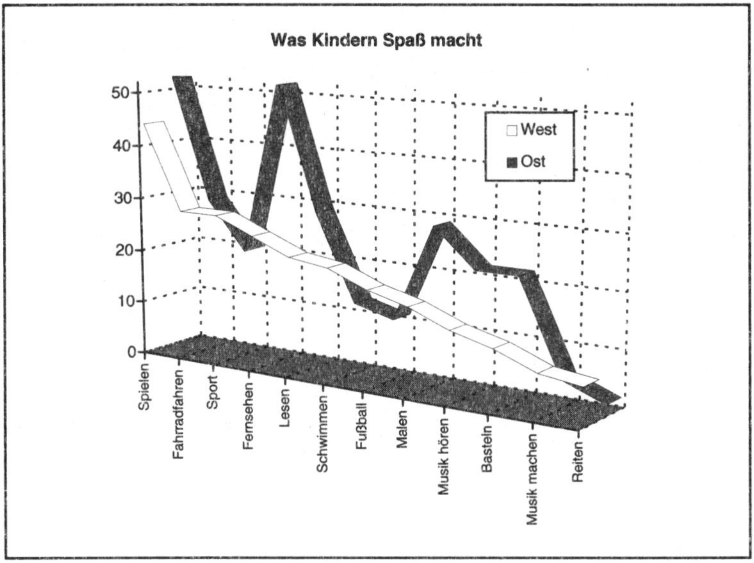

Nicht so viel Spaß wie ihren westdeutschen Altersgenossen machen ihnen jedoch Sportarten wie Turnen oder Schlittschuhlaufen (20 zu 28 Prozent) oder auch der Volkssport Fußball (11 zu 18). Das eigene Musizieren am Klavier oder mit der Flöte (fünf zu acht) oder gar das Reiten (zwei zu sieben Prozent) scheinen ebenfalls eher Vergnügungen der Westkinder zu sein, und selbst da nur für recht wenige.

Alle anderen Kinderspiele geraten demgegenüber ins Hintertreffen. Mit dem eigenen Tier spielen nur sieben Prozent der deutschen Kinder, erst danach kommen Computer und Puppe (je sechs), Rollschuhlaufen, andere Ballspiele, Ballett oder Skateboardfahren (je vier), Freunde sehen und Radio hören (je drei Prozent). Die wenigsten gehen begeistert spazieren, singen gern im Chor oder arbeiten mit Vergnügen im Garten. Vier Prozent von ihnen macht sogar die Schule besonderen Spaß.

Wenn man jedoch das Freizeitverhalten nach anderen Kriterien untersucht, dann ergeben sich glaubwürdigere Verteilungen. Zum Beispiel beim Fernsehkonsum: Allein danach gefragt, geben 82 Prozent aller schulpflichtigen Kinder an, sie täten es jeden oder fast jeden Tag (Ost: 93, West: 77 Prozent). Mit allen möglichen Spielen im Haus sind so oft nur 53 Prozent der Kinder befaßt, obwohl in der Vergnügungsskala das Spielen genauso häufig oder häufiger als das Fernsehen genannt wurde. Die Beschäftigung mit dem eigenen Haustier, in dieser Skala eher an tiefer Stelle, kommt dagegen (fast) täglich bei 38 Prozent der Kinder vor, das Radiohören bei 46, das verträumte Nichtstun bei 27 Prozent.

Auch mit ausgesprochen unspaßigen Freizeitaktivitäten sind viele Kinder beschäftigt. Acht Prozent gehen jeden Tag oder fast so oft einkaufen, stolze 39 ein- oder zweimal jede Woche. Das eigene Zimmer aufzuräumen, ist eine Strapaze, der sich nur 22 Prozent der Kleinen täglich oder beinahe täglich unterziehen; ein gutes Drittel (36 Prozent) räumt es nur ein paarmal pro Woche auf und ein weiteres Drittel (35 Prozent) noch seltener. Sechs Prozent lassen das Chaos, wie es ist.

Ein winziger Anteil von einem Prozent muß als genial gelten: So viele machen niemals irgendwelche Hausaufgaben, mit denen ansonsten 90 Prozent ihrer Altersgenossen geplagt sind.

Die Freizeit der Mütter

Schaut man sich einmal an, wie die Mütter dieser Kinder mit ihrer berufsfreien Zeit umgehen, so steht – man ist leider versucht, zu sagen: selbstverständlich – die tägliche Hausarbeit an oberster Stelle. Verwunderlicher ist, daß gleich die zweithäufigste Beschäftigung das Fernsehen ist: 87 Prozent der östlichen und 72 der westlichen Mütter sitzen jeden oder fast jeden Tag vor dem Apparat. Auch Radiohören und Zeitunglesen ist für mehr von ihnen eine so gut wie tägliche Aktivität, als mit der Familie zusammenzusein, sich mit ihr zu unterhalten oder gar etwas zu unternehmen (im Westen 70, im Osten immerhin noch 75 Prozent der Mütter).

Selbst zum regelmäßigen Einkauf gehen sie öfter (West: 47, Ost: 55 Prozent), als sich Tag für Tag mit ihren Kindern zu befassen (West: 49, Ost: nur 38 Prozent).

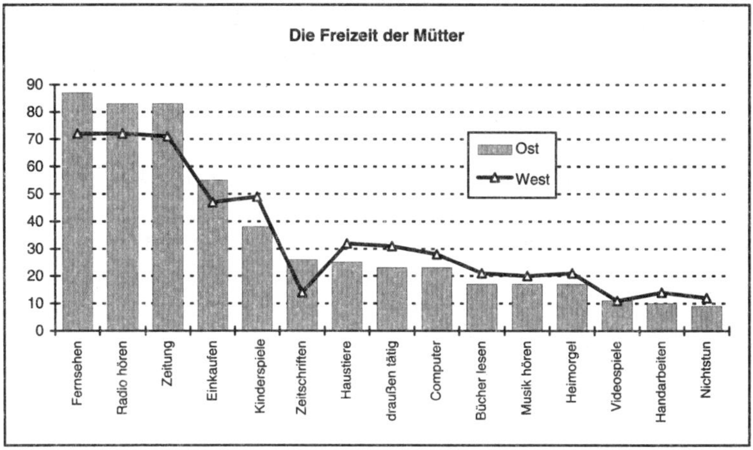

Der Kreativität der Kinder ist es sicher nicht förderlich, daß nur vier Prozent der Mütter sehr oft selber malen und zeichnen. Aber vielleicht darf man ja davon ausgehen, daß wenigstens die vier Prozent, die sich so häufig ein Video reinziehen, oder die zwei Prozent, die täglich am Computer spielen, wenigstens das mit ihren Kindern tun. Und wenn sie gute Laune haben, dann sind immerhin 65 der westlichen und sogar 71 Prozent der östlichen Mütter gern und häufig mit ihrer Familie zusammen (etwas häufiger als mit Freunden oder Freundinnen: 53 bzw. 50 Prozent).

Ist den Müttern jedoch allgemein nach Anregung und Unterhaltung zumute, so tritt ein gravierender Unterschied zutage. Die ostdeutschen Mütter gehen dann zuerst auf die eigene Familie zu (61), an zweiter Stelle treffen sie ihre Freundinnen (56 Prozent). In Westdeutschland liegt es exakt andersherum: Anregender sind die Freundschaften (62) als die Familie (51 Prozent). Als drittes kommt dann in beiden Landesteilen der Fernseher an die Reihe: 35 Prozent der westlichen und 42 Prozent der östlichen Mütter lassen sich vom Bildschirm unterhalten.

Sportlich

Der deutsche Sport ist Männersache. Das liegt vor allem daran, daß die weitaus beliebteste Sportart, der Fußball, vorwiegend von Männern getrieben wird. Die Fußballvereine stellen denn auch mit

Abstand die meisten Mitglieder (etwa 5,3 Millionen, 26 Prozent aller Beitragszahler des Deutschen Sportbundes). Auf dem zweiten Platz folgen die Turnvereine (mit über 4,3 Millionen). Hier allerdings, ebenso wie im Reitsport (620000 Mitglieder), haben die Frauen die Mehrheit.

Sie sind jedoch insgesamt an aktivem Sport bei weitem nicht so interessiert wie die Männer (51 gegenüber 76 Prozent), auch beim passiven Sportinteresse fallen sie hinter die Männern zurück (19 gegenüber 38 Prozent). Sie sehen sich am liebsten Tennisübertragungen (29) an, Turniertänze (25), dann aber auch Fußball und Eiskunstlauf (je 24) sowie Leichtathletik (17 Prozent). Tanzturniere übrigens hätten viele Frauen gern öfter im Fernsehen (17 Prozent), ebenso die Disziplinen Gymnastik (14) und Pferdesport (13 Prozent). Die jüngeren Frauen im Alter von 14 bis 19 Jahren möchten diesen sogar zu 26 Prozent öfter auf dem Bildschirm sehen.

Männer sitzen natürlich beim Fußball vorm Fernseher (58), dann erst bei Tennis (24) und Leichtathletik (19), bei Auto- und Motorradrennen (15) und Handball (13 Prozent). Unterrepräsentiert erscheinen ihnen hier aber trotzdem der Motorsport (12 Prozent), dann aber auch Fallschirmspringen, Drachenfliegen und Boxen (je elf Prozent). Bei den Jüngeren tauchen noch weitere Sportarten als Fernsehwünsche auf: 30 Prozent hätten gern mehr Basketball im Fernsehen, 26 Prozent Judo und Karate.

Die populären Fußballspiele und Tennismatches sind sowohl bei den sportlich Aktiven wie auch bei den nur passiv Interessierten etwa gleich beliebt, der Fußball selbstverständlich in höherem Maß (etwas über 40 Prozent) als das Tennis (über 25 Prozent); gleichauf liegen die Anteile auch beim Reiten (elf Prozent). Leichtathletik dagegen findet bei den Aktiven ein doppelt so hohes Interesse wie bei den Passiven (20 gegen zehn Prozent); ähnlich ist es beim Schwimmen und Turmspringen (elf gegenüber sechs Prozent), ganz besonders beim Handball (zwölf zu drei Prozent). Lediglich Turniertänze können auf mehr passive als aktive Interessenten rechnen (17 gegenüber nur 14 Prozent).

Wachsender Beliebtheit erfreut sich der Golfsport. In den letzten zehn Jahren hat sich die Zahl der Golfclubs mehr als verdoppelt (1993: 407), die der Golfspieler auf 207000 vervierfacht.

Die Clubs versammeln allerdings nur die gute Hälfte aller Golfsportler. Auch hier dominieren wieder die Männer (der Europa-Durchschnitt von 84 Prozent ist wohl auch auf Deutschland anwendbar). Bei den Anfängern der letzten Jahre ist jedoch der Frauenanteil auf etwa 25 Prozent gestiegen.

Die meisten Golfclubs, um die hundert, hat zwar Nordrhein-Westfalen. Aber die größte Chance, einen Golfpartner zu treffen, hat man in Hamburg. Hier sind unter tausend Einwohnern sieben Spieler, in Schleswig-Holstein fünf, in Bayern noch vier und in allen anderen Ländern der alten Bundesrepublik weniger als drei. Die neuen Bundesländer liegen noch weit darunter.

Selbst im Boom ist die Bundesrepublik aber noch kein Golf-Land. Hier putten nicht mehr als 0,25 Prozent der Bevölkerung, in den USA jedoch fast zehn, in Japan beinahe zwölf und in Kanada 13,81 Prozent.

Vergnügungen

Die deutsche Jugend ist nicht ganz so vergnügungssüchtig, wie man ihr oft nachsagt. Zumindest weiß sie, was sie tut. Wenn man sie bittet, verschiedene Freizeitaktivitäten auf einer Skala von -5 bis +5 zu bewerten, so erhält der aktive Sport mit Abstand die Bestnote 3,5, noch vor dem Kinobesuch mit 3,0 (in den neuen Ländern werden beide gleich und etwas niedriger mit 2,6 benotet). Auch das Lesen und Musikhören bekommt eine gute Note (West: 2,6, Ost: 2,5), die Disco dagegen nur 1,7 (dies im Westen, im Osten ist wohl der Neuigkeitseffekt höher, daher 2,1). Das nichtstuerische Rumhängen finden die westlichen Jugendlichen nicht gerade berauschend (1,4), ihre östlichen Altersgenossen scheinen da etwas verführbarer (2,1). Theater und Konzert bekommen nur mittlere Bewertungen, der Kneipenbesuch sogar negative (West: -0,3, Ost: -1,7).

In der Disco herrscht ein leichter Männerüberschuß von 52 Prozent. Zwei Drittel der Besucher sind Jugendliche zwischen 17 und 22 Jahre alt, das genaue Durchschnittsalter beträgt 20,9 Jahre. Drei Viertel des Disco-Publikums gehen mindestens wöchentlich einmal hin, und 67 Prozent bleiben dann wenigstens vier Stunden dort.

Der Gerätepark

In deutsche Spielautomaten werden jährlich 8,8 Milliarden Mark eingeworfen, ein Drittel davon sehen die Spieler nie wieder. Noch schlechter sind die Gewinnchancen bei Fernsehlotterien (26 Prozent, aber dort werden ohnehin nur etwa einige hundert Millionen umgesetzt), aber auch im Lottoblock (48 Prozent, bei etwa zwölf Milliarden Einsatz) und in den Klassenlotterien (55 Prozent, knapp zwei Milliarden). Daneben bieten die Spielbanken eine geradezu sichere Investition: Hier werden jährlich 13 Milliarden auf den Tisch gelegt, aber immerhin 91 Prozent wieder ausgeschüttet.

Mit Ausnahme der Flippergeräte (1993: 55 000, eine Steigerung von 2,8 Prozent gegenüber dem Vorjahr) haben die Unterhaltungsautomaten gerade eine schlechte Konjunktur. Reine Geldspielautomaten gibt es nur noch 159 000 (ein Minus von fast neun Prozent), TV-Spielgeräte 31 000 (-19,7 Prozent).

17 Prozent der westdeutschen und 25 Prozent der ostdeutschen Eltern stellen dem Nachwuchs einen Extra-Fernseher ins Kinderzimmer, die Hälfte von ihnen einen Kassettenrekorder (West: 57, Ost: 45 Prozent).

Aber auch sonst stehen im Haus einer Familie mit Kindern zahlreiche Freizeitgeräte herum. Einen eigenen Fernseher und ein Radio hat inzwischen so gut wie jeder Haushalt. Bei vielen anderen Apparaten hinken die neuen Bundesländer aber noch nach.

Während im Osten noch der Plattenspieler überwiegt (1991: 72 Prozent), wurde er im Westen vor allem von der HiFi-Anlage verdrängt (75 Prozent). Auch ist die alte Bundesrepublik reicher mit Videorekordern ausgestattet (58 Prozent) als die Familien der neuen Länder (26 Prozent). Noch größer ist dieser Abstand bei den CD-Spielern (24 zu fünf Prozent). Und dann diese Aussage zum ungleichen Musikschaffen der Deutschen: Im Westen erklingen unfaßliche sechs Millionen Heimorgeln (in 21 Prozent der Haushalte), in Ostdeutschland dagegen müssen 96 Prozent der Familien ohne sie auskommen.

Computer

Weltweit sind etwa 175 Millionen Computer im Einsatz, aber 43 Prozent davon stehen allein in den USA.

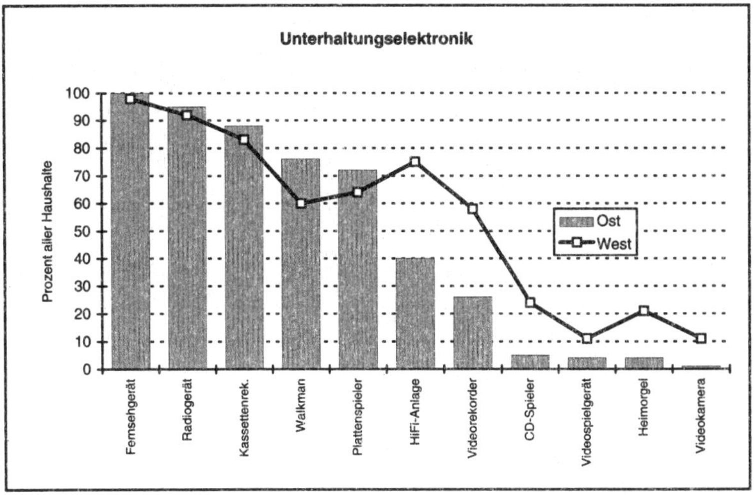

Deutschland hat im Vergleich dazu nicht viele Computer. In den privaten Haushalten schätzt man sie auf allerhöchstens 15 Millionen. Allein im Jahr 1994 schafften sich die Deutschen 2,8 Millionen PCs an (ein Zuwachs gegenüber dem Jahr zuvor um 19 Prozent). Sie waren damit die eifrigsten PC-Käufer in ganz Europa, noch vor England (2,3 Millionen) und Fankreich (1,8 Millionen). Man kann es auch so sagen: Jeder vierte europäische PC landete 1994 bei einem deutschen User.

In den neuen Ländern hatten 1991 nur neun Prozent der Haushalte mit schulpflichtigen Kindern einen Computer zu Hause, im Westen waren es da schon 28 Prozent.

Dabei ist die Meinung der Deutschen zu diesem Gerät noch recht abwartend. Die Frage, ob ihrer Meinung nach die meisten Leute in der Bundesrepublik eher für oder gegen Computer eingestellt sind, können 70 Prozent der Deutschen aus Unkenntnis oder Unschlüssigkeit nicht beantworten. 21 Prozent glauben, die Mehrzahl sei eher für, 10 Prozent aber, sie sei eher gegen den Computer. Und dies ohne einen erkennbaren Unterschied zwischen alten und neuen Ländern.

Nach ihrer eigenen Meinung dazu gefragt, wissen wiederum die meisten nicht, was sie antworten sollen (West: 56, Ost: 65 Prozent). Immerhin sagen 28 Prozent im Westen und 21 im Osten, sie hätten eine positive Einstellung zum Computer.

Ernsthafte Arbeit am PC verrichten sicher viele, aber in den eigenen vier Wänden dient er vorwiegend dem Vergnügen. 71 Prozent der so ausgerüsteten Haushalte haben ihn für Computerspiele und andere Amüsements angeschafft. Die private Buchführung erledigen damit 46 Prozent. Unwahrscheinliche 31 Prozent machen damit sogar Hausaufgaben für die Schule. Ein gutes Drittel (38 Prozent) benützt den Apparat zur Heimarbeit. 26 Prozent geben an, er diene dazu, Lernprogramme für die Kinder abzuspielen. Und fast ebensoviele (27 Prozent) haben sich einen Computer sozusagen zweckfrei gekauft, um sich damit erst einmal vertraut zu machen.

Ausgaben

Freizeit ist eine Wachstumsbranche. Im Jahr 1993 gab jeder Ostdeutsche dafür 6643 Mark aus, jeder Westdeutsche 9025 Mark; im Jahr vorher lagen diese Beträge noch bei 5871 bzw. 8789 Mark. Das ergibt insgesamt ein Umsatzvolumen von etwa 320 Milliarden Mark. In diesen Ausgaben stecken die Kosten für den Urlaub, das Auto (aber nur die Freizeit-Nutzung), Radio und Fernsehen, Bücher und Zeitschriften, Garten und Haustiere, Spielzeug, Foto und Film, Theater und Kino sowie Heimwerkerausgaben. Diese Kosten verteilen sich in Ost- und Westdeutschland nicht in gleicher Weise.

Die neuen Bundesländer investieren weniger als die alten in den Urlaub (19,2 statt 27 Prozent wie im Westen) oder in Sport und Camping (9,6 statt 13), aber deutlich mehr in das neue Auto (18 statt 13,2) und beim Fernsehen (17,4 statt 11,7 Prozent).

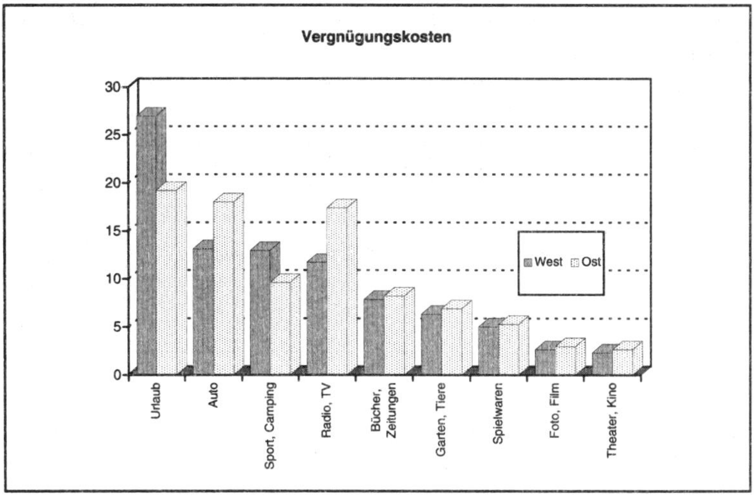

Einkommen

In einer Marktwirtschaft wird nichts so gut erfaßt, notiert und untersucht wie das Geld. Schon im Altertum war es der »Nerv der Taten« (Demosthenes), vor allem aber »der Nerv des Staates« (Cicero). Seitdem die Buchhaltung und die »volkswirtschaftliche Gesamtrechnung« (VGR) erfunden sind, weiß man ziemlich genau, wer wann womit wieviel verdient.

Statistiker haben sich für diese Erhebung eine eigene Begriffssprache ausgedacht. Der Durchschnittsmensch erlebt Geld normalerweise als Bezahlung für geleistete Arbeit. Eine solche Arbeit heißt Erwerbstätigkeit, der Mensch dabei Erwerbsperson. Aber Vorsicht: Auch eine Person, die nicht arbeitet, ist eine Erwerbsperson. Das ist nach der gängigen Definition jeder, der »eine unmittelbar oder mittelbar auf Erwerb gerichtete Tätigkeit auszuüben pflegt«. Er ist es selbst dann, wenn ihm gerade gekündigt wurde oder er keine Aufträge bekommt. Mit anderen

Worten: Die Erwerbspersonen setzen sich aus Erwerbstätigen und Erwerbslosen zusammen, also aus denen, die Arbeit haben, und denen, die gerne arbeiten würden, aber mangels Arbeitsstelle nicht können, den Arbeitslosen.

In diesem Sinne ist jeder zweite Deutsche eine Erwerbsperson. Betrachtet man nur die Menschen zwischen 15 und 65 Jahren, so liegt die Erwerbsquote der Frauen sogar bei etwa 60, die der Männer bei über 80 Prozent.

Das Haushaltsgeld

Aufs ganze Deutschland und seine Wirtschaft gesehen, kommt man nun nicht mehr ohne Milliarden, gar Billionen aus. Auch ein bißchen Rechenarbeit ist dafür nötig.

Der Wert aller im Jahr 1994 produzierten Waren und Dienstleistungen, abzüglich der dafür nötigen Vorleistungen wie Rohstoffe oder Halbfertigprodukte, beträgt 3,2098 Billionen Mark. Das nennen Fachleute die Bruttowertschöpfung. Zählt man noch die Umsatzsteuer und andere Abgaben hinzu, so ergibt sich die Summe von 3,321 Billionen; das ist das sogenannte Bruttoinlandsprodukt. Zu dieser Zahl addiert man dann noch diejenigen deutschen Einkommen, die anderswo in der Welt erwirtschaftet werden, und erhält damit das berühmte Bruttosozialprodukt, 1994 in der Höhe von 3,297 Billionen Mark.

Das fließt nun aber nicht alles in die Taschen der Bürger. Denn von diesem Betrag müssen die Firmen Abschreibungen und Investitionen tätigen und Steuern zahlen. Erst was dann noch übrig ist, nennt man Volkseinkommen (oder auch Nettosozialprodukt). Es beträgt aber immer noch ordentliche 2,480 Billionen Mark.

Außerdem langt nun auch noch der Staat hin. Er verbraucht allein 639,9 Milliarden Mark für sich. Zieht man noch ein paar Milliarden ab, die mit Aus- und Einfuhrverrechnungen zu tun haben, dann bleibt am Ende der sogenannte private Verbrauch übrig. Und der beträgt immerhin noch 1,906 Billionen Mark.

Wer jedoch wissen will, was der mittlere Arbeiter und Angestellte verdient, ist auch mit dieser Zahl schlecht bedient. Dafür muß wieder eine andere Rechnung aufgemacht werden.

Sie geht so: Man nimmt das Volkseinkommen (2,480 Billionen) und zieht davon alle Gewinne aus Unternehmen und Vermögen ab (das sind 664 Milliarden). So erhält man das Einkommen aus unselbständiger Arbeit (1,816 Billionen). Der Name ist etwas irreführend, denn in diesem Betrag stecken noch die Arbeitgeberanteile der Sozialbeiträge in Höhe von 353 Milliarden. Zieht man sie ab, so bleiben noch 1,463 Billionen übrig. Dies ist die sogenannte Bruttolohn- und -gehaltssumme. Wie jeder weiß, zahlt man davon aber noch Lohnsteuer und eigene Sozialbeiträge (ein gutes Drittel, insgesamt 499 Milliarden). Jetzt endlich ist der Geldbetrag erreicht, der den abhängig Beschäftigten tatsächlich übrigbleibt. Das sind gerade noch 964 Milliarden Mark, die Nettolohn- und -gehaltssumme. Jeder Arbeitnehmer, jede Arbeitnehmerin hat damit jeden Monat im Durchschnitt etwa 2560 Mark netto verdient.

Aber um es endgültig undurchschaubar zu machen: Für die privaten Haushalte insgesamt sieht es wieder ganz anders aus. Erstens fließen hier ja nicht nur die Nettolöhne und -gehälter in die Hauskasse, sondern auch die versteuerten Gewinne der Unternehmen und der Selbständigen. Und zweitens werden viele Gelder umverteilt, weil der Sozialstaat manchen seiner ärmeren Bürger durchaus geldliche Hilfestellung leistet. Diese recht komplizierte Berechnung führt zu einem weiteren Betrag, der das verfügbare Einkommen der privaten Haushalte darstellt: 2,142 Billionen. Was für jeden Bewohner der Bundesrepublik Deutschland pro Monat etwa 2191 Mark ausmacht. Im Jahr 1995 liegen diese Beträge vermutlich schon bei 2,211 Billionen bzw. 2262 Mark.

Von diesem verfügbaren Einkommen werden 88,9 Prozent ausgegeben, der Rest wird gespart. Man kann es auch so sagen: Die Sparquote in Deutschland beträgt (1994) 11,1 Prozent.

Soweit in aller möglichen Klarheit die Theorie. In der Praxis fließt jedoch ein weiterer Geldstrom, der in dieser Gesamtrechnung völlig unberücksichtigt ist. Gemeint ist die Schwarzarbeit, deren

Umsatz von Experten auf einige hundert Milliarden Mark pro Jahr geschätzt wird, Tendenz steigend.

Im übrigen hat die ganze Rechnung zwei gravierende Mängel:

Bei so fleißiger Produktion werden bekanntlich oft schwere ökologische Beschädigungen angerichtet, die wir dann notdürftig reparieren. Die Kosten dieser Schäden zählen aber in vollem Umfang mit bei der trotzdem so genannten »Wertschöpfung«, dem Bruttosozialprodukt, mit dem der Wohlstand des Landes gemessen wird. In der absurden Logik der VGR ausgedrückt: Je mehr Umwelt wir zerstören, um so reicher werden wir.

Der zweite Mangel ist die Nichterfassung der unbezahlten Hausarbeit. Ihr Umfang ist gewaltig: Allein die westdeutschen Bundesbürger verbringen etwa 55 Milliarden Stunden mit bezahlter, aber 77 Milliarden Stunden mit unbezahlter Arbeit. Schätzungsweise drei Viertel davon, also fast 58 Milliarden Stunden, werden im Haushalt aufgewendet. Der Wert dieser gratis geleisteten Arbeit beträgt etwa 860 Milliarden Mark, das ist mehr als die Hälfte der offiziellen Bruttolohn- und -gehaltssumme.

Die Verteilung der Einkommen

Die einzelnen Berufsgruppen sind erwartungsgemäß sehr ungleich in den Einkommen vertreten.

In Westdeutschland dominieren in jeder Einkommensgruppe bis 5000 Mark (persönliches Nettoeinkommen pro Monat) Beamte und Angestellte (der mit 26,2 Prozent bei Personen über 14 Jahren verbreitetste Erwerbstyp). Erst bei den höheren Einkommen werden sie von ihren Vorgesetzten und schließlich, bei mehr als 6000 Mark, auch von den freien Berufen überholt, sind dort aber immer noch stark vertreten.

Der Anteil der Facharbeiter nimmt nur bis zur Einkommensgruppe 2500 bis 4000 Mark stetig zu (auf 21,1 Prozent) und dann rapide ab. Bei den höchsten Einkommen ist dieser Erwerbstyp fast nicht mehr zu finden. Und die sonstigen, eher ungelernten Arbeiter, ohnehin nur 4,9 Prozent der Erwerbspersonen, sind überdurchschnittlich nur in den unteren Einkommensgruppen zu sehen. Die in der Grafik nicht gezeigten selbständigen Landwirte tauchen vor allem in den Gruppen 4000 bis 6000 Mark auf.

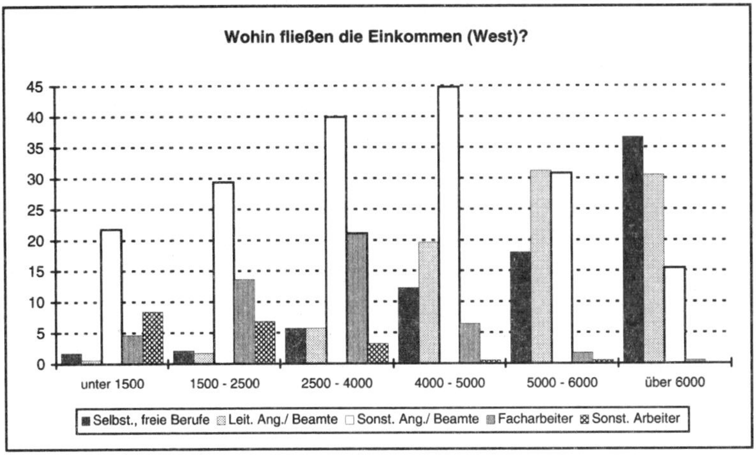

Ganz anders stellen sich die Verhältnisse in Ostdeutschland dar. Hier erreichen Beamte und Angestellte bereits in der Gruppe 2500 bis 4000 Mark ihren Höhepunkt (50,4 Prozent), in der nächsten, 4000 bis 5000 Mark, sind es nur noch 46,7 und in den beiden höchsten Gruppen nur mehr 27,2 bzw. 20,8 Prozent. Facharbeiter sind vor allem in der Gruppe 1500 bis 2500 Mark (28,3 Prozent), in der nächsthöheren Einkommensgruppe nur noch zu 20,1 Prozent.

Obwohl die Rentner der neuen Bundesländer von der Angleichung am schnellsten profitiert haben, findet man sie vor allem in der untersten Einkommensgruppe: In der Gruppe unter 1500 Mark sind dort 39,3 Prozent Rentner und Pensionäre (im Westen nur 26 Prozent). In der nächsten Einkommensgruppe 1500 bis 2500 Mark sind im Osten 22,4 Rentner; im Westen stellen sie hier den stärksten Anteil (35,5 Prozent). In den zwei nächsthöheren Gruppen, 2500 bis 4000 und 4000 bis 5000 Mark, sind sie nur noch mit etwa zwei und drei Prozent dabei (die Westrentner jedoch mit starken 19,7 bzw. 10,9 Prozent). Die Chance, einen noch besser verdienenden Rentner zu treffen, ist im Westen drei- bis zehnmal so hoch wie im Osten.

Auffallend ist der Ost-West-Unterschied in der Gruppe ohne Einkommen. Zwar verhalten sich Studenten hier wie dort recht ähnlich. Viele haben kein eigenes Einkommen (von dieser Gruppe sind im Westen sieben, im Osten 6,8 Prozent Studenten), und die meisten können natürlich nur recht wenig verdienen, unter 1500 Mark (West: 10,6, im Osten 2,1 Prozent Studenten in dieser Einkommensgruppe). Der große Unterschied aber liegt im Anteil der Hausfrauen bei dieser Gruppe: Im Westen sind sie zu 57, im Osten lediglich zu 14 Prozent dabei. Das zeigt wiederum, daß die ostdeutschen Frauen noch immer, selbst nach dem Zusammenbruch der DDR-Wirtschaft, erheblich stärker in die Arbeitswelt integriert sind als die Frauen im Westen.

Da oft mehrere Erwerbstätige in einem Haushalt vereint sind, betrachtet man nicht nur das persönliche, sondern auch das Haushaltsnettoeinkommen pro Monat. Daß sich auch hier ein West-Ost-Gefälle ergibt, ist selbst jetzt noch zu erwarten. Aber auch die westdeutschen Bundesländer bieten hier nicht immer dieselben Verdienstmöglichkeiten. In Bayern etwa kommt ein Haushaltseinkommen zwischen 5000 und 6000 Mark in 11,7 der Fälle vor, in Schleswig-Holstein (mit Bremen und Hamburg) aber bei 8,3 Prozent.

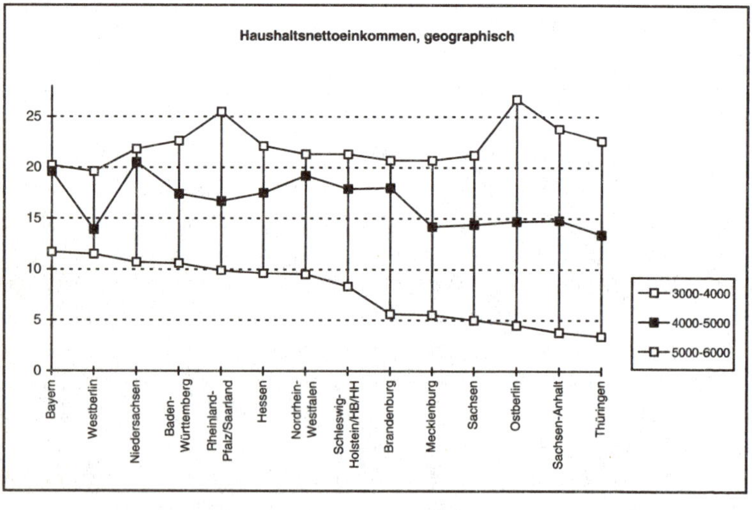

Bayern ist erkennbar auch das Bundesland, in dem alle drei Werte eng beieinander liegen: Das Haushaltseinkommen 4000 bis 5000 Mark ist sehr häufig (19,6 Prozent) und wird in dieser Häufigkeit nur von Niedersachsen übertroffen (20,5 Prozent). Und das dritte Einkommen (3000 bis 4000 Mark) trifft man hier nur fast ebenso häufig (20,2 Prozent), während es in fast allen anderen Bundesländern häufiger erscheint.

Zur rechten Hälfte der Grafik hin, also in Richtung der neuen Bundesländer, werden die Abstände größer: Das hohe Einkommen wird immer seltener, das niedrige etwas öfter erzielt.

Eine Sonderstellung nimmt Berlin ein. Im Westen der Stadt verfügen überdurchschnittlich viele Haushalte (3,5 Prozent; Durchschnitt West: 1,9 Prozent) nur über ein Einkommen von unter 1000 Mark; im Ostteil sind in dieser Einkommensgruppe relativ wenige Haushalte, nur zwei Prozent (Durchschnitt Ost: drei Prozent). Andererseits ist in Westberlin die hohe Einkommensgruppe besonders häufig (5000 bis 6000 Mark: 11,5 Prozent), während sie in Ostberlin (4,5 Prozent) ziemlich genau dem ostdeutschen Durchschnitt entspricht (4,6 Prozent). Dort liegen allerdings die Haushalte mit 3000 bis 4000 Mark überdurchschnittlich hoch (26,7 Prozent). Im ganzen kann man aber sagen: Das Einkommen der privaten Haushalte ist im Osten niedriger und ausgeglichener.

Die Verteilung der Haushaltsnettoeinkommen entspricht jedoch nicht ganz der Häufigkeit der persönlichen Nettoeinkommen je Bundesland. Zum Beispiel stellt die Gruppe der 4000- bis 5000-Mark-Verdiener im westdeutschen Durchschnitt genau fünf Prozent, in Nordrhein-Westfalen aber mehr (5,6 Prozent), auch in Niedersachsen (5,5 Prozent), relativ weniger aber in Bayern (4,7 Prozent). Bei der Gruppe 5000 bis 6000 Mark liegen dagegen Baden-Württemberg und Hessen vorn (2,6 bzw. 2,4 Prozent; Westdurchschnitt: 1,8 Prozent). Jetzt erscheint Bayern gar als das Land der armen Schlucker: In der Gruppe 1000 bis 1250 Mark etwa liegt der westliche Durchschnitt bei 5,3 Prozent, in Bayern aber sind diese Wenigverdiener mit 6,1 Prozent besonders häufig.

Auch in Ostdeutschland ergeben sich jetzt ganz andere Rangfolgen. Wenn man beispielsweise die relativ hohe Einkommensgruppe 2000 bis 2500 Mark nimmt, so beträgt der ostdeutsche Durchschnitt dafür 12,8 Prozent. Erheblich häufiger ist dieses Einkommen aber in Ostberlin (19,5), Brandenburg (16,2) und Sachsen-Anhalt (15,1 Prozent). In der nächsten Gruppe, 2500 bis 3000 Mark, liegt Ostberlin mit 5,2 Prozent aber schon unter dem Ostdurchschnitt (5,6 Prozent). Sehr viel häufiger wird dieses Einkommen dagegen in den ebengenannten Ländern Brandenburg und Sachsen-Anhalt erzielt (7,7 bzw. 6,6 Prozent).

Und damit die Bäume nicht in den Himmel wachsen: Das überhaupt häufigste persönliche Nettoeinkommen ist niedriger, als mancher denkt. Im Westen liegt es bei 2000 bis 2500 Mark: 14,4 Prozent aller Einkommen sind so hoch. An zweiter Stelle kommt allerdings gleich die Gruppe 3000 bis 4000 Mark (11,2 Prozent), dicht dahinter die 2500- bis 3000-Mark-Einkommen (zehn Prozent). Im Osten ist das häufigste Einkommen viel geringer als im Westen: 1250 bis 1500 Mark (13,8 Prozent), gefolgt von den Gruppen 2000 bis 2500 Mark (12,8) und 1000 bis 1250 Mark (12,5 Prozent).

Zusammenfassend kann man auch so sagen: Im Osten verfügen 69,8 Prozent aller Menschen ab 14 Jahren über weniger als 2000 Mark netto im Monat, im Westen sind das aber nur 29,1 Prozent. Umgekehrt: Im Westen kann jeder Fünfte mehr als 3000 Mark im Monat ausgeben, im Osten lediglich einer von zwanzig (4,7 Prozent).

Disparitäten

Bekanntlich steigen die Einkommen in Ostdeutschland schneller als im Westen. 1994 waren die ostdeutschen Bruttomonatsverdienste bei 68,1 Prozent der westlichen angekommen (wenn man auch noch die unterschiedliche Kaufkraft berücksichtigt, sogar bei etwa 80 Prozent der westdeutschen Durchschnittseinkommen).

Das klingt gut.

Und dabei hatte man nur den Einzelverdiener im Blick, nicht die Haushalte. Da im Osten die Frauen sehr viel häufiger mitarbeiteten, war die Lage vor der eigentlich erwünschten Angleichung der Einkommen nicht ganz so schlecht, nach der Wende jedoch, bei der vor allem Frauen ihren Arbeitsplatz verloren, um so schlimmer.

Nimmt man nun auch die Inflation hinzu, so schrumpft der sehenswerte Einkommenszuwachs von 125 Prozent (zwischen 1990 und 1993) nun auf nur noch 62,2 Prozent. Wenn man zu alldem die im Osten stärker gestiegenen Lebenshaltungskosten berücksichtigt, so sind die verfügbaren Haushaltseinkommen sogar nur um 33 Prozent gestiegen (während die westlichen Haushalte 1991 einen realen Einkommensverlust von einem Prozent zu ertragen hatten).

Bei allen Disparitäten ergeben sich aber auch verblüffende Übereinstimmungen: Das häufigste Haushaltsnettoeinkommen liegt im Jahr 1994 sowohl in alten wie neuen Bundesländern zwischen 3 000 und 4 000 Mark, und zwar in beinahe gleicher Häufigkeit (Ost: 21,7, West: 22,2 Prozent).

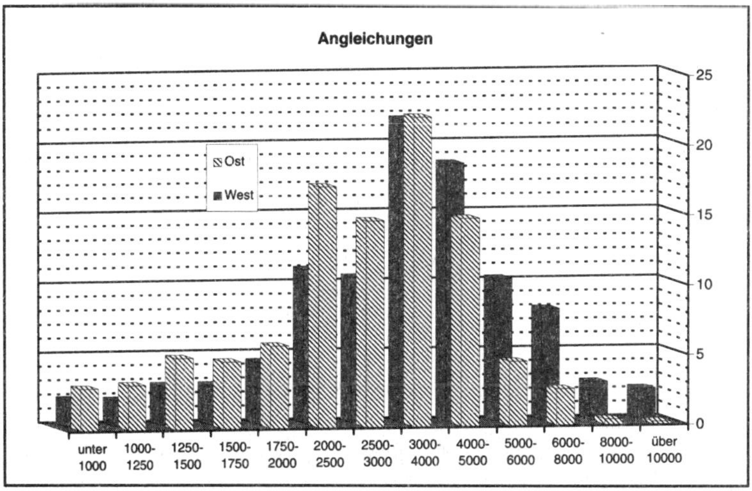

Ebenso erkennbar sind jedoch die Ungleichheiten: Im Osten deutlich stärker vertreten sind die niedrigeren Haushaltseinkommen, durchgehend bis zur Mitte, der 3 000- bis 4 000-Mark-Gruppe. Ab da, also bei den höheren Einkommen, tritt die alte Bundesrepublik hervor. Auch Haushalte, die über 8 000 bis 10 000 Mark im Monat (2,7 Prozent) oder mehr verfügen (2,2 Prozent), sind hier noch zu finden, wohingegen sie im Osten kaum vorkommen (0,4 bzw. 0,2 Prozent).

Männer und Frauen zeigen bei den persönlichen Nettoeinkommen sowohl geographische als auch geschlechtsspezifische Unterschiede.

Die Verteilung der weiblichen Einkommensgruppen sieht in Ost und West einigermaßen ähnlich aus (1994): In beiden Landesteilen liegt das üblichste Einkommen zwischen 1000 und 2000 Mark. In den neuen Ländern ist es allerdings häufiger als in der alten Bundesrepublik (48,1 gegenüber 32 Prozent), dafür sind die höheren Einkommen im Osten seltener.

Die Ähnlichkeit verdeckt aber eine tiefgreifende Ungleichheit: Die westdeutsche Frau arbeitet, weil sie es sich leisten kann, öfter in einem Teilzeitjob als die ostdeutsche, die eher ganztags arbeiten muß. Überspitzt gesagt: Die Frau in den neuen Ländern muß den ganzen Tag arbeiten, um das Einkommen einer westlichen Teilzeit-Frau zu bekommen. Nur deshalb zeigen die beiden Kurven etwa denselben Verlauf.

Bei den Männer hingegen, die hier wie dort eher ganztägig beschäftigt sind, fallen größere Unterschiede ins Auge. Zwar kommt das unterste männliche Einkommen in ganz Deutschland noch vergleichbar oft vor (Ost: 10,5, West: 7,6 Prozent). Schon in der nächsten Gruppe jedoch, 1000 bis 2000 Mark, gehen die Kurven getrennte Wege (West: 16, Ost: 49,6 Prozent, das hier bei weitem häufigste Einkommen). Die Häufigkeit der 2000- bis 3000-Mark-Einkommen liegt im Westen bereits über dem Osten (33,4 gegenüber 25,9 Prozent); erst recht gibt er diese Führung auch in den höheren Einkommensgruppen nicht mehr ab. Der westliche Gipfel, ja der gesamte Kurvenhügel liegt sichtbar näher in den hohen Einkommen als der östliche. Mit anderen Worten: Die Männer verdienen im Westen immer noch erheblich mehr als in den neuen Ländern.

Sie verdienen auch besser als ihre Frauen. Nur wenige Männer haben überhaupt kein Einkommen (6,1 Prozent), dagegen bleibt jede fünfte westdeutsche Frau ohne Arbeit daheim (21,7 Prozent). Auch bei den unteren Einkommen sind die Männer noch in der Minderheit. Aber schon in der Gruppe 2 000 bis

3000 Mark kehrt sich das Verhältnis um: Nur 16,4 Prozent der Frauen, aber 33,4 Prozent der Männer bringen jeden Monat soviel nach Hause.

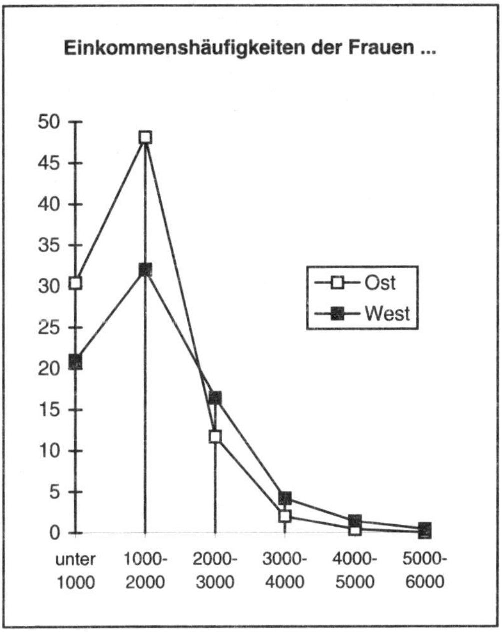

Aus den höheren Einkommensgruppen verschwinden die Frauen zusehends. Bei den 5000- bis 6000-Mark-Einkommen sind sie gerade noch mit 0,4, in der nächsten Gruppe nur mehr mit 0,3 Prozent vertreten, in der vorletzten sind es kaum sichtbare 0,1 Prozent. Und mehr als 10000 Mark pro Monat verdient praktisch keine deutsche Frau, statistisch gesehen.

Die Situation in Ostdeutschland ist genau dieselbe, nur mit dem Unterschied, daß sich hier das Mann-Frau-Verhältnis schon bei einem sehr viel niedrigeren Niveau umkehrt. Weniger als 1000 Mark verdienen hier 10,5 Prozent der Männer und 30,4 Prozent der Frauen. Bereits in der nächsten Einkommensgruppe ist das Geschlechterverhältnis ausgeglichen (Männer: 49,6, Frauen: 48,1 Prozent). Jeder vierte Mann in der Ex-DDR (25,9 Prozent), aber nur jede achte Frau (11,7 Prozent) hat im Monat 2000 bis 3000 Mark zur Verfügung. Und in den höheren Gruppen werden zwar die Männer rarer, die Frauen aber verschwinden wie im Westen: 0,4 Prozent von ihnen bringen 4000 bis 5000 Mark nach Hause. Überschritten wird dieses Limit von keiner statistisch relevanten Frau mehr, aber noch von einem Prozent der Männer.

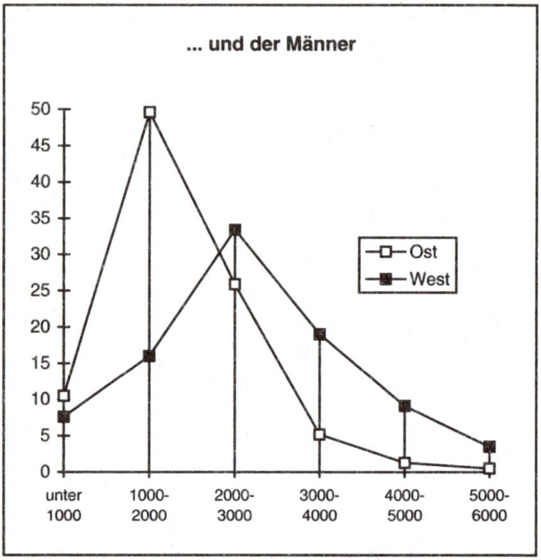

Wer sich kurz erinnern mag, wie relativ geschlechtsneutral die Einkommensverhältnisse in der Ex-DDR waren, kann hier von einer Angleichung zur Ungleichheit sprechen: Das niedrigere Ost-Niveau ist zwar geblieben, aber die Struktur der Einkommensverteilung hat sich schon nach vier Jahren ziemlich genau der alten Bundesrepublik angepaßt: Frauen, auch wegen häufigerer Teilzeitarbeit, verdienen schlechter, Männer besser.

Man hat sich in einer Marktwirtschaft daran gewöhnt, daß die einen mehr, die anderen weniger haben. Es gibt eben nun mal, heißt es, Erfolgreiche und Versager, also Reiche und Arme. Aber wie groß ist der Abstand zwischen ihnen?

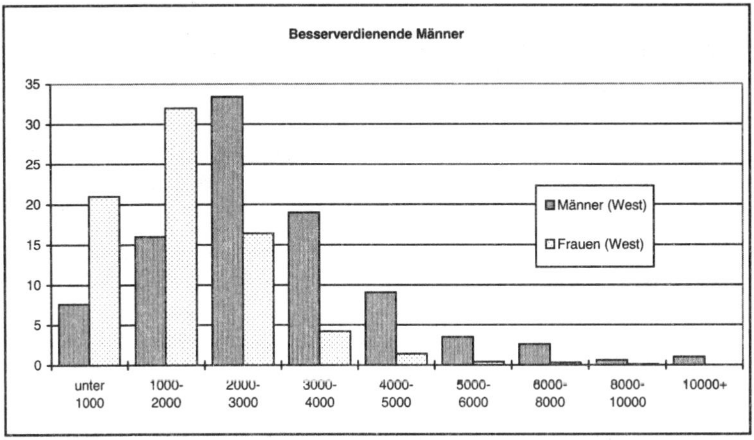

Um darauf eine Antwort zu finden, teilt man zum Beispiel die Haushalte entlang der Einkommenshöhe in Gruppen zu je 20 Prozent ein, sogenannte Quintile. Damit erhält man etwa diejenigen 20 Prozent, die am wenigsten verdienen, und vergleicht sie mit den 20 Prozent, die am meisten verdienen. Genauer: Es wird verglichen, wieviel von der gesamten Einkommensmasse dem untersten und dem obersten Quintil jeweils zufließt.

Da stellt sich nun für Westdeutschland heraus, daß die oberen 20 Prozent der Haushalte 38 Prozent des Einkommens aller Haushalte an sich nehmen (1993). Das oberste Fünftel der Haushalte verfügt damit fast über zwei Fünftel aller Einkommen. Das unterste Quintil schafft nicht einmal ein Zehntel (neun Prozent). Die oberen 20 Prozent verdienen also 4,2mal so viel wie die unteren 20 Prozent. Dieser Abstand hat sich seit 1988 sogar um einige Prozentpunkte erhöht. Die Ungleichheit der Einkommensverteilung in der alten Bundesrepublik hat also zugenommen, oder, grob gesagt, die Reichen sind reicher, die Armen ärmer geworden.

Schaut man sich die beiden Quintile in den neuen Bundesländern an, so stellt man natürlich auch hier einen gewissen Abstand fest. Er ist allerdings deutlich geringer. Den oberen

20 Prozent der Haushalte stehen dort 30 Prozent aller Einkommen zur Verfügung, den unteren elf Prozent. Noch bedeutsamer ist jedoch, daß sich dieser Abstand auch bei steigenden Einkommen seit 1990 nicht verändert hat. Beide, das unterste und das oberste Quintil, erreichten 1993 einen etwas geringeren Anteil der gesamten Einkommensmenge; dafür konnten aber die mittleren Quintile ihren Anteil steigern oder wenigstens auf gleicher Höhe halten. Das heißt, die Einkommensverteilung der ostdeutschen Haushalte ist deutlich ausgeglichener als in der alten Bundesrepublik, und die höhere Gleichmäßigkeit der Verteilung nimmt eher noch zu.

Hier kann von einer Annäherung der Lebensverhältnisse keine Rede sein. Der Westdeutsche hat seine Zwei-Drittel-Gesellschaft (in der nur noch ein Drittel im Wohlstand lebt), der Ostdeutsche ist davor noch verschont, zumindest noch eine Weile.

Eine weitere Ost-West-Disparität ist erwähnenswert: Die höheren Einkommen fließen nicht überall denselben sozialen Gruppen zu.

In Westdeutschland liegen zum Beispiel die Haushalte von leitenden Angestellten und höheren Beamten einkommensmäßig weit über allen anderen; sie verfügen über 156 Prozent des durchschnittlichen Haushaltseinkommens (1993). Die nächste Gruppe sind die hochqualifizierten Angestellten und die Beamten des gehobenen Dienstes mit 137 Prozent. Diese beiden Gruppen konnten ihren Vorsprung vor den anderen in den letzten Jahren sogar noch vergrößern, die freien Berufe (129 Prozent) wenigstens aufrechterhalten. Unter dem Durchschnittseinkommen der westdeutschen Haushalte liegen fast alle anderen sozialen Gruppen, insbesondere die Arbeitslosen (67 Prozent).

In den neuen Ländern hat sich der hochqualifizierte Angestellte bzw. der gehobene Beamte an die Spitze gesetzt, aber sein höheres Haushaltsgeld beträgt nur 125 Prozent des Durchschnittseinkommens. Gleich dahinter kommen die einfachen Angestellten und Beamten (119), qualifizierte Angestellte und mittlere Beamte (117) und schließlich die leitenden Angestellten und höheren Beamten (112 Prozent). Alle anderen müssen wiederum mit einem unterdurchschnittlichen Einkommen haushalten.

Im Ost-West-Vergleich ergibt sich, daß in den neuen Ländern der Einkommensabstand zwischen den sozialen Gruppen bei weitem geringer ist als in der alten Bundesrepublik. Im Osten verdienen also alle miteinander weniger als im Westen. Aber der relativ wohlhabende Haushalt entfernt sich vom Durchschnitt nicht in so eklatante Höhen wie im Westen. Die Einkommen sind dort zur Zeit noch ziemlich gleichmäßig verteilt. Soll man den neuen Ländern wünschen, daß sie sich auch darin den alten angleichen, daß also auch hier die Reichen noch viel reicher als die Armen werden?

Ausgewählte Besserverdienende
Wie viele Deutsche eigentlich Einkommen- und Lohnsteuer zahlen, weiß niemand. Die Statistik des Finanzamts erfaßt nämlich jedes zusammenveranlagte Paar nicht als zwei Personen, sondern als einen einzigen Steuerpflichtigen. Der zweite Nachteil dieser Zählung liegt darin, daß sie nie sehr aktuell ist, da viele Steuerzahler ihre Anträge und Erklärungen erst Jahre später einreichen. Deshalb ist die letzte verläßliche Zahl von 1989 und betrifft nur die alte Bundesrepublik.

Mit diesen Einschränkungen kommt man auf 15,8 Millionen Steuerzahler (und 7,3 Millionen weitere, aber nicht veranlagte Steuerpflichtige). Unter ihnen sind 112 000 Deutsche, die jährlich zwischen einer und zwei Millionen Mark brutto verdienen, 4900 Personen, deren Verdienst zwischen zwei und fünf Millionen liegt, und 1200 mit einem noch höheren Jahreseinkommen bis zu zehn Millionen. Dieses Einkommen oder ein noch höheres müssen insgesamt 900 Deutsche versteuern.

Neun von ihnen besitzen ein Milliardenvermögen. Es sieht allerdings im internationalen Rahmen eher mickrig aus. Das vermutlich höchste deutsche Privatvermögen beträgt nämlich kaum mehr als fünf Milliarden Mark (nebenbei: Es gehört einer Frau). Das ist wenig im Vergleich zur geschätzten Vermögensmasse des Sultans von Brunei oder der saudischen Herrscherfamilie (35 bzw. 25 Milliarden Mark). Würde man das gesammelte Milliardenvermögen der Bundesrepublik an ihre Einwohner verschenken, so bekäme jeder nicht einmal 250 Mark ausbezahlt. Dieselbe Schenkung in Brunei brächte jedem Einwohner immerhin 127 000 Mark ein.

Daß Deutschland ein Hochlohnland ist, läßt sich mit aller Klarheit auch an den Bezügen seiner Manager ablesen. Sowohl als Abteilungs- wie auch als Bereichsleiter verdient ein Deutscher mehr als seine Kollegen in einer ganzen Reihe vergleichbarer Länder; nur der Schweizer Hauptabteilungsleiter überflügelt ihn ein wenig (vielleicht auch der österreichische).

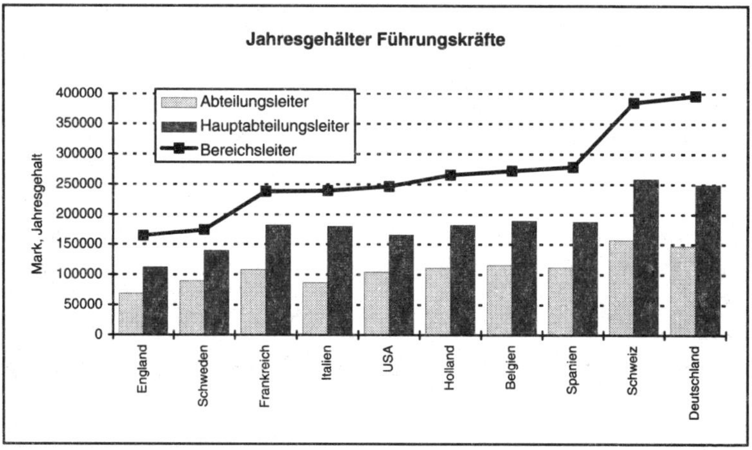

Das sind zwar alles Bruttogehälter. Aber auch nach Abzug von Steuern und Sozialbeiträgen bleiben dem deutschen Bereichsleiter immerhin noch 52,9 Prozent netto übrig. In vielen anderen Ländern Europas geht der Staat zwar freundlicher mit den Großverdienern um. In Italien steckt der Spitzenmanager 54,1 Prozent seines Bruttogehalts ein, in der Schweiz 55, in Italien 60,5, in England 63,4 und in Frankreich 64,7 Prozent. Aber die deutschen Bruttobezüge liegen derart haushoch über den anderen, daß auch die Nettogehälter europäische Spitze bleiben. Anders sähe es erst aus, wenn der deutsche Bereichsleiter sein Gehalt in, sagen wir, Holland versteuern müßte. Dort behielte er von dem schönen Höchstbetrag nach Steuern nur noch ein gutes Drittel für sich.

Nun noch ein Blick auf die einzige Berufsgruppe, die in freier Selbstbestimmung ihr Einkommen festlegen kann: die Abgeordneten. Die Mitglieder des Bundestages sind dabei ein unbesungenes Vorbild der Bescheidenheit: Seit 1992 haben sie drei Jahre lang ihre Diäten (10366 Mark pro Monat) nicht erhöht, ebensowenig wie ihre steuerfreie Kostenpauschale (im Durchschnitt 5987 Mark). Erst 1995 unternahmen sie es, sich eine, wie sie sagen, glimpfliche Diätenerhöhung auf 11 300 Mark pro Monat zu genehmigen.

Was die Landtagsabgeordneten angeht, so liegen auch die bestbezahlten von ihnen noch immer unter dem Stand der Bundestagsabgeordneten von 1990. Es sind die Bayern, die hier allen anderen vorangehen: Hier bezog jedes der 204 Landtagsmitglieder im Jahr 1996 13411 Mark im Monat, von denen die zu versteuernden Diäten nur 9590 Mark ausmachen, die steuerfreie Kostenpauschale 4711 Mark (es ist mit Abstand die höchste aller deutschen Landesparlamente). An zweiter Stelle folgen die Hessen (insgesamt 12 166 Mark) und die Niedersachsen (11570 Mark).

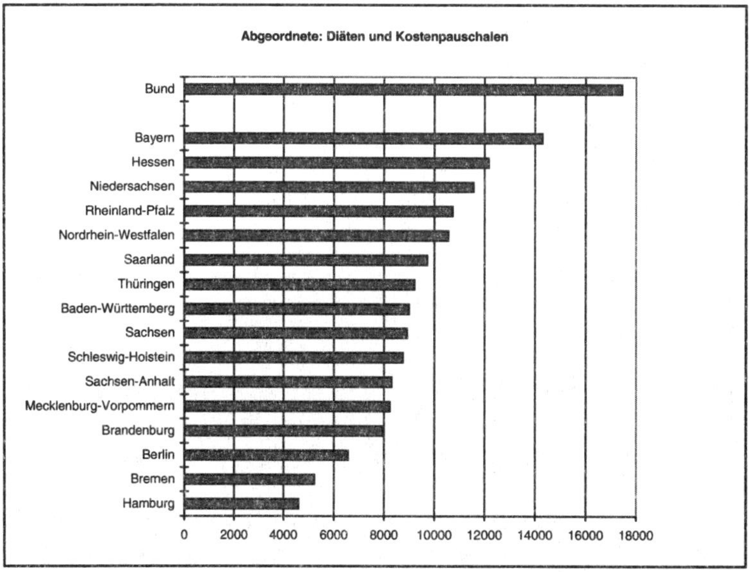

Nimmt man allein die Diäten in Betracht, so liegt eigentlich Hessen mit 11 266 Mark an der Spitze, gefolgt von Niedersachsen (9700) und Rheinland-Pfalz (8779 Mark). Im übrigen haben 1995 ostdeutsche Parlamente ihrerseits eine kräftige Angleichung der Diäten vollzogen: Brandenburg legte 8,5 Prozent zu, Sachsen-Anhalt 16, Sachsen 20 und Thüringen, das bisher schon einen recht guten Mittelplatz hatte, stolze 43 Prozent.

In einem anderen, erheblich bescheideneren Sinn gehören auch die Beschäftigten der Papierverarbeitung, der Druckindustrie und der Banken zu den Besserverdienenden. Denn sie sind die einzigen, die zu Weihnachten in Ost und West ein volles Monatsgehalt als Weihnachtsgeld bekommen. So glücklich sind zwar in der alten Republik auch die Menschen im Öffentlichen Dienst, im Bauhauptgewerbe und in der Chemie (hier zahlt ein erfolgreiches Unternehmen zum Advent sogar 170 Prozent eines Monatsgehalts). Aber die neuen Länder können sich in den beiden ersten dieser drei Branchen nur ein Zubrot von 75 bzw. 65 Prozent leisten, und am östlichen Bau gehen die Maurer zu Weihnachten überhaupt leer aus. Viele andere Wirtschaftszweige zahlen auch im Westen geringere Weihnachtsgelder, so zum Beispiel die Süßwarenfabriken (West: 95, Ost: 80 Prozent), Eisen und Stahl (93 bzw. 50), selbst die Versicherungen (immerhin gesamtdeutsch 80), die Schuhhersteller (ebenso: 60) und die Metallindustrie (im Westen 60, im Osten 50 Prozent, aber nur wenn der Beschenkte schon drei Jahre dabei ist). Und die Kassiererin im Supermarkt West erhält zum Fest nur die gute Hälfte (55 Prozent) ihres Monatseinkommens auf die Hand, ihre östliche Kollegin exakt 50 Prozent.

Auf der hohen Kante

Wie reich diese Bundesrepublik wirklich ist, wird einem erst klar, wenn man in die deutschen Sparstrümpfe schaut. Jeder Mann, jede Frau, jedes Kind hat – statistisch gesehen – ein kleines Vermögen von mehr als 53 000 Mark beiseitegelegt. Zusammengenommen könnte man mit diesen Ersparnissen alle öffentlichen Schulden in Höhe von fast zwei Billionen auf einen Schlag tilgen – und hätte immer noch über die Hälfte des Ersparten übrig. Im Klartext: Die Deutschen haben (1994) die nicht mehr ganz vorstellbare Summe von 4,320 Billionen Mark auf der hohen Kante. Zehn Jahre vorher hatten sie erst halb so viel geschafft; allein in den letzten drei Jahren vor 1995 kamen 962 Milliarden hinzu.

Diese Steigerungen fanden aber vor allem in der alten Bundesrepublik statt; der Osten kann es sich vorerst gar nicht leisten zu sparen. Noch immer liegt der Sparbetrag der ostdeutschen Haushalte um ein Drittel unter der westlichen Summe. Die Ersparnisse des mittleren Westdeutschen betrugen 1993 fast 57 000 Mark, jeder Ostdeutsche hatte gleichzeitig nur knapp 14 000 Mark zurückgelegt. Oder, wenn man das Gesamtvermögen auf die privaten Haushalte umlegt: Jeder westdeutsche Haushalt hatte durchschnittlich 127 000 Mark gespart, jeder ostdeutsche aber nur 35 000 Mark.

Das deutsche Geldvermögen sammelt sich mit Vorliebe in höheren Lagen. Ein Drittel des privaten Nettovermögens in Westdeutschland gehört lediglich 5,5 Prozent aller Haushalte. In Ostdeutschland ist die Höhen-Konzentration noch nicht so stark (dort besitzen 10,8 Prozent der Haushalte ein Drittel des Geldvermögens). Sieht man aber einmal nur auf das Vermögen an Grundstücken und Häusern, so ist die Verteilung im Osten von erstaunlicher Ungleichheit: 30,7 der Immobilienwerte sind im Besitz von lediglich zwei Prozent aller Haushalte. Da erscheint der Westen schier ausgeglichen (5,8 Prozent verfügen hier über 31,6 Prozent aller Grundstücke, Häuser und Wohnungen). Im Westen hat immerhin jeder zweite Haushalt irgendeine Immobilie (50,5 Prozent), im Osten nur jeder vierte (27,7 Prozent).

Die bevorzugte Art und Weise der deutschen Geldanlage ist wie eh und je das Sparbuch, obwohl es nur geringe Renditen bringt. Mit ähnlichen Sparanlagen ergibt das einen Betrag von 930,6 Milliarden Mark. Gleich danach kommen diverse Versicherungen (907,2 Milliarden) und mit einigem Abstand festverzinsliche Wertpapiere (597,7 Milliarden).

Der Aktienbesitz spielt bei den spekulationsscheuen Deutschen traditionell eine mindere Rolle (237,7 Milliarden). Und die Bausparverträge mit nur 151,6 Milliarden Mark liegen am unteren Ende der Beliebtheitsskala.

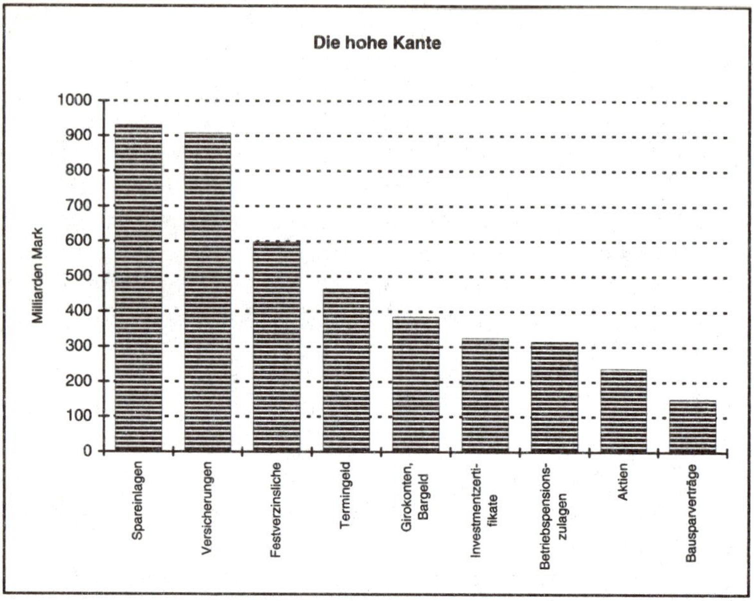

Die Sparquote von 11,1 Prozent lag schon mal höher, im Jahr der Vereinigung zum Beispiel bei 13,8 Prozent, und verringert sich seitdem kontinuierlich.

Die 4,320 Billionen sind jedoch noch nicht das gesamte Privatvermögen der Deutschen. Es kommt ja noch der Besitz an Grund und Boden sowie anderen Immobilien hinzu. Er stellt in ganz Deutschland einen Wert zwischen 3,5 und fünf Billionen Mark dar. Man schätzt, daß allein die sogenannte »Gründergeneration« der Bundesrepublik in den 90er Jahren ihren Erben Wohnungen, Häuser und Grundstücke im Verkehrswert von 343 Milliarden vermacht. 1,25 Millionen Erben profitieren von dieser Eigentumsübertragung, und nicht schlecht, da die meisten Immobilien wegen der Verringerung der Familiengröße meist Einzelkindern zugute kommen.

Einkommen aus dem Vermögen

Jeder Sparer, der sein Geld nicht unter die Matratze steckt, weiß: Geld heckt Zinsen. Diese Einkommen aus Vermögen haben sich, parallel zu den Ersparnissen, zwischen 1984 und 1993 insgesamt verdoppelt, von 102,8 auf 200 Milliarden Mark.

Obwohl die festverzinslichen Wertpapiere nicht der größte Sparbrocken sind, liegen die Zinserträge aus ihnen mit großem Abstand an der Spitze. 1993 wurden mit diesen Vermögen 54,7 Milliarden Mark erzielt. An zweiter Stelle folgen die Versicherungen; sie erbrachten den Deutschen 48 Milliarden Mark. Erst danach kommt das viel höhere Guthaben auf Sparbüchern und ähnlichen Anlagen; daraus erzielten die Deutschen noch 37,4 Milliarden Mark. Die Ausschüttungen der Unternehmen, also die Erträge zum Beispiel aus Aktiendividenden, beliefen sich auf 18,4 Milliarden Mark. Die Bausparverträge schlugen mit nur 4,1 Milliarden zu Buch. Der Rest der Zinserträge, 37,5 Milliarden, verteilt sich auf andere Einkommen wie Zinsen von Termingeldern oder auch Lizenz- und Patenteinnahmen.

Die neueste Berechnung der gesamten Vermögenseinkommen ergibt für 1994 einen gegenüber dem Vorjahr abermals gesteigerten Betrag von 208,7 Milliarden.

Das größte Stück von diesem Kuchen gehört den Rentnerhaushalten. Sie allein nehmen sich davon fast ein Viertel, 46,8 Milliarden (von denen nur ein lächerlicher Betrag den ostdeutschen Rentnern zugute kommt, nämlich drei Milliarden). Die Angestellten bedienen sich daran mit 41,9, die Selbständigen außerhalb der Landwirtschaft mit 35,2 und die Arbeiter immerhin mit 23 Milliarden.

Weil es aber sehr viele und immer mehr Rentner gibt, hat der einzelne Rentnerhaushalt von dem großen Stück weniger als etwa ein Freiberufler oder ein Angestellter.

So aufgeteilt, steht das Zinseinkommen eines westdeutschen Selbständigen (mit Ausnahme der Landwirte) mit 20301 Mark im Jahr 1993 turmhoch über allen anderen. In der nächsten Gruppe, bei den selbständigen Bauern im Westen, halbiert sich dieser Betrag auf 9579 Mark. Nah beieinander liegen sodann die Haushalte der Pensionäre (6483), Angestellten (5762) und Beamten (5336 Mark). Erst danach kommen die Rentnerhaushalte mit 5171 Mark an jährlichem Vermögenseinkommen.

Die Zinseinnahmen der ostdeutschen Haushalte zeigen wieder den viel geringeren Umfang des dort angesparten Vermögens. Die

Selbständigen außerhalb der Landwirtschaft müssen sich mit 2979 Mark, die selbständigen Bauern mit 2000 Mark zufriedengeben. Alle anderen Haushaltsgruppen liegen unter 1600 Mark (die Arbeitslosen sogar nur bei 474 Mark, während ein westdeutscher Arbeitsloser aus seinen Ersparnissen immerhin ein Zubrot von 1364 Mark Zinsen erreicht).

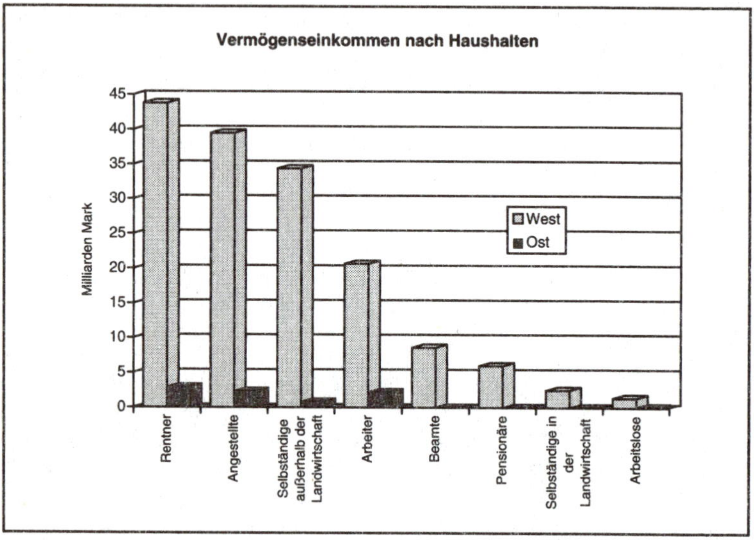

Aber selten trügt der Schein des Durchschnitts so sehr wie hier. In der Verteilung der Zinsen herrscht nämlich eine versteckte, aber beträchtliche Ungleichheit: Viele bekommen wenig, wenige viel. In Zahlen: Für zwei Drittel der zinseinnehmenden Haushalte fällt nicht mehr als ein Sechstel aller Vermögenseinkommen ab. Auf der Sonnenseite strömen etwa 32 Prozent aller Zinsen in nur zwei Prozent der Haushalte mit solchen Einnahmen. Diese Disparität ist noch markanter als bei der ungleichen Verteilung der Einkommen. Sie erklärt sich so: Mit wachsendem Anlagevermögen steigen auch die Zinskonditionen, und der Anteil hochverzinslicher Geldanlagen nimmt mit steigendem Vermögen zu. Wer also hat, dem wird gegeben.

Die Zinssteuer

Einer Umfrage von 1991 zufolge sind genau zwei Drittel der Deutschen überzeugt, daß es sich lohnt zu sparen. Nur ein knappes Drittel würde sein Geld lieber gleich ausgeben. Das Ergebnis ist kaum überraschend. Woher kämen sonst die gehorteten vier Billionen?

Die deutsche Spartugend kommt sich nun aber schlecht belohnt vor. Daß der Staat, nachdem er doch bereits beim Bruttoeinkommen mitkassiert hat, auch noch bei den Zinsen des also Versteuerten schon wieder die Hand aufhält, erfüllt viele Deutsche mit tiefem Mißtrauen.

Ihr Unmut gewinnt ein deutlicheres Relief, wenn man sich ansieht, was sie über verschiedene Einkommensteuern denken. Hier sind die Meinungen außerordentlich geteilt, und für keine der zur Auswahl gestellten Ansichten ergibt sich eine absolute Mehrheit. Gleichwohl zeichnen sich klare Präferenzen ab.

So sind immerhin 44 Prozent der Meinung, daß die Einkommen aus Arbeit weiterhin so hoch wie jetzt besteuert werden sollten. Etwas weniger Deutsche (41 Prozent) wünschen sich hier, verständlicherweise, niedrigere Steuern. Nur acht extreme Prozent finden, daß sie überhaupt brutto gleich netto verdienen sollten. Ähnlich verteilen sich die Meinungen bei den Einkünften aus Vermietung. Auch da beurteilen immerhin 41 Prozent die gegenwärtige Besteuerung als richtig. 17 Prozent befürworten sogar eine Erhöhung, nur 20 Prozent eine Verminderung dieser Einkommensteuer. Noch kurioser verteilt sind die Urteile, wenn es um die Steuern auf Aktiengewinne und Dividenden geht. Nur noch 35 Prozent sind für die jetzige Höhe des staatlichen Anteils, 21 Prozent für seine Anhebung, 13 für eine Verminderung. Aber hier springt der Prozentsatz derer, die für eine Abschaffung dieser Steuer plädieren, auf überraschende 19 Prozent. Dies alles läßt indes immer noch den beruhigenden Schluß zu, daß die Deutschen aufs Ganze gesehen recht brave Steuerzahler sind.

Völlig anders jedoch und erheblich eindeutiger äußern sie sich zur Zinssteuer auf Einkommen aus Sparguthaben. Aus dem ohnehin schlecht verzinsten Sparbuch, dieser Lieblingsanlage der meisten Deutschen, sollte der Staat sich am besten ganz heraushalten. Nur ein Viertel der Befragten (26 Prozent) findet die derzeitige Steuerhöhe angemessen. Fast ebensoviele (24 Prozent) würden lieber weniger zahlen. Die Möchtegern-Steuerverweigerer sind hier jedoch eine deutliche relative Mehrheit: 40 Prozent meinen, die Sparzinsen sollten überhaupt nicht besteuert werden. Bei keinem anderen Vermögenseinkommen ist dieser Prozentsatz so entschieden und so hoch wie hier. Die Botschaft lautet: Mein Sparbuch gehört mir.

Es kommt noch schlimmer. Nur 41 Prozent halten die Besteuerung von Wertpapierzinsen für ungerecht, die absolute Mehrheit immerhin akzeptiert sie (52 Prozent). Steuern auf Sparzinsen jedoch sind für zwei Drittel aller Deutschen eine Ungerechtigkeit (68 Prozent). Den Vorschlag, von allen Sparguthaben generell ein Viertel an den Staat abzuführen, finden 71 Prozent ausgesprochen schlecht.

Die Wurzeln dieser Antworten reichen weit hinab in moralische Fundamente. Gefragt, ob sie Verständnis dafür haben, daß viele Bürger ihr Erspartes vor dem Finanzamt verheimlichen, antworten 67 Prozent der Deutschen mit einem trotzigen Ja. Vielleicht erschrecken sie gleichzeitig über dieses Eingeständnis mangelnder Steuermoral. Denn drei Viertel (74 Prozent) geben an oder vor, niemals auch nur einen Gedanken an eigene Kapitalflucht verschwendet zu haben, das heißt, ihr Geld im Ausland anzulegen. Das klingt schon deshalb nicht recht glaubhaft, weil die überwältigende Mehrheit (88 Prozent) überzeugt ist, daß bei einer verschärften Zinskontrolle die meisten Deutschen ihr Erspartes natürlich in ausländischen Banken deponieren. Möglicherweise glauben sie das auch deshalb, weil sie den eigenen Geldhäusern nicht so ganz über den Weg trauen: 49 Prozent befürchten, daß ihre Einlagen in Deutschland nicht ordentlich geheimgehalten werden (48 Prozent allerdings sind sehr wohl von solcher Geheimhaltung überzeugt).

Diese Einstellungen ändern sich auch über Jahre hinweg nur wenig. In einer neueren Untersuchung von 1994 haben zwar nur noch 45 Prozent Verständnis für Kapitalflucht (nämlich 49 Prozent im Westen, 27 im Osten). Aber der Anteil derer, die jede Steuer auf Sparzinsen ungerecht finden, liegt nur wenig niedriger

(63 Prozent). Allmählich, zweifellos mit steigendem Einkommen, verschwinden bei diesen Antworten auch die Ost-West-Unterschiede.

Noch einmal die Moral bei der Geschichte: 30 Prozent der Angestellten, 44 Prozent der Bezieher von Einkommen über 5 000 Mark und die knappe Hälfte der Selbständigen (46 Prozent) kennen persönlich mindestens einen, der das Finanzamt schon mal beschummelt hat. Und ein Siebtel aller Deutschen (15 Prozent) hat auch selbst einmal bei der Steuererklärung gelogen. In Ostdeutschland, wohl aus noch fehlender Übung, sind das zwar nur sechs Prozent, in Westdeutschland 17, aber bei den 30- bis 40jährigen schon jeder Fünfte.

Der Mißmut der zinsbesteuerten Kleinsparer hat einen wahren Kern. Wenn sie schon ihr Erspartes nicht verprassen, sondern der Marktwirtschaft Kapital bereitstellen, sollte das Finanzamt sie für diese Hochherzigkeit nicht auch noch bestrafen. Wäre es dem Fiskus etwa lieber, jede Witwe würde ihr Sparbuch gegen einen Pelzmantel, ein Luxusauto oder eine Weltreise eintauschen? Der Staat tut also gut daran, sich bei dieser Steuer vorsichtig innerhalb delikater, oft nur moralisch definierter Grenzen zu bewegen.

Konsumenten

Was hilft es dem deutschen Menschen, wenn er so viel verdient, aber bei ihm alles teurer ist als anderswo?

Zumindest Westdeutschland verzeichnet in Europa die höchsten Lebenshaltungskosten. Dicht dahinter liegen Luxemburg und Frankreich; England, Holland und Italien liegen im Mittelfeld, und »ärmere« Länder wie Irland, Griechenland und Portugal heben sich von allen anderen vorteilhaft ab.

In ihren absoluten Beträgen haben sich die Zahlen inzwischen erhöht, die Reihenfolge dürfte sich aber kaum verändert haben.

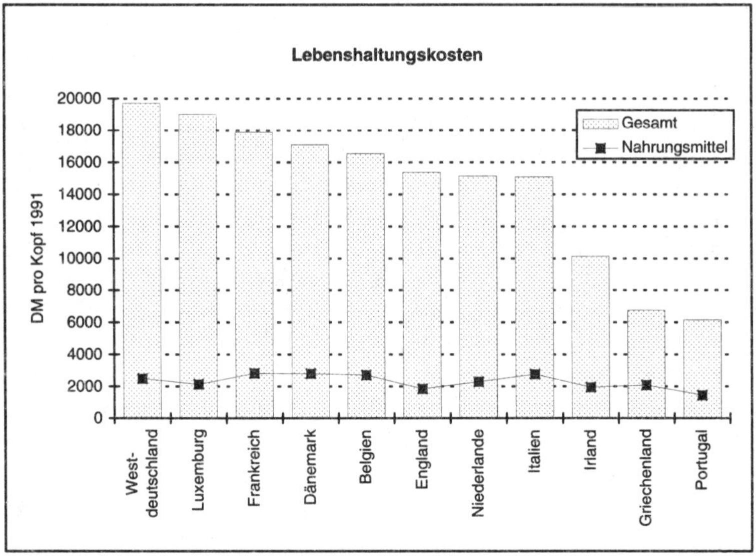

An dieser Darstellung fällt auf, daß durch ganz Europa hindurch die Ernährung überall ziemlich gleich viel kostet. Die Ausgaben insgesamt setzen sich aber ganz verschieden zusammen. Der Portugiese gibt pro Jahr nur zehn Mark für nichtalkoholische Getränke aus, der Ire aber 182; der Däne 479 Mark für das Rauchen, der Franzose nicht mehr als 182; für alle Getränke, Tabak sowie landwirtschaftliche Produkte muß der Westdeutsche jedes Jahr 3340 Mark hinlegen, der Luxemburger 3483, der Grieche dagegen nur 2537 Mark. Und diese Abweichungen lassen noch immer unberücksichtigt, daß es ja verschieden teure Lebensstile und Haushaltsformen gibt. Man kann also eigentlich nicht alle derart über einen Leisten schlagen.

Seit etwa 30 Jahren (in den neuen Bundesländern seit 1991) teilt man deshalb solche Untersuchungen in drei Haushaltstypen auf.

Der Typ 1 ist dabei ein Zwei-Personen-Haushalt, der aus Rentnern oder auch Sozialhilfeempfängern besteht. In der alten Bundesrepublik ist meist nur einer der beiden ein Rentner, in Ostdeutschland sind es in der Regel alle beide. Diesen Haushalten standen 1992 in den alten Bundesländern monatlich 2432, in den neuen Ländern 2153 Mark zur Verfügung. Nach Ersparnissen und laufenden Fixkosten geht der größte Teil davon in den privaten Verbrauch (1993 bzw. 1796 Mark), also in die Befriedigung der Lebensbedürfnisse wie Essen, Wohnen, Kleidung oder auch Reisen.

Der Typ 2 ist ein Vier-Personen-Haushalt mit mittlerem Einkommen. Der Hauptverdiener ist zumeist Arbeiter oder Angestellter; in Ostdeutschland sind auch fast immer zwei tätige Arbeitnehmer in dieser Familie. Unterstellt werden zwei Kinder im Haus, von denen mindestens eines jünger ist als 15 Jahre. Dieser Haushaltstyp hatte 1992 im Westen Deutschlands 5143, im Osten 3616 Mark zur Verfügung, von denen wiederum der größte Anteil für den privaten Konsum aufgewendet wurde (3976 bzw. 2965 Mark).

Der Typ 3 ist zwar wiederum ein Vier-Personen-Haushalt, nun aber mit einem recht hohen Einkommen. Der Haushaltsvorstand ist vor allem Angestellter oder Beamter. Hier kann die Familie pro Monat im Westen 8355, im Osten 4788 Mark ausgeben (für den privaten Verbrauch entsprechend weniger, 5763 bzw. 3951 Mark).

Der private Verbrauch

Hier unterscheidet die Statistik üblicherweise mehrere Ausgabenarten. An erster Stelle stehen natürlicherweise die Kosten für Nahrungsmittel und Getränke (denen aber auch der Tabakkonsum zugeschlagen wird). In Westdeutschland mußten dafür im Jahr 1960 noch 36,9 Prozent ausgegeben werden, bis 1993 jedoch ist dieser Anteil durch die steigenden Einkommen kontinuierlich auf 19,3 Prozent gesunken, weil man sich eben nur einmal sattessen kann. Auch der zweite Ausgabenposten, der Anteil für Bekleidung und Schuhe, sank in dieser Zeit von 11,5 auf 7,5 Prozent.

Der dritte Posten, Mieten und häusliche Energie, zeigt eine gegenläufige Entwicklung. Er betrug 1960 nur 12,8 Prozent des privaten Verbrauchs, zuletzt aber mehr als ein Fünftel (1993: 21,5 Prozent). Das zeigt, daß westdeutsche Wohnungsmieten und Energiekosten erheblich stärker steigen als die verfügbaren Einkommen. In den letzten 30 Jahren sind die Kosten für das Wohnen fast auf das Neunfache angewachsen, der private Verbrauch insgesamt aber hat sich nur verfünffacht (Kleidung und Ernährung sind etwa dreimal so teuer wie damals).

Kaum geändert hat sich der geringe Anteil, den der Westdeutsche für Gesundheit und Körperpflege ausgibt: Er bewegt sich seit Jahren zwischen vier und fünf Prozent. In Geld ausgedrückt ist das dennoch imponierend: 78,61 Milliarden Mark (1993).

Aber kein Vergleich zu dem, was daneben für Verkehr und Kommunikation ausgegeben wird. Diese 255,49 Milliarden Mark sind der dritthöchste Ausgabeposten (15,6 Prozent). Für Bildung, Unterhaltung und Freizeit fallen dann bloß noch 115,20 Milliarden ab (sieben Prozent der privaten Ausgaben).

Ausgabenstruktur

Ein Rentnerehepaar im Westen gibt (1992) etwas mehr als ein Viertel seines Haushaltsgelds allein für die Ernährung, Getränke und Tabak aus, den gleichen Anteil wie der ostdeutsche Haushalt Typ 1.

Der große Unterschied zwischen beiden tritt bei der Wohnungsmiete ein: Dafür muß der westdeutsche Rentner relativ mehr ausgeben (27,5 Prozent) als der ostdeutsche (nicht mehr als 11,3). Allerdings dürfte sich der Abstand ein wenig vermindern, wenn die Mieten im Osten, wie vorgesehen, erhöht werden.

Was der Rentnerhaushalt in den neuen Ländern an Wohngeld spart, gibt er dann offenbar lieber für Verkehr aus. Aber auch für Bildung und Freizeit liegt der Betrag nicht nur relativ höher als im westlichen Haushalt: In Geld ausgedrückt sind es hier 134 Mark im Westen und 138 Mark im Osten.

Die Familie mit dem höheren Einkommen braucht im Westen nur ein Fünftel des Haushaltsgeldes für die Ernährung aufzuwenden, im Osten dagegen fast ein Viertel (24,4 Prozent). In absoluten Beträgen jedoch gibt dabei der Haushalt im Westen 1124, der im Osten bloß 876 Mark im Monat aus. Bei den Kosten für die Wohnung zeigt sich indes derselbe West-Ost-Unterschied wie beim Rentnerhaushalt. So daß auch hier wieder relativ mehr verfügbares Geld in andere Ausgabenarten gesteckt werden kann, wenn auch in absoluten Beträgen erheblich weniger als im westdeutschen Haushalt.

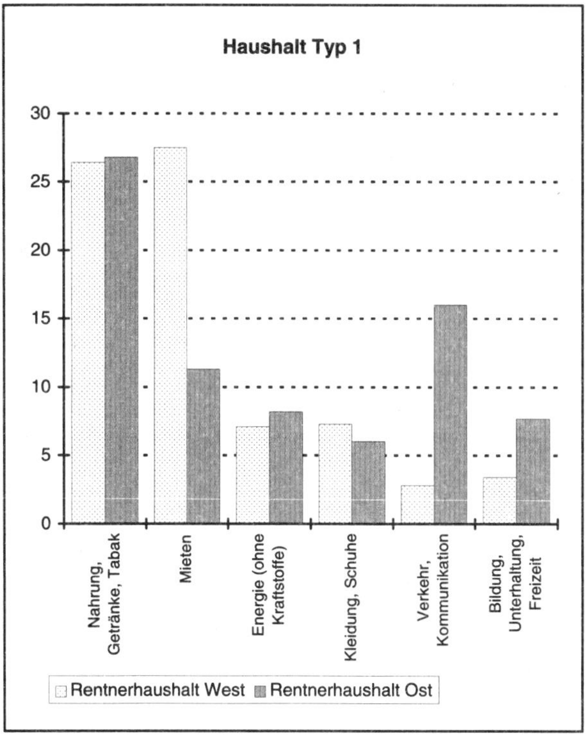

Betrachtet man allein die beiden letzten Ausgabenarten, so erscheint der soziale Unterschied auffälliger als irgendein Ost-West-Abstand. Der Besserverdienende gibt in ganz Deutschland vergleichsweise mehr aus für Verkehr, Nachrichten, Bildung, Unterhaltung und Freizeit als der gesamtdeutsche Rentner. Der ist schon froh, wenn sein verfügbares Einkommen hauptsächlich für Wohnen, Heizen und Essen reicht.

Aber auch ihm geht es natürlich besser als früher: Noch vor 30 Jahren ging ziemlich genau die Hälfte der westdeutschen Rente allein für die Ernährung drauf.

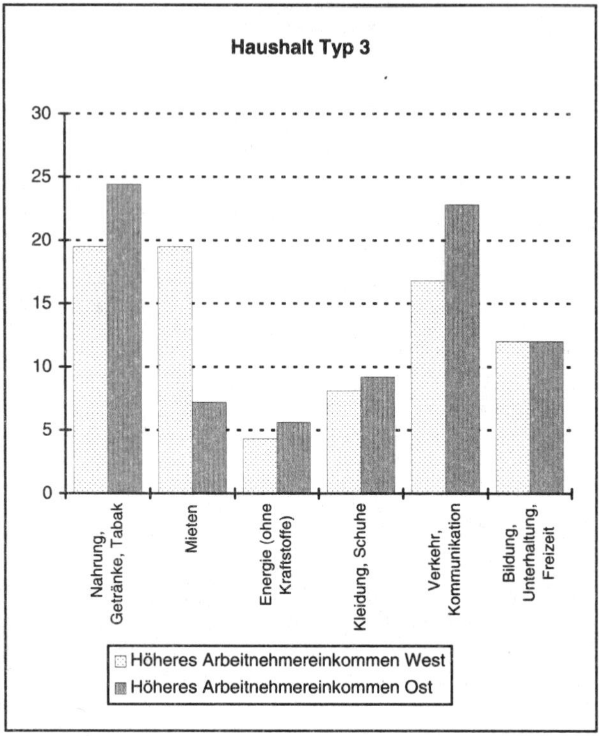

Einkaufsverhalten

Man möchte es gern glauben, so gut hört es sich an: Drei von fünf Westdeutschen kaufen »nach Möglichkeit« keine Produkte von Firmen, die die Umwelt verschmutzen; in den neuen Ländern folgen wenigstens 53 Prozent diesem tapferen Boykott. Gezielt umweltfreundliche Waren kaufen 68 Prozent der Westdeutschen, nun aber 72 Prozent der Ostdeutschen (1993).

Ihren täglichen Einkauf erledigen in den neuen Ländern relativ mehr Menschen zu Fuß (24 Prozent) als in der alten Bundesrepublik (da sind es nur 17 Prozent). Hier fahren denn auch 45 Prozent lieber mit dem eigenen Auto vor, in Ostdeutschland nur 31 Prozent. In den neuen Ländern benützen immerhin 41 Prozent Busse und Bahnen, in Westdeutschland lediglich 31 Prozent.

Über die Fortbewegungsarten der kaufwilligen Ostdeutschen weiß man hier aber noch genauer Bescheid. Die eifrigsten Fußgänger mit Einkaufskorb sind in Dessau und Frankfurt an der Oder zu finden (je 36 Prozent der Befragten), schon etwas weniger in Jena (32) und Rostock (23 Prozent). Die Hallenser bevorzugen dabei eher Bahn oder Bus (62 Prozent), auch noch die Leipziger und Magdeburger (je 54 Prozent). In Halle fahren die wenigsten mit dem Auto zum Supermarkt (17 Prozent), in Stendal sind es verblüffend viele (glatt die Hälfte). Das ist schon deshalb verwunderlich, da man hier gleichzeitig die meisten Radler beim Einkauf trifft (20 Prozent).

Auch die zeitliche Dauer des ostdeutschen Einkaufs ist gut erforscht. In Frankfurt an der Oder brauchen 74 Prozent dafür maximal eine Stunde, in Jena schaffen das 59, in Halle 58, in Dresden nur noch 42 Prozent der Einkäufer. Hier dauert der Einkauf auch für 27 Prozent länger als zwei Stunden. So lange brauchen in Leipzig sogar 32, in Frankfurt an der Oder nur sieben Prozent.

Im ganzen aber verbringen die Menschen in den neuen Ländern weniger Zeit beim Einkaufen als die Westdeutschen. Ausgeglichen ist das Verhältnis nur bei einer Dauer von ein bis zwei Stunden (hier wie dort 28 Prozent). Nur bis zu einer Stunde unterwegs sind im Westen 41, im Osten 53 Prozent. Die längere Einkaufszeit über zwei Stunden nehmen sich sehr viel mehr Westdeutsche (31 Prozent gegenüber bloß 19 Prozent der Ostdeutschen).

Es sind vor allem die älteren Deutschen, die sich Zeit lassen beim Einkauf. 41 Prozent der westdeutschen und 52 Prozent der ostdeutschen über 50jährigen tun es schon deshalb, um Geld zu sparen. Für die Jüngeren ist dieser Gesichtspunkt nicht so wichtig; nur 27 Prozent im Westen und 35 im Osten bummeln deswegen beim Einkaufen. Die Älteren interessieren sich aus demselben Grund auch stärker für Sonderangebote (West: 44, Ost: 42 Prozent) als die Jüngeren (27 bzw. 35 Prozent).

Ältere planen auch öfter den Einkauf eines Gegenstands voraus, der mehrere Jahre lang halten soll. Da zeigt sich nun aber, daß westdeutsche Jüngere – mit gewissem Recht – den Glauben an solche Haltbarkeit weitgehend verloren haben, denn nur 42 veranstalten hier eine Kaufplanung (aber noch immer 57 Prozent der westdeutschen Älteren). In den neuen Bundesländern hat sich die Wegwerfgesellschaft noch nicht so recht durchgesetzt. Da planen nicht nur drei Viertel der älteren (73 Prozent), sondern auch zwei Drittel der jüngeren Käufer eine langlebige Anschaffung weit im voraus.

Recht konstant ist im Westen ein Prozentsatz erlebnisfreudiger Käufer, die also eine Sache auch dann kaufen, wenn sie sie gar nicht brauchen, sondern nur, weil sie ihnen gefällt (1994: 26,5 Prozent). In den neuen Ländern greift diese Art des Einkaufs erst langsam um sich (und scheint in den letzten Jahren über 18 Prozent nicht hinauszukommen).

Und doch: Der Sparwille scheint jetzt auch dort ins Wanken zu geraten. Noch 1991 waren 36 Prozent der Meinung, sie würden sich lieber beim Kaufen einschränken und dafür genug Geld zum Sparen behalten; drei Jahre später dachten nur noch 32 Prozent so vernünftig (im Westen war das eine noch schwächere Minderheit: 26 Prozent). Auch verbreitet sich in Ostdeutschland allmählich die Auffassung, man sollte das Leben genießen und nicht so viel sparen (1991: 32,9, 1994: 36,2 Prozent). In Westdeutschland waren kompakte 40 Prozent schon immer davon überzeugt. Die große Angleichung kommt also übers Geldausgeben, langsam, aber sicher.

In den Supermärkten des Alltags jedoch will das Einkaufserlebnis nicht so recht berauschend werden. In einer europäischen Umfrage sind die Deutschen (neben Griechen und Portugiesen) speziell mit der Freundlichkeit der Angestellten unzufrieden. Mit Dänen und Österreichern teilen sie den Mißmut über den Kundenservice. Auch das Feinkostangebot läßt in ihren Augen zu wünschen übrig (wie übrigens auch für Holländer und Griechen).

Richtig zufrieden sind die Deutschen eigentlich mit nichts im Supermarkt. Stellenweise gibt das zu denken. Zum Beispiel sind Luxemburger, Dänen und Schweizer mit der Sauberkeit des Geschäfts besonders zufrieden, nicht die Deutschen. Portugiesen, Schweden und Griechen loben den nahen Standort, die Deutschen nicht. Noch dramatischer sind diese Zahlen: 88 Prozent der Iren oder auch der Engländer haben Vertrauen in die vom Supermarkt angebotenen Lebensmittel; in Deutschland ist gerade mal ein Drittel so gutgläubig (35 Prozent). Dabei sind die angelsächsischen Werte keine Extreme; auch andere Europäer bringen ihrem Laden häufiger solches Vertrauen entgegen, der EG-Durchschnitt beträgt hier 62 Prozent. Soll es vielleicht tröstlich sein, daß die deutschen Supermärkte in dieser Studie nicht allein so schlecht dastanden, sondern die österreichischen auch?

Eßgewohnheiten

Die deutsche Mahlzeit außer Haus darf nicht viel kosten (im Durchschnitt zehn Mark), vor allem aber muß sie schnell gehen. Ein Drittel aller Auswärtsesser geht dafür wenigstens einmal wöchentlich in einen Imbiß oder ein Stehcafé. Fast ebensoviele lassen sich immerhin mehr Zeit und suchen ein Restaurant auf (29,4 Prozent). Schon an dritter Stelle folgen die ausgesprochenen Fast-food-Esser (24,6 Prozent). Und dann gibt es noch die unerschrockene Minderheit, die ihre kulinarischen Erlebnisse in einem Kaufhausrestaurant findet (12,3 Prozent).

Der Haushalt Typ 2 gibt für das Restaurantessen rund 4,2 Prozent des privaten Verbrauchs aus; der besserverdienende Typ 3 leistet sich dafür regelmäßig mehr, etwa fünf Prozent.

Die Westdeutschen sind anscheinend beim Auswärtsessen lieber allein. Nur ein Drittel von ihnen geht mit Vorliebe in ein Restaurant, in dem man viele interessante Leute treffen kann, bei den Ostdeutschen tun das aber die knappe Hälfte (49 Prozent). Gesamtdeutsch sind hier übrigens vor allem die Frauen kontaktfreudig (48 Prozent), etwas weniger die Männer (43 Prozent).

Sogenannte Trendsetter, die neueren Entwicklungen gegenüber besonders aufgeschlossen sind, suchen zu sechs Prozent mindestens ein- oder zweimal wöchentlich ein Gourmetrestaurant auf. Knapp vier Prozent von ihnen findet man mit solcher Häufigkeit in einem Steakhouse oder selbst im Kaufhausrestaurant. Nicht einmal am Fast-food kommen sie ganz vorbei: Zwölf Prozent dieser Gruppe im Westen und acht Prozent im Osten betreten auch mal ein Schnellrestaurant.

46 Prozent aller Deutschen, und zwar besonders oft Frauen, achten auf ein ansprechendes Ambiente, dies ist aber zwei Dritteln

im Osten eher egal. Im Westen haben 20 Prozent eine positive Einstellung zu Fast-food- und Hamburger-Restaurants; der Osten Deutschlands muß da noch nachziehen, dort beträgt dieser Anteil erst 15 Prozent.

Ein wenig anders läuft das Mittagessen der Berufstätigen ab. Die meisten begnügen sich mit einem selbstgestrichenen Brot oder haben ihren Henkelmann dabei (etwa 30 Prozent). Die zweithäufigste Art der Mittagspause ist das Kantinenessen, und zwar für 24 Prozent der Männer, aber wohl teilzeitbedingt nur für 13 Prozent der Frauen. Hier dominieren traditionell zwei Mahlzeiten: Kotelett und Schnitzel, jeweils mit Gemüsebeilage. Frauen essen sehr viel häufiger daheim (37) als die männlichen Kollegen (18 Prozent). Elf Prozent der Männer kaufen sich schnell irgend etwas, was jedoch bei den Frauen nur für sieben Prozent in Frage kommt. Kurioserweise machen sich mehr Männer (zwei Prozent) als Frauen (ein Prozent) in der Betriebsküche etwas zurecht. Und etwa fünf Prozent essen mittags überhaupt nichts (sechs Prozent der Männer, vier Prozent der Frauen).

Wie oft kochen die Deutschen?

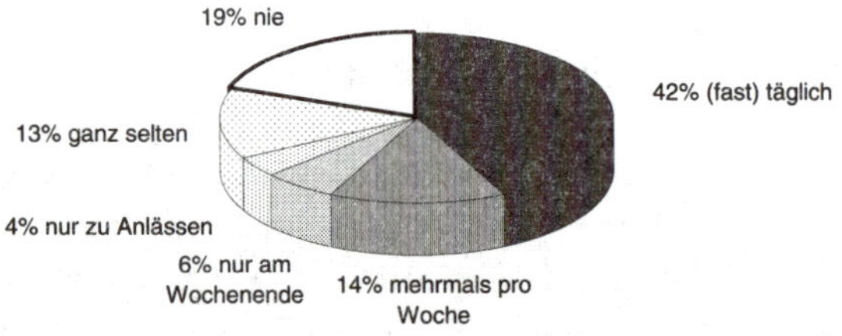

Wenn die Berufstätigen zwischen den Mahlzeiten vom Hunger befallen werden, haben gesunde 40 Prozent irgendein Obst bei der Hand, 20 Prozent einen Joghurt oder ähnliches, 18 Prozent irgendwelche Süßigkeiten. Jeder sechste ißt lieber ein Brot oder Brötchen. Und sechs Prozent rauchen dann, statt zu essen.

19 Prozent aller Deutschen kochen auch zu Hause nie, 13 Prozent nur ganz selten, täglich nicht einmal die Hälfte von ihnen. Besonders die Männer halten sich in der eigenen Küche bedeckt. 39 Prozent von ihnen kochen niemals (ebenso ein Prozent aller Frauen), und jeden Tag ergreifen nur 13 Prozent einen Kochlöffel (aber 69 Prozent der Frauen).

Kleine Warenkunde

Was zumindest die Westdeutschen essen, ist bekannt. Auch was sie nicht essen. Raucher zum Beispiel haben klar einen erhöhten Vitaminbedarf. Aber gerade sie essen erheblich weniger Obst und Gemüse als Nichtraucher. Überhaupt nehmen 17 Prozent der Männer und fünf bis zehn Prozent der Frauen nur recht selten vitaminhaltige Lebensmittel zu sich. Frischobst scheint nur bei älteren Menschen besonders appetitanregend, auch Kartoffeln; Jüngere hingegen neigen mehr zu Milchprodukten, mögen aber auch Nudeln und Süßwaren besonders gern. Personen mit höherer Bildung essen weniger Wurst und Fleisch, konsumieren dafür aber mehr Süßwaren und Mineralstoffe.

In Ostdeutschland leiden schätzungsweise drei bis sechs Prozent der Frauen und ein bis zwei der Männer an akuter Bulimie bzw. Magersucht. Es wird befürchtet, daß diese Zahlen noch steigen, da es seit der Wende ostdeutsche Mode geworden ist, sein Gewicht zu reduzieren: 80 Prozent der Frauen und 70 Prozent der Männer wollen jetzt ernstlich abnehmen. Das allein wäre nicht aufregend; aber unter diesen Schlankheitsfanatikern haben zwei Drittel Normal- oder gar Untergewicht.

Womit ernährt sich aber der Durchschnittsdeutsche? Nimmt man beispielhaft den westdeutschen Vier-Personen-Haushalt mit mittlerem Einkommen (Typ 2), so verbrauchen seine Mitglieder pro Monat insgesamt 990 Gramm Rindfleisch, 2,43 Kilo Schweinefleisch, 1,22 Kilo Geflügel, 320 Gramm Fisch, 2,25 Kilo Käse, 38 Eier, 1,07 Kilo Butter, 1,70 Kilo Margarine, 3,19 Kilo Äpfel, 1,10

Kilo Orangen, 3,36 Kilo Bananen, 1,12 Kilo Tomaten und 8,54 Kilo Brot. Es wurden fast 16 Liter Bier getrunken und 125 Zigaretten geraucht.

In Ostdeutschland verbrauchte derselbe Haushaltstyp monatlich 610 Gramm Rindfleisch, 2,49 Kilo Schweinefleisch, 1,16 Kilo Geflügel, 230 Gramm Fisch, 1,53 Kilo Käse, 29 Eier, 1,29 Kilo Butter, 2,73 Kilo Margarine, 2,45 Kilo Äpfel, 1,51 Kilo Orangen, 5,17 Kilo Bananen, 1,24 Kilo Tomaten und 10,66 Kilo Brot. 21,3 Liter Bier wurden getrunken und 184 Zigaretten geraucht.

Ein kurzer West-Ost-Vergleich macht deutlich: In den neuen Bundesländern kommen häufiger als in der alten Bundesrepublik die billigeren Lebensmittel auf den Speiseplan, zum Beispiel Schweinefleisch, Margarine und Brot, aber auch lang entbehrte Südfrüchte wie Orangen und Bananen. Vielleicht weil dort der tägliche Streß noch größer ist als im Westen, wird auch mehr geraucht und mehr Bier getrunken.

Übrigens: Der Vier-Personen-Haushalt höheren Einkommens (Typ 3) konsumiert weniger Zigaretten (West: 59, Ost: 142), im Osten aber mehr Bier (18,6 Liter gegeüber 15,8 im Westen).

Grundnahrungsmittel

Im Pro-Kopf-Verbrauch an Brot und Semmeln behauptet Deutschland seinen Spitzenplatz in Europa: Jeder Einwohner ißt davon jedes Jahr 80 Kilo. Allerdings sind ihm der Däne und der Italiener dicht auf den Fersen (je 75), ebenso die Norweger (74) sowie Finnen und Belgier (je 73 Kilo). Vergleichsweise unbeliebt sind diese Backwaren in Frankreich (56), der Schweiz (54), England (53) und in Luxemburg (52 Kilo).

Fast jeder in Deutschland mag zum Frühstück Marmelade (gut 90 Prozent, 58 Millionen am liebsten auf einem Brötchen), und die vier Lieblingssorten stehen seit Jahren unverrückbar fest: Erdbeere, Himbeere, Aprikose und Kirsche. Honig am Frühstückstisch gibt es bei 84,1 Prozent der West- und 76,3 Prozent der Ostdeutschen. Zurückhaltender sind die Deutschen bei Cornflakes (West: 45,4, Ost: 38,5 Prozent). Der Durchschnittsdeutsche kommt bei Cornflakes und Haferflocken im ganzen Jahr 1993 nur auf 1,32 Kilo, während der Schwede davon im selben Zeitraum 1,99, der Schweizer 2,73, der Engländer 6,27 und der Ire 7,96 Kilo ißt. Jeder vierte Deutsche rührt die gerösteten Maisflocken nie an.

Zum Ausgleich trinken die Deutschen um so mehr Kaffee: 88,9 Prozent trinken ihn zum Frühstück, 75,7 Prozent noch mal am Nachmittag, vorzugsweise mit Milch oder mit Milch und Zucker (je 29 Prozent). Fast ebensoviele haben ihn aber lieber schwarz (25 Prozent).

Die beliebteste Sorte ist der normale, mittelstarke Typ (im Westen 57,1, im Osten sogar 69,2 Prozent). Erst an zweiter Stelle kommt der magenfreundliche milde Kaffee, den 25,8 Prozent der Westdeutschen bevorzugen, aber nur 19,5 Prozent der Ostdeutschen. Auch der koffeinfreie und Schonkaffee geht in den alten Bundesländern deutlich besser (9,7 Prozent) als in den neuen (sechs Prozent). Die übrigen Kaffeetrinker trinken lieber Mokka (im Westen 8,6, im Osten 7,5 Prozent).

Beim Fleischangebot sagt der Deutsche neuerdings öfter Nein. Um zehn (Schweinefleisch) bis zwanzig Prozent (Rind- und Kalbfleisch) ging seit 1988 der Verbrauch zurück. Im Jahr 1993 lag der gesamtdeutsche Fleischverbrauch pro Kopf mit 62,8 Kilo noch unter dem westdeutschen Pro-Kopf-Verbrauch von 1988 (69,7 Kilo). Die Zunahmen bei Geflügel (zwölf) sowie Schaf- und Ziegenfleisch (17 Prozent) können das mengenmäßig nicht auffangen. Denn das deutsche Lieblingstier auf dem Teller bleibt das Schwein. Nimmt man alle Haushaltstypen, Kantinen- und Restaurantbesuche zusammen, so ißt jeder in Deutschland davon jährlich 39,7 Kilo, von Rind und Kalb nur 12,9, Geflügel 7,4, Wild und Kaninchen genau ein Kilo und von Schaf und Ziege nicht mehr als 700 Gramm.

Wenn vom nur langsam steigenden Fischkonsum die Rede ist (1993 alles in allem 14 Kilo pro Kopf), vergißt man leicht, daß der Deutsche den größten Teil davon, 32 Prozent, wenig kulinarisch aus der Konservendose zu sich nimmt. Den zweitgrößten Brocken Fisch konsumiert er aus der Tiefkühltruhe (25 Prozent). 18 Prozent machen Muscheln und Krabben aus, neun Prozent Fischsalate und ähnliche Feinkost. Erst an fünfter Stelle, mit mageren acht Prozent, taucht der Frischfisch auf. Dahinter folgen nur noch Räucherfische (sieben) und Salzheringe (ein Prozent).

Tiefkühlkost scheint überhaupt recht beliebt bei den Deutschen. 64,8 der Ostdeutschen, wenn auch nur 48,5 Prozent der Westdeutschen, holen sich mindestens einmal im Monat Fischstäbchen ins Haus. Fast ebensooft greifen sie zum tiefgekühlten Geflügel (Ost: 59,7, West: 45,2 Prozent). Statt des frischen essen sie lieber gefrostetes Gemüse (57,3 bzw. 42,3 Prozent). Höchstens bei Fleischgerichten sind sie auch hier wieder reservierter (nur 14,3 Prozent im Osten, aber doch 18,3 im Westen).

Wer so in die Kühltruhe faßt, ist zumeist ein Single (32 Prozent) oder aus einem Zwei-Personen-Haushalt (31 Prozent). Das Selbstkochen lohnt sich offenbar erst ab drei Personen im Haushalt (nur 17 Prozent von ihnen tauen sich etwas auf) oder vier (14 Prozent). In einem Haushalt mit fünf Personen oder mehr kommt Tiefgekühltes nur in sechs Prozent der Haushalte auf den Tisch.

Beim Obst herrscht landesweit und unangefochten der Apfel vor: Jeder Bewohner der Bundesrepublik kauft jährlich 28,3 Kilo. Mit weitem Abstand dahinter folgt die Banane mit 12,5 Kilo, die Hälfte davon kann die Birne für sich buchen (6,7 Kilo). Auf den tieferen Plätzen liegen dann Orangen (5,4), Mandarinen (5,2), Pflaumen (4,7), Kirschen (4,2), Weintrauben (3,6), Beerenobst (3,6) und Pfirsiche (3,3 Kilo).

Die Schlußlichter beim Gemüse sind Kopfsalate (2,1) und Bohnen (2,2 Kilo). Gut im Mittelfeld liegen Karotten (4,8), Gurken (5,2), Grün- und Blumenkohl (5,6) und Zwiebeln (5,7 Kilo). Weiß- und Rotkohl sind immerhin mit zusammen 6,4 Kilo dabei. Die Spitzenreiterin bleibt aber die Tomate mit einem Pro-Kopf-Verbrauch von 14,1 Kilo pro Jahr (1993/94). Außer Konkurrenz gewissermaßen stehen die Kartoffeln mit einem jährlichen Pro-Kopf-Verbrauch von etwa 70 Kilo.

Nicht leicht haben es die Light-Produkte im kernigen Deutschland. 78 Prozent der Deutschen lehnen es ab, künftig mehr Leicht-Waren zu essen oder zu trinken. Fast die Hälfte der Verbraucher läßt so etwas überhaupt nicht an sich heran (47 Prozent). Nur zwei Prozent von ihnen nehmen einmal in zwei Wochen Light-Produkte zu sich.

In klassischen Weinländern wird heute mehr Mineralwasser getrunken als in der Bundesrepublik. In Italien beträgt der Pro-

Kopf-Verbrauch (1991) 116, in Frankreich 104 Liter. Auch die Belgier (100 Liter) übertreffen hier die Westdeutschen, von denen jeder jährlich nur 89 Liter trinkt; in den neuen Ländern liegt der Verbrauch sogar noch erheblich niedriger, bei 31,5 Litern. In Europa werden die Ostdeutschen nur von wenigen Ländern unterboten, in denen Mineralwasser unbekannt zu sein scheint, und zwar von Skandinavien und Finnland (zwischen 6,5 und 11,1 Litern) oder England und Irland (acht bzw. fünf Liter).

Impulskäufe

Die Waren, die in der sogenannten Kassenzone größerer Warenhäuser ausliegen, werden eigentlich nur deshalb gekauft, weil sie da liegen. Auf jeden Fall ist dieser Impulsbereich der lukrativste im ganzen Geschäft: Der Umsatz liegt hier fünfmal höher als der Durchschnitt. Tabakwaren, speziell Zigaretten erbringen hier allein 80 Prozent des Umsatzes. Die Liste der Spitzenertragsbringer in der Zone wird angeführt von allerlei Kaugummis (26,7 Prozent), Überraschungseiern (21,3), Schokoriegeln (17,2) und Pralinen (12,6 Prozent). Besonders gedankenlos greifen die an der Kasse Wartenden zu, wenn die Ware im sogenannten Schnelldreher liegt und dieser die optimale Höhe von 1,70 Meter hat.

Im allgemeinen halten sich die Deutschen bei Süßigkeiten neuerdings etwas zurück, besonders bei Bonbons, Süßdragees und Schokolade im Lebensmittelgeschäft. Zum Ausgleich langen sie jedoch bei sehr teuren Süßwaren um so kräftiger zu.

Für Kaugummis geben die Deutschen pro Jahr gut und gern 800 Millionen Mark aus, wobei sie außerdem für Zahnpflegekaugummis noch mal geschätzte 100 Millionen Mark hinlegen. Das sieht imponierend aus. Aber umgerechnet in Kaugummistreifen pro Kopf relativiert sich die Angabe. Dabei kommt heraus, daß jeder Deutsche im Jahr nur 107 Kaugummis kaut. Sicher: Der Engländer steht ihm darin nach (94 Stück). Aber schon der Österreicher und die Skandinavier kauen kräftiger (je 112), ebenso Franzosen (115) und Italiener (123), aber auch die Beneluxländer (144). Unerreichbar sind hier natürlich die Erfinder der Kauware, die USA. Hier verbraucht jährlich jeder 267 Kaugummis.

Auch beim Süßwarenkonsum liegt Deutschland in Europa nicht an der Spitze (1990).

Daß man hier das klassische Schokoladeland Schweiz antrifft, überrascht wenig. Deutlich vor der Bundesrepublik stehen jedoch mehrere andere Länder, zum Beispiel Norwegen, während andererseits Dänemark und Schweden dagegen eher abfallen.

Man könnte meinen, daß gerade in heißen Ländern mehr Speiseeis gegessen wird als in kalten. Aber weit gefehlt. Die eifrigsten Eisesser sind, wie bei den Kaugummis, die Nordamerikaner (23 Liter pro Kopf und Jahr). Mehr als die Hälfte dieser Menge braucht aber der Bewohner eines eher kühlen Landes, nämlich Schweden (13,9 Liter). Ähnlich verhalten sich die Dänen (9,7 Liter). Danach kommen mit Mengen zwischen sieben und neun Kilo die Schweiz, Belgien, England, Holland und Irland: alles nicht gerade Mittelmeerländer. Erst hier hat Deutschland seinen neunten Rang (7,3 Liter). Und noch weniger wird in Italien gegessen (6,5), in Österreich (6,2) und Frankreich (5,8 Liter). Die heißesten Länder, Spanien und Portugal, liegen am unteren Ende (4,5 bzw. 3,4 Liter).

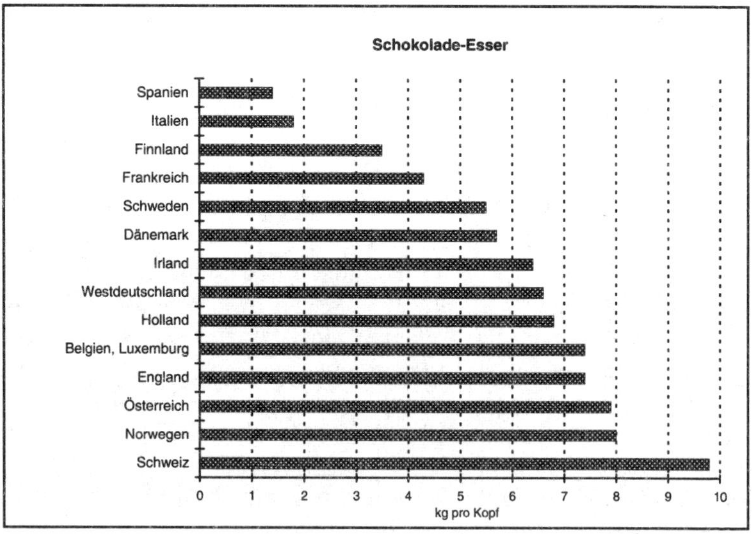

Die beliebtesten Sorten in Deutschland sind seit eh und je Vanille (45 Prozent), Schokolade (34), Erdbeer (24), Nuß (15) und Zitrone (13 Prozent). Alle anderen liegen unter zehn Prozent.

Accessoires

Es wäre ein schlichtes Leben in Deutschland, gäben die Menschen ihr Geld nur für Grundbedürfnisse wie Essen und Wohnen aus. Nein: Sie leisten sich eine ganze Reihe nicht ganz so notwendiger Dinge. Sie kaufen sich etwa Waffen, sie schenken sich wertvollen Schmuck, oder sie halten sich ein Tier im Haus.

Die Ausgaben für Haustiere werden zur Zeit auf über 400 Millionen Mark pro Jahr geschätzt. Während im Westen diese Geldmenge nur langsam steigt, hat sie sich in den neuen Ländern in vier Jahren nach der Wende wohl verdoppelt (auf 39 Millionen Mark). Soviel wird von 8,29 Millionen Hundebesitzern und fast ebensovielen, nämlich 8,01 Millionen Katzenfreunden aufgebracht.

Hunde leben im Westen vor allem bei Frauen (55 Prozent), im Osten ausgeglichener bei beiden Geschlechtern. Katzen verteilen sich regional etwas anders. Zwar sind es gesamtdeutsch vor allem die Frauen, die sich eine Katze halten (57 Prozent), nun aber sowohl in den alten (58) wie in den neuen Bundesländern (53 Prozent). Der mittlere deutsche Haustierhalter hat sehr viel öfter eine Hauptschule mit Lehre als eine akademische Ausbildung hinter sich und hat häufig ein mittleres Haushaltsnettoeinkommen zwischen 2500 und 3500 Mark. Er lebt jedoch nicht etwa allein, sondern in einem Vier- oder Mehr-Personen-Haushalt (in 28 Prozent aller Hunde-Haushalte, 37 Prozent aller Katzen-Familien leben so viele Menschen). Eigentlich nicht verwunderlich: Katze und Hund findet man überdurchschnittlich oft in Haushalten mit einem Kind unter 14 Jahren (so bei 28 Prozent der Hundefreunde und bei 30 Prozent der Katzenliebhaber). Die deutschen Haustierhalter leben im ganzen nicht etwa auf dem Land, sondern in der Großstadt (Hunde: 32, Katzen: 30 Prozent). Allerdings wäre für die neuen Länder diese Angabe sehr irreführend; dort leben sogar 44 Prozent der Hundebesitzer und 41 Prozent der Katzenfreunde in Gemeinden unter 5 000 Einwohnern.

Westdeutsche scheinen etwas tierfreundlicher; 39 Prozent von ihnen halten sich ein solches Lebewesen im Haus (Ostdeutsche nur 32 Prozent). In den neuen Ländern haben nur elf Prozent eine Katze (Westdeutschland: 13), sechs Prozent einen Hund (der im Westen häufiger ist: 14 Prozent). Ein Prozent der Ostdeutschen lebt mit einem Papagei (ebenso in den alten Ländern), aber elf Prozent mit anderen Vögeln. Sechs Prozent haben ein Aquarium im Haus (West: nur vier Prozent).

Wie viele private Gewehre und Handfeuerwaffen in deutschen Handschuhfächern und Schubladen liegen, ist unbekannt. Man weiß nur, daß es etwa 2,1 Millionen Waffenbesitzkarten im Land gibt. Und man schätzt, daß jeder Waffenschein den Besitz von 2,5 bis drei Schußwaffen bedeutet. So gerechnet, hätte also von 40 Deutschen einer eine Pistole im Gürtel oder ein Gewehr im Schrank. Das ist natürlich Unfug, denn dabei blieben die gewohnheitsmäßigen Waffenbesitzer völlig unberücksichtigt: etwa 1,6 Millionen deutsche Sportschützen, eine Viertelmillion Jäger, aber auch ungefähr 280000 Waffensammler.

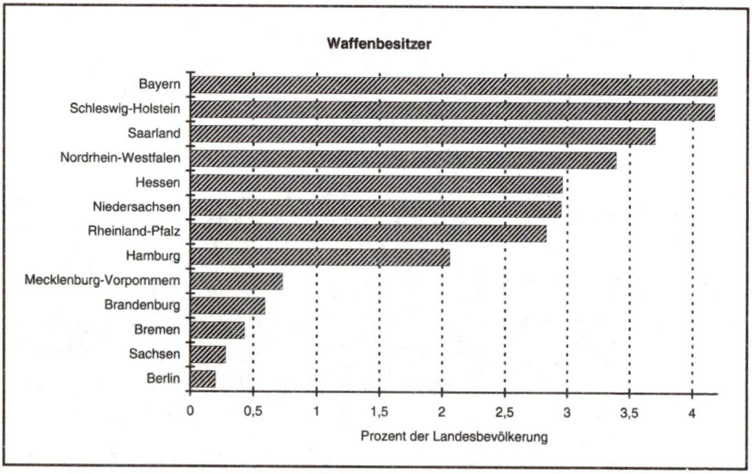

Nordrhein-Westfalen hat zwar die meisten Waffenscheinbesitzer (knapp 600000), mehr als Bayern (knapp 500000). Aber auf die Bevölkerung der Bundesländer umgerechnet, ist Bayern das bestbewaffnete Land, während Nordrhein-Westfalen hinter Schleswig-Holstein und das Saarland auf den vierten Platz zurückfällt.

Soweit der offizielle Teil. Die große Unbekannte bleibt jedoch der heimliche Waffenbesitz. Der Grund dafür ist Angst. Die Hälfte der westdeutschen und 80 Prozent der ostdeutschen Großstadtbewohner fühlen sich nicht mehr sicher genug.

Zum Schluß sei noch eine blühende Branche in Deutschland betrachtet, die Schmuckindustrie. Genauer: Krisenfest ist sie nur in Westdeutschland, denn in den neuen Ländern sind von ehemals 6 000 Mitarbeitern gerade noch etwa 300 übrig, in fünf Betrieben. Die 700 Betriebe in ganz Deutschland aber setzen pro Jahr etwa 2,5 Milliarden Mark um. Was in schlechten Jahren vielleicht im »unteren Preissegment« verlorengeht, kommt beim hochpreisigen Schmuck leicht wieder herein. Die Deutschen scheinen nämlich vor allem dem Gold verfallen. Jeder kauft jedes Jahr im Schnitt für 21,30 Mark Goldschmuck. Alles andere scheint ihm kaum die Ausgabe wert, denn nur 3,90 bezahlt er für Modeschmuck, 2,70 für Silber und 2,10 für Doublé, also etwa ein bloß dünn vergoldetes Armband.

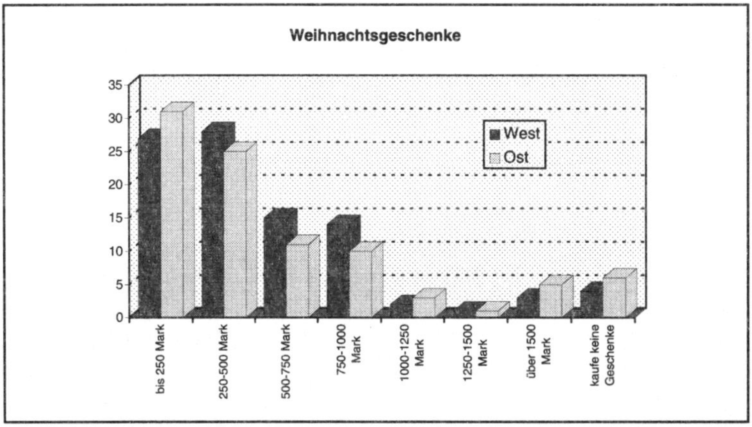

Ausgeprägte Großzügigkeit entwickelt der Deutsche zum Fest der Umsatzsteigerung, an Weihnachten. Der Anteil derer, die dann überhaupt keine Geschenke kaufen, ist auf sieben Prozent gesunken (1994; im Jahr davor verweigerten sich noch neun Prozent), in den neuen Ländern sogar nur fünf (da allerdings sind die Nichtschenker scheinbar erst im Kommen, denn 1993 machten sie nur drei Prozent aus).

Im ganzen aber zeigt sich zu Weihnachten auch der Ostdeutsche spendabel. Bei einigen Geschenken, speziell den mittleren zwischen 250 und 1 000 Mark, hat sogar die alte Bundesrepublik einen offensichtlichen Angleichungsbedarf.

Wohnen

In Deutschland stehen 15,2 Millionen Wohnhäuser mit zusammen knapp 34 Millionen Wohnungen. Die Zahl der Haushalte beträgt aber etwa 35,4 Millionen. Es bleibt ein statistisches Rätsel, wo die übrigen anderthalb Millionen Haushalte wohnen.

Es ist eine Sisyphus-Arbeit: Selten wurden in Deutschland so viele Wohnungen gebaut wie 1995 (etwa 600000), und trotzdem sind es schon wieder zu wenige (es fehlen vor allem billige Wohnungen). Die Situation entspannt sich auch künftig nicht, denn für 1996 werden nur 480000, für das Jahr 2000 nur noch 310000 neue Wohnungsbauten vorausgesagt.

Es gibt Gründe für diesen Dauermangel. Erstens wächst die Bevölkerung der Bundesrepublik trotz der kinderarmen deutschen Frau immer noch durch Einwanderung; und zweitens wohnen immer mehr Menschen allein, nicht nur, wie gesehen, aufstrebende Singles, sondern hauptsächlich ältere Frauen.

Einen weiteren Grund vergißt man gern: Es gäbe nämlich noch einigen Wohnraum in Deutschland, aber er steht leer. 1,2 Millionen Wohnungen sind ungenutzt, ein Drittel davon in den neuen Ländern. In Westdeutschland wohnt wegen zu hoher Mietforderungen keiner darin, in Ostdeutschland führen eher unklare Eigentumsverhältnisse zu dem Übelstand, oft aber auch der miserable Zustand der Gebäude. Das ist besonders ungut, wenn man sich vor Augen hält, daß der Anteil der Haushalte mit dem Anspruch auf eine Sozialwohnung auf 40 Prozent gestiegen ist.

Die meisten neuen Wohnungen entstanden 1994 jedoch nicht in Ostdeutschland, sondern in Bayern (113000), Baden-Württemberg, Nordrhein-Westfalen (je etwa 100000), Niedersachsen (70000), Hessen (41000), Rheinland-Pfalz (34000) und Schleswig-Holstein (21000). Erst an dieser Stelle erscheinen vier neue Bundesländer und die frischgebackene Hauptstadt: Sachsen (fast 17000 neue Wohnungen), Brandenburg (fast 14000), Sachsen-Anhalt (13000) und Berlin (11000). Noch weniger wurden in Mecklenburg-Vorpommern und Hamburg gebaut (je 8500), im Saarland (6000) und in Bremen (3000).

Daß nur wenige Deutsche Mieter eines Hauses oder Besitzer einer Wohnung sind, wurde schon erwähnt. Die relativ meisten Hausmieter findet man in Rheinland-Pfalz und im Saarland (zusammen sind das aber auch nur 5,7 Prozent der privaten Haushalte) und vielleicht noch in Bayern (5,1). In den neuen Bundesländern sind sie noch seltener. Dort schwankt ihr Anteil zwischen 1,8 Prozent in Sachsen und 4,9 Prozent in Brandenburg.

Die häufigsten Wohnformen sind die Mietwohnung und danach das Eigentumshaus. Die meisten Wohnungsmieter sind natürlich in großen Städten zu erwarten (zum Beispiel 88,3 Prozent in Ost- und 83,2 Prozent in Westberlin). Und in der alten DDR sind sie insgesamt mit 69,2 Prozent vertreten, in der alten Bundesrepublik mit 51,6 Prozent. Nur in zwei westlichen Regionen wohnen mehr Deutsche im Eigenheim als in der Mietwohnung, in Rheinland-Pfalz/Saarland (47,9 gegenüber 37,7 Prozent) und in Niedersachsen (44,6 gegenüber 42 Prozent).

Insgesamt ist das Hauseigentum trotz Sozialismus und unklarer Besitzlage in den alten Ländern verbreiteter, als man vielleicht erwartet hätte. In Brandenburg und Thüringen etwa wohnen vergleichsweise mehr Familien in den eigenen vier Wänden als in Nordrhein-Westfalen.

Das Wohnungseigentum scheint in den neuen Ländern auch nicht so sehr vom Haushaltseinkommen abhängig zu sein wie im Westen. Hier steigt der Anteil der Hausbesitzer stetig mit dem Einkommen: Von den Haushalten, die weniger als 1500 Mark netto im Monat haben, wohnen nur 13,2 im eigenen Haus, bei den Großverdienern (über 8000 Mark) sind es schließlich zwei Drittel

(66,3 Prozent). Ganz anders im Osten. Zwar wächst der Anteil der Eigenheimbewohner auch hier anfangs, von der untersten Einkommensgruppe (11,8 Prozent) bis zur übernächsten (2500 bis 4000 Mark: 30,1 Prozent). Dann aber knickt die Kurve plötzlich ab. In der Gruppe von 4000 bis 5000 Mark sind nur 27,9 Prozent Bewohner des eigenen Hauses, bei 5000 bis 6000 Mark etwas mehr, 31,3 Prozent, dann, in der Gruppe 6000 bis 8000 Mark, schon wieder weniger, nämlich nur 25,5 Prozent, und bei den Nochmehrverdienern steigt der Anteil auch nur auf 28,3 Prozent.

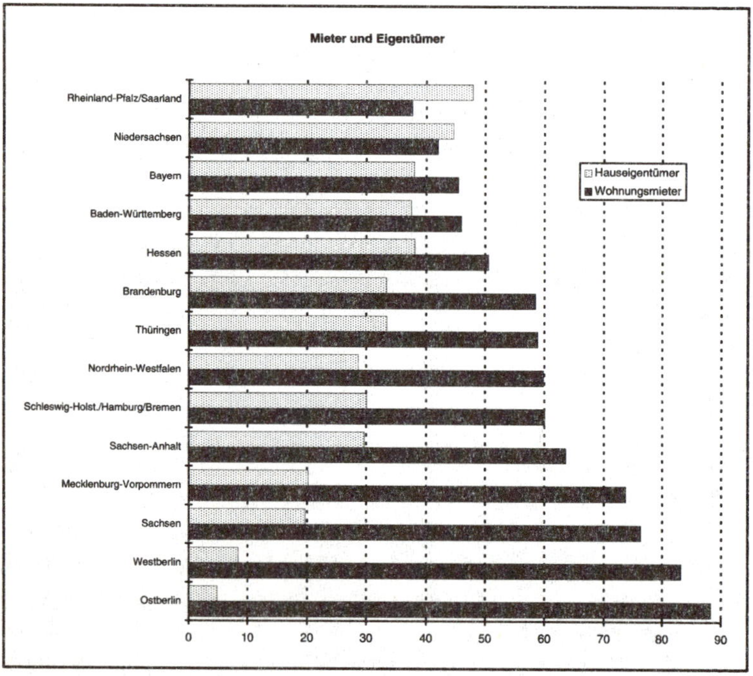

Außerdem fällt ein weiterer Ost-West-Unterschied ins Auge. In allen Gemeindetypen, von der Großstadt mit über 500000 Einwohnern bis herunter zu Städtchen und Dörfern unter 5000 Einwohnern, steigt der Anteil der östlichen Eigenheimbewohner, genau wie im Westen kontinuierlich an, liegt aber deutlich unter dem westlichen Niveau.

Erst wenn man die Randzonen von Groß- und Mittelstädten untersucht, kehrt sich das Verhältnis um: Hier finden sich mit einem Mal mehr Menschen, die im eigenen Haus wohnen, als in den alten Ländern. Am Rand der Großstadt sind es 50,3 Prozent (gegenüber 44,7 im Westen), in der Nähe der kleineren Städte sogar 57,2 Prozent (gegenüber 50,8). Gleichzeitig ist hier überhaupt, anders als im Westen, die höchste Dichte der Eigenheimbewohner angesiedelt.

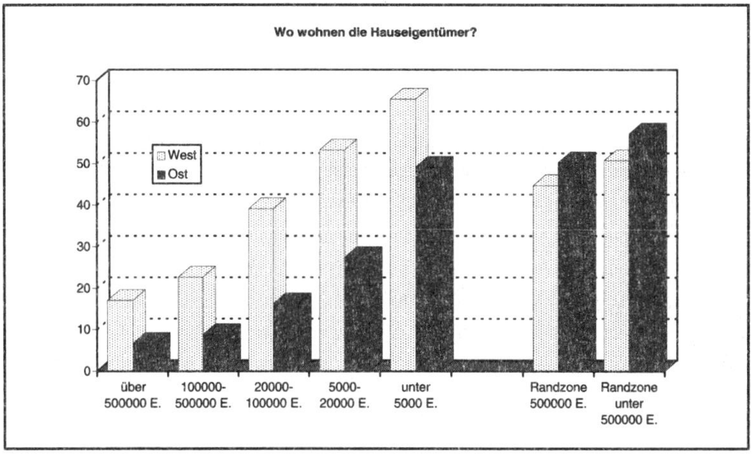

Wohnungen

Die Deutschen lieben ihr Heim. 61 Prozent im Westen und stolze 72 im Osten legen Wert darauf, daß bei ihnen zu Hause alles »blitzt und blinkt«. Weit über die Hälfte von ihnen beschäftigt sich immer wieder mit der Verschönerung der eigenen vier Wände (West: 55, Ost: 66 Prozent).

Ein Blick zurück auf 1950: Damals mußten sich in der Bundesrepublik anderthalb Familien und 4,7 Personen eine Wohnung teilen. In einem Raum wohnten 1,2 Menschen. Aber die Enge war bald behoben. Im Jahr 1982 hatte jeder Haushalt sein eigenes Unterkommen, und die Zahl der Personen je Wohnung halbierte sich 1987 auf 2,4 (1992: 2,2). Heute Leben in einem deutschen Wohnraum weniger als 0,5 Menschen. Im Durchschnitt hat jeder Westdeutsche jetzt mindestens 35,5 Quadratmeter zum Wohnen für sich.

In der früheren DDR wurde gemächlicher gebaut. Eine Studie ergab, daß dort 14 Prozent der Befragten in einem Haus wohnen, das noch aus dem letzten Jahrhundert stammt (im Westen nur sieben Prozent). Bei 32 Prozent liegt das Baujahr des Hauses zwischen 1900 und 1949 (in Westdeutschland bei 21 Prozent). Erst in jüngerer Zeit belebt sich die Bautätigkeit. 15 Prozent der Westdeutschen, aber 20 Prozent der Ostdeutschen wohnen in einem Haus, das 1980 oder danach gebaut wurde. Im übrigen wohnt der ostdeutsche Haushalt noch heute etwas beengter als der westdeutsche. Die durchschnittliche Wohnungsgröße beträgt bei diesem 72, im Osten aber nur 62 Quadratmeter.

In der alten Bundesrepublik haben zwar mehr Erwachsene einen privaten Garten (61 Prozent) als in der früheren DDR (41), aber nicht so viele einen kleinen Schrebergarten (fünf gegenüber 23 Prozent). Der Anteil der Personen ohne eigene Grünfläche ist damit ziemlich gleich niedrig (West: 31, Ost: 34 Prozent). Während fast alle ihr Gärtchen für Freizeit und Hobbys nutzen, beschafft sich der Ostdeutsche jedoch viel öfter durch Obst- und Gemüseanbau zusätzliche Lebensmittel (90 gegenüber nur 63 Prozent im Westen).

Monatsmieten

In den neuen Ländern sind die Wohnungsmieten von 90 Pfennigen pro Quadratmeter (1990) in vier Jahren sprunghaft auf 6,92 Mark gestiegen. Außerdem leiden die Mieter dort an einer weiteren Misere. Der Abstand zwischen Kalt- und Warmmiete ist viel größer als im Westen. Die ostdeutschen Warmwasser- und Heizkosten zum Beispiel sind schon deshalb unvergleichlich höher, weil dort kostensenkende Wärmedämmung und eine individuelle Temperaturregelung durch Thermostate praktisch nur in den neueren »Wende-Wohnungen« geboten wird.

Allgemein liegen die ostdeutschen Mieten noch unter dem westdeutschen Niveau. Während hier aber die Mietkosten um so höher werden, je jünger das Haus ist, erscheinen sie in den neuen Ländern etwas ausgeglichener. Bei den neueren Häusern sinken sie sogar ein wenig. Im Westen beträgt der Abstand zwischen den niedrigsten und den höchsten Durchschnittsmieten 4,90 Mark, im Osten aber nur 2,60 Mark.

Im Jahr 1994 zahlten noch immer 90 Prozent der Ostdeutschen eine Miete, die unter dem westdeutschen Durchschnitt von 9,58 Mark pro Quadratmeter liegt. Ein Drittel der ostdeutschen Mieter zahlt nur bis zu sechs Mark; im Westen wohnen lediglich elf Prozent so billig.

Die höchste Durchschnittsmiete zahlt der Westdeutsche in einem Haus, das nach 1981 gebaut wurde (12,14 Mark pro Quadratmeter), unabhängig vom Standort. Der Ostdeutsche aber zahlt relativ viel in einer Gemeinde zwischen 2000 und 20000 Einwohnern (7,39 Mark), unabhängig vom Baujahr. Mehr noch zahlt er für eine Wohnung in einem Hochhaus (7,55 Mark; im Westen kostet da der Quadratmeter allerdings 11,29 Mark Miete). In beiden Teilen Deutschlands lebt der Mieter in einem Bauernhof auf dem Land noch am billigsten (Ost: 5,82, West: 6,32 Mark).

Ein letzter Beleg für die geringere »Spreizung« der Mieten in den neuen Ländern: Ohne Bad und Dusche muß der mittlere Westdeutsche für den Quadratmeter im Schnitt 6,90, der Ostdeutsche 6,13 Monatsmiete bezahlen (1994). Mit solcher Sanitärausrüstung und zusätzlich mit einem modernen Heizsystem springt die Miete im Westen auf 9,91, im Osten aber lediglich auf 7,35 Mark.

Bis Ende 1997 sollen nun die ostdeutschen Mieten schrittweise um weitere 20 Prozent angehoben werden. Das gilt aber nur für solche Wohnungen, bei denen wenigstens Dach, Fenster und Außenwände in gutem Zustand sind. Irgendwann um die Jahrtausendwende herum, mit vollzogener Angleichung an das hohe westdeutsche Niveau, ist es dann mit dem relativ billigen Wohnen auch im Osten vorbei.

München ist in allen Mietspiegeln die teuerste Wohn-Stadt. Bei einer Neuvermietung zahlt man hier ohne weiteres 20 Mark kalt für einen Quadratmeter Wohnfläche. Am unteren Ende der Skala steht Stralsund mit 3,50 Mark.

Und wie sieht es in den übrigen Städten aus zwischen dem Tabellenersten und dem Schlußlicht? Hier eine Auswahl: Gleichauf liegen Chemnitz und Gelsenkirchen; Gotha, Oldenburg, Heilbronn und Dortmund mit Rostock; Lüneburg, Gießen, Augsburg, Aachen und Nürnberg mit Bremen; Karlsruhe, Flensburg und Hannover mit Magdeburg; Mainz mit Lübeck; Offenbach mit Frankfurt am Main; Wiesbaden, Bonn, Düsseldorf und Stuttgart mit Berlin; Darmstadt mit Erfurt. Wo München steht, an der Spitze, ist nur für einen Platz.

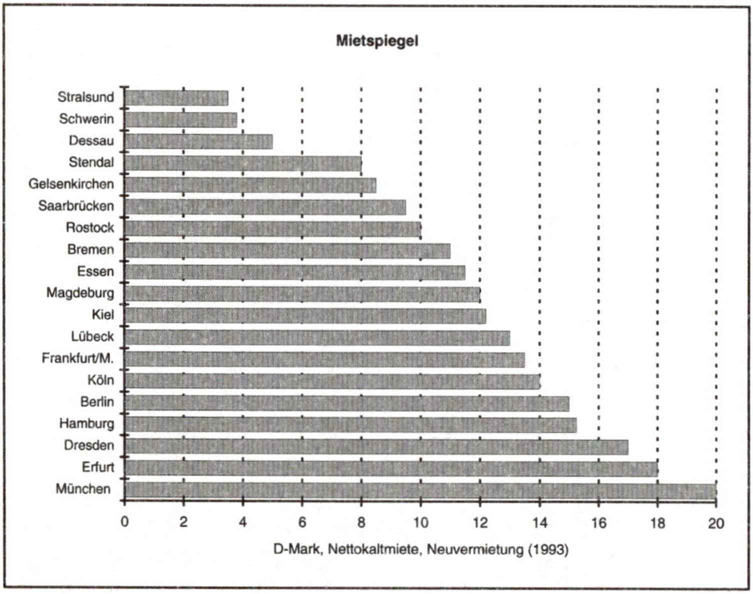

Einrichtungen

Grob vereinfacht könnte man sagen, die Deutschen in Ost und West schlafen ungefähr gleich lang. Jedenfalls geben 71 Prozent in den neuen und 73 Prozent in den alten Bundesländern an, sie hielten sich üblicherweise am längsten im Schlafzimmer auf. Vor allem die 40- bis 49jährigen verhalten sich so, nämlich überdurchschnittliche 87 Prozent. Die 60- bis 69jährigen sind offenbar im Osten wacher. Nicht mehr als 53 Prozent von ihnen verbringen ihr häusliches Dasein vorrangig im Schlafzimmer, im Westen tun das jedoch 67 Prozent, hier übrigens etwas mehr die Frauen, im Osten eher die Männer. Offenbar schlaflose Minderheiten (18 Prozent im Osten, 15 Prozent im Westen) verbringen zu Hause die meiste Zeit im Wohnzimmer. Und ein harter Kern von zwei oder drei Prozent sitzt am längsten in der Wohnküche.

Die Schlafzimmereinrichtung ist offenbar recht zufriedenstellend. Lediglich in knapp sieben Prozent der Haushalte ist eine neue Gesamtmöblierung fällig. Ein einzelnes Schlafzimmermöbel wollen sich auch nur gut acht Prozent anschaffen. Unter diesen trifft man besonders die 30- bis 39jährigen, außerdem überdurchschnittlich viele mit Abitur.

Auch die anderen Zimmer scheinen in Ordnung zu sein. Einen neuen Kleiderschrank brauchen nur 8,6 Prozent der erwachsenen Deutschen, eine neue Wohnzimmereinrichtung nur sechs Prozent. Die Werte für die alten und die neuen Länder sehen ziemlich ähnlich aus: Ein Wohnzimmer wollen sich 5,6 Prozent der Westdeutschen und 7,5 der Ostdeutschen kaufen. Nur etwas höher ist der Bedarf an einer neuen Eßecke oder einem Eßtisch mit dazu passenden Stühlen. Eine derartige Anschaffung planen 8,5 Prozent der West- und 13,7 Prozent der Ostdeutschen für die nächsten ein bis zwei Jahre.

Bei der Kücheneinrichtung fällt ein Vorsprung des Ostens auf. Hier besitzen, einer Verbraucheranalyse von 1994 zufolge, 82 Prozent der Haushalte, in der alten Republik aber nur 71 Prozent einen eigenen Kühlschrank. Dagegen kann der Westen allenfalls seine Überlegenheit bei Elektroherden ausspielen (93 gegenüber 50 Prozent) oder – ebenso eindeutig, wenn auch auf tieferem Niveau – bei der Mikrowelle (48 gegenüber 22 Prozent).

Die meisten Deutschen waschen ihre Tassen und Teller noch mit der Hand. Immerhin haben schon 39 Prozent der Westdeutschen einen Geschirrspüler in der Küche, während im Osten sich nur knapp sechs Prozent diesen Luxus leisten. Tiefkühltruhen wiederum sind ziemlich gleich verteilt, beiderseits zu etwa 45 Prozent.

Auch bei vollautomatischen Waschmaschinen haben die neuen Länder schon fast den Anschluß geschafft: Mit 84 Prozent fehlen ihnen zum westdeutschen Waschkomfort nur noch zehn Prozentpunkte. Nur bei den doch dazugehörigen Trocknern bedarf es größerer Anstrengung. Hier sind zwar auch die Westdeutschen schlechter ausgerüstet als mit Waschmaschinen: Nur 35 Prozent haben sich einen Trockenapparat angeschafft. Aber in den neuen Ländern müssen sich immerhin 95 Prozent irgendwie ohne ihn behelfen.

Einen elektrischen oder Benzin-Rasenmäher trifft man im Westen schon in 33 Prozent der Haushalte an. Im Osten, wo der eigene Garten ja öfter als Nutzfläche dient, kommen die Haushalte offenbar mit nur 31 Prozent auch ganz gut hin.

Nicht alle haben einen Farbfernseher. Eine trotzige Randgruppe von 1,1 Prozent aller Deutschen über 14 Jahren verweigert sich in Ost wie West der bunten Television.

Äußere und innere Zustände

Die Zufriedenheit mit der Wohnung hängt nicht nur vom Zustand des Gebäudes ab. Sie zeigt auch charakteristische Unterschiede zwischen Mietern und Eigentümern. Fragt man nämlich zum Beispiel in Ostdeutschland die Hauptmieter, so bezeichnen 23 Prozent von ihnen ihr Haus als gut und 56 Prozent als teilweise renovierungsbedürftig. Die Eigenheimbewohner wohnen anscheinend erheblich komfortabler oder pflegen ihre Wohnung liebevoller; stolze 53 Prozent nennen ihr Haus gut, aber nur 41 halten eine Teilrenovierung für nötig. Nach Meinung der Hauptmieter wohnen 21 von hundert in geradezu abbruchreifen Häusern, die Eigentümer empfinden ihre Unterkunft jedoch nur zu 6 Prozent als so schlecht. Der Besitz bestimmt das Bewußtsein.

Renovierungen
Auch objektiv sind die zu DDR-Zeiten wenig gepflegten Alt- und Plattenbauten für die Renovierung der Wohnungssubstanz ein noch

immer bestehendes Hindernis. Erst allmählich hat in Ostdeutschland überhaupt das Bewußtsein dafür eingesetzt, daß Wohnungen renoviert werden müssen. Im Jahr der Vereinigung meinten erst 60 Prozent der dortigen Mieter und 38 Prozent der Eigentümer, ihr Haus brauche mindestens eine Teilrenovierung; vier Jahre später erkennen 77 Prozent der Mieter und 57 Prozent der Eigentümer eine solche Notwendigkeit (zum Vergleich: 1994 war im Westen nur ein Drittel der Mieter dieser Überzeugung).

Auf der positiven Seite scheint sich nun aber auch die schon geleistete Erneuerungsarbeit bemerkbar zu machen. Erstmals seit 1990, wenn auch langsam, nimmt der Anteil sowohl der ostdeutschen Mieter wie der Eigentümer zu, die den Zustand ihrer Wohnung nunmehr als gut bezeichnen.

Allerdings spielt auch hier das Besitzverhältnis wieder eine Rolle. Wo es sich um eine kommunale Wohnung handelt, geht die Modernisierung langsam voran (in den zwei Jahren 1992 bis 1994 wurden nur 22 Prozent dieser Wohnungen renoviert). Die Kapitalbasis der kommunalen Wohnungsbaugesellschaften, durch die noch niedrigen Mieten schlecht versorgt, erlaubt vorerst keine kräftigere Erneuerung. Die privaten Eigentümer aber, die Wohnraum vermieten, sind da fleißiger (46 Prozent). Und ganz besonders rührig werden sie, wenn sie ihr Haus selbst bewohnen (69 Prozent).

Der Renovierungsgrad einzelner Wohnungsbestandteile spiegelt die Rangfolge der Grundbedürfnisse wider. Vor allem anderen werden insgesamt die Fenster instand gesetzt (19,1 Prozent aller Haushalte). Die nächste Priorität hat dann die Modernisierung der Heizung (16,3). Als drittes kommen Bad und WC dran (10,2). Erst wenn dies alles in Ordnung ist, denkt der Modernisierer ans Essen und die Kücheneinrichtung (6,8 Prozent).

Eine objektive Schadenserhebung von 1993 geht selbstverständlich über das hinaus, was an Wohnungsreparaturen bereits geschehen ist.

Die alte Bundesrepublik verfügt über insgesamt 12,9 Millionen Wohnhäuser. Mehr als die Hälfte davon (55 Prozent) ist in einem Zustand, der keine Instandsetzung erforderlich macht; 23 Prozent brauchen eine Renovierung. In den neuen Bundesländern muß jedoch an wenigstens 60 Prozent der 2,3 Millionen Wohngebäude etwas getan werden; nur ein Viertel ist in gutem Zustand.

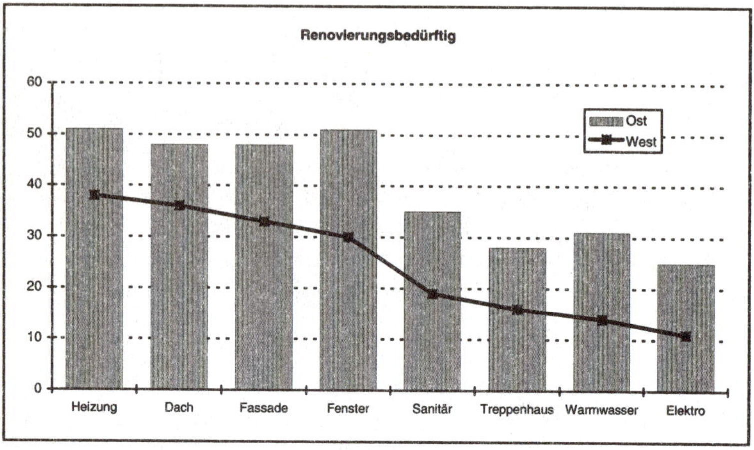

Eine Instandsetzung verlangen demnach nicht nur Fenster und Bad, sondern auch Dächer und Außenwände. Noch wohnt fast jeder zweite Ostdeutsche in einem unansehnlichen Haus, aber zwei von drei Westdeutschen leben hinter glänzenden Fassaden.

Zufriedenheit

So, wie der selbst seine Wohnung nutzende Eigentümer sie meist in besserem Zustand findet (und hält), bekundet er auch höheres Wohlbefinden in seinen vier Wänden. Zwischen alten und neuen Bundesländern sind da alle Unterschiede geradezu aufgehoben: 95 der westlichen und 89 Prozent der östlichen Eigentümer sind mit ihrer Wohnung eher zufrieden. Von den Mietern im Westen kommt diese Aussage nicht ganz so oft (81), im Osten sogar erheblich seltener (66 Prozent). Hier ist also der Abstand zwischen Anspruch und Wirklichkeit besonders groß.

Das West-Ost-Gefälle muß mit dem Allgemeinzustand der Gebäude – oder mit allgemeineren Unzufriedenheiten – zu tun haben. Denn auch eine vergleichbare Ausstattung der Wohnung schafft nicht gleiches Wohlbehagen in beiden Teilen Deutschlands. Der Standard, also Bad, WC und Zentralheizung, führt bei insgesamt

90 Prozent der Westdeutschen, aber nur bei 83 Prozent der Ostdeutschen zu hoher Wohnzufriedenheit. Etwas näher beieinander liegen die »Eher-zufrieden«-Aussagen bei Wohnungen unter diesem Standard (West: 67, Ost: 63 Prozent). Ähnliches gilt durchweg auch von anderen Komfortkriterien. So zum Beispiel empfinden Zufriedenheit 70 Prozent im Westen, aber nur 55 Prozent im Osten, wenn weniger als ein Raum für jede Person vorhanden ist. Selbst der Luxus bringt es nicht ganz: Stehen einem Menschen drei oder gar mehr Wohnräume zur Verfügung, so steigt die Zufriedenheit im Westen auf immerhin 93 Prozent, im Osten aber auf nicht mehr als 78 Prozent.

Zur subjektiv wahrgenommenen Wohnzufriedenheit trägt natürlich auch die gesamte Umgebung bei, die Wohngegend.

Naher Baulärm beeinträchtigt bei 22 Prozent aller Deutschen das häusliche Wohlgefühl, und Hundegebell stört 15 Prozent von ihnen. Es ist jedoch ein Ausweis ihrer Reinlichkeitsliebe, daß sie nur zu 12 Prozent laute Familienkräche im Treppenhaus, aber öfter, nämlich 16 Prozent, Dreck vor der Wohnungstür als Minderung der Wohnfreude empfinden.

73 Prozent der Westdeutschen und relativ mehr Menschen in Ostdeutschland (87 Prozent) fühlen sich durch Straßenlärm gestört. Lauter Flugverkehr scheint jedoch vor allem im Westen eine Quelle des Ärgers (39), nicht so sehr im Osten (22 Prozent).

Überraschend ist die geographische Unmutsdifferenz bei lärmenden Kindern. Entweder haben die Ostdeutschen neben zu vielen Wohnungen einen Kinderspielplatz, oder ihre Kinder sind einfach lauter. Jedenfalls ärgern sich dort 16 Prozent über den Lärm spielender Kinder, in Westdeutschland nur jeder Zwanzigste. Auch die ostdeutschen Nachbarn sind anscheinend öfter nicht auf Zimmerlautstärke bedacht als die westlichen (22 gegenüber 15 Prozent). Ein Charakterzug ist aber allen Deutschen gemeinsam: Mit steigendem Alter nimmt die Empfindlichkeit gegen störende Nachbarn ab – vielleicht auch nur die Lust, sich mit ihnen auseinanderzusetzen. Und schließlich noch dies: Rattern vorbeifahrende Züge im Osten lauter? 18 Prozent finden dort solchen Lärm belästigend, im Westen nur elf. Die Angleichung des Ost-West-Lärms ist dagegen bei Diskotheken und Gaststätten erreicht (hier wie dort beschweren sich nur sechs Prozent darüber).

Am liebsten wohnen Ost und West auf dem Land, aber in der Nähe einer Stadt (93 bzw. 89 Prozent sind dort eher zufrieden). Während für die Ostdeutschen danach lange nichts kommt, finden die Westdeutschen aber auch das idyllisch gelegene Dorf (91) und die ländliche Kleinstadt (92 Prozent) überdurchschnittlich befriedigend.

Ein trister Befund läßt sich aber auch hier nicht vermeiden: In jedweder Siedlungsform sind die Menschen in Ostdeutschland mit ihrer Wohngegend unzufriedener als die Westdeutschen. Das vorschnelle Urteil wird darin womöglich eine durchgehende Jammerhaltung erkennen. Auch das oft noch triste Erscheinungsbild ostdeutscher Städte böte sich als Erklärung an. Aber auch hier ist der Allgemeinzustand der östlichen Wohnhäuser zu bedenken, der überall stark zu wünschen übrigläßt, ganz unabhängig von Lage und Größe der Siedlung.

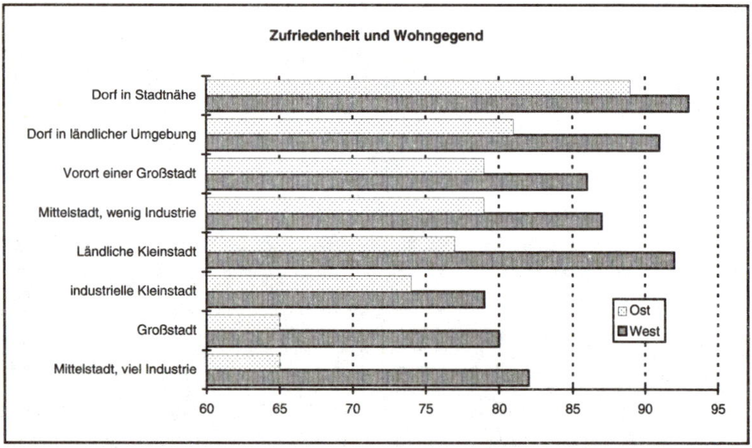

Bei einigen Gemeindeformen gehen ost- und westdeutsches Behagen weit auseinander. Nirgends kommen so niedrige Werte vor wie in der östlichen Großstadt und de industriellen Mittelstadt (je 65 Prozent). Auch bei der ländlichen Kleinstadt ist der Abstand der west-östlichen Zufriedenheit beachtlich (jeweils etwa 30 Prozentpunkte). Diese speziellen Abstandsunterschiede lassen sich nun nicht mehr mit einer allgemeinen Wohnungsqualität erklären. Eher ist es wohl so, daß die Mittelstadt mit Industrie und die Großstadt im Osten besonders oft als unwohnliche Gegend empfunden wird, sichtbar häufiger als im Westen. Anders herum betrachtet: Die Ostdeutschen fühlen sich dann am wohlsten, wenn sie in kleineren Gemeinden ohne Industrie leben. Mittel- oder Großstädte oder gar eine Industrieansiedlung bringen die Zufriedenheit sofort auf ein tieferes Niveau. So gesehen, schält sich eine Teilerklärung heraus: Die Ostdeutschen suchen nicht etwa die heile Welt des Dorfes, sondern sie äußern ihr Unbehagen an der oft wilden Industrialisierung; und in der Abneigung gegen die Großstadt mag sich die bekannte Angst vor höherer Kriminalität widerspiegeln.

Untersucht man die Wohnzufriedenheit verschiedener sozialer Gruppen, so zeigt sich – bei etwas niedrigeren ostdeutschen Werten – eine gewisse Ähnlichkeit von West und Ost. Überall, nur etwas stärker im Osten, sind besonders große und kinderreiche Familien mit ihrer Mietwohnung eher unzufrieden. Ältere Menschen fühlen sich darin noch vergleichsweise behaglich. Und wiederum sind es die Eigentümer, die hier wie dort die höchste Zufriedenheit erkennen lassen, sowohl mit ihrer Wohnung als auch mit ihrer Umgebung.

Reisen

Es mag ja zutreffen, daß die Touristik boomt. Im Jahr 1984 gaben für den Urlaub 330 Millionen Menschen weltweit erst magere 115 Milliarden Dollar aus; neun Jahre später waren es 528 Millionen Menschen und 321 Milliarden Dollar (zu diesem Betrag steuern allein die Deutschen etwa zehn Prozent bei). Aber man verliert dabei zu leicht die Daheimgebliebenen aus dem Blick. Sie sind zahlreicher, als man glaubt. Die knappe Hälfte aller Deutschen unternimmt nie eine längere, das heißt wenigstens fünftägige Urlaubsreise (West: etwa 47, Ost: 49 Prozent).

60 Prozent aller Auslandsurlauber der Welt kommen nach Europa; jeder zweite Touristendollar wird hier ausgegeben. Zwar empfängt die meisten Gäste Frankreich, das mit 60 Millionen Besuchern pro Jahr den Weltrekord hält, noch vor den USA mit 44,6 oder gar der Bundesrepublik auf dem zehnten Platz mit bloß 15 Millionen. Aber keine Nation schickt ihrerseits so viele Landsleute um die Welt wie Deutschland: Wir schaffen (1994) unerreichte 65 Millionen Auslandsreisen.

Frankreich ist auch das Land, in dem die meisten eigenen Landsleute am liebsten Ferien machen. 47 Prozent der Franzosen gehen im Urlaub nicht ins Ausland. In Dänemark bevorzugen nur 17 Prozent das eigene Land, in Österreich 26, in Holland 28 und in England 31 Prozent. Deutsche geben zu 27 Prozent das eigene Land als beliebtestes Urlaubsziel an.

Ein Viertel der deutschen Urlauber sucht vor allem Sonne und Strand. Städtereisen sind nicht ganz so attraktiv (21 Prozent), noch weniger ein Erholungsurlaub auf dem Land (16) oder ein paar Sommerwochen im Gebirge (zwölf Prozent). Eine Rundreise macht nicht einmal jeder zehnte (neun Prozent). Ganz klar: Streß ist im Urlaub fehl am Platz.

Ziele

Was der Deutsche vor allem braucht, ist eine schöne Landschaft. Fast zwei von drei Reisenden verlangen sie von einem richtigen Urlaub (64 Prozent). Niemand sonst in Europa ist in diesem Punkt so anspruchsvoll. Österreicher zum Beispiel halten sie nur zu 53 Prozent für unabdingbar, Holländer zu 50, Engländer zu 45 und Dänen lediglich zu 31 Prozent. Und außerdem muß der Urlaubsort für den Deutschen klimatisch gesund sein (51 Prozent). Nur 16 Prozent der dänischen Gäste brauchen so etwas, aber immerhin auch 44 Prozent der Österreicher.

Das Zweitwichtigste für den deutschen Urlauber ist Sauberkeit (58 Prozent). Vor der schnellen Bemerkung »typisch deutsch« bewahrt ein Blick auf die Franzosen, die hier ganz genauso denken (59 Prozent), beinahe auch noch die Engländer (48 Prozent); nur die Dänen sehen das lockerer (sechs Prozent).

Auffallend ist, wie viele Deutsche sich offenbar dort am wohlsten fühlen, wo Deutsch gesprochen wird (28 Prozent; Österreicher brauchen das übrigens ebenso oft: 30 Prozent). Alle anderen sind dabei williger, sich fremdsprachlich durchzuschlagen. Es ist einsichtig, daß die Dänen ihre Sprache im Ausland nur zu einem geringen Teil erwarten (zwei Prozent). Aber selbst Engländer und Franzosen setzen ihre Weltsprachen nicht so häufig auf die Liste der Urlaubsforderungen (19 bzw. 15 Prozent).

Vorbildlich sind die Deutschen, wenn es um die Umweltfreundlichkeit des Urlaubsortes geht: Für ein glattes Drittel ist das ein wichtiges Kriterium. Anderswo ist man da gleichgültiger (Österreich und Frankreich je 28, England 24, Holland 14, Dänemark nur vier Prozent).

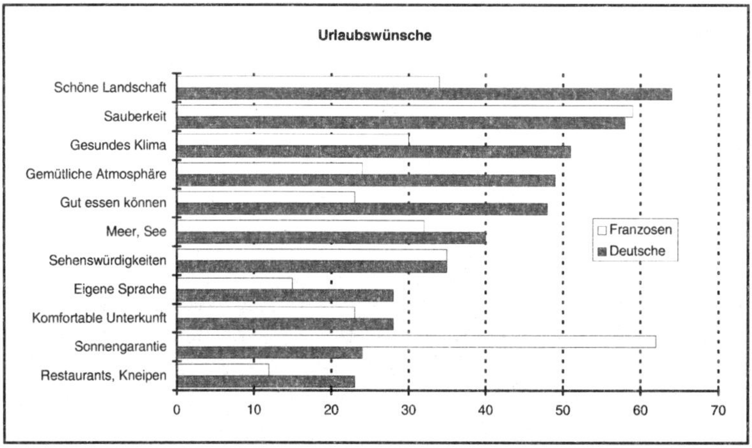

Dafür sind die Dänen erheblich sportlicher im Urlaub. 39 Prozent brauchen das am Ferienort, Deutsche bloß zu 19 und phlegmatische Engländer sogar nur zu 14 Prozent. Dänen wollen deshalb auch öfter einen Swimmingpool im Urlaub (43) als die Deutschen (14 Prozent).

Die Bequemlichkeit des Hotels scheint den Engländern außerordentlich wichtig zu sein (44), auch noch den Österreichern (32) eher als den Deutschen (28 Prozent). Freilich bleibt ein wenig rätselhaft, wie diese zu Weltmeistern im Geldausgeben werden können. Mit weitem Abstand fordern sie im Urlaub nämlich eine preiswerte Unterkunft (47 Prozent). Für die Dänen ist das Nebensache (zwei Prozent), ebenso für die Holländer (zehn Prozent), auch Engländer und Franzosen sind da nicht so knausrig (zehn bzw. 17 Prozent). Allenfalls Österreicher denken hier ähnlich wie Deutsche (43 Prozent).

Wende-Reisen

Nachdem die Berliner Mauer gefallen war, konnten die Ostdeutschen endlich in den so hochgeschätzten Westen reisen. Allein zwischen Mai und Oktober des Einigungsjahres gingen fast zwei Drittel (65 Prozent; ohne Ostberlin) auf eine längere Privatreise. Besonders eifrig dabei waren natürlich Personen mit einem höheren Haushaltseinkommen. Von denen, die 3000 Mark oder mehr verdienten, blieb sogar nur jeder vierte daheim (26 Prozent). Dagegen konnte sich die Einkommensgruppe unter 800 Mark nur zu 42 Prozent die Wende-Reise leisten. Besonders viele kamen aus günstig gelegenen Ländern wie Sachsen (74), aber auch aus Brandenburg (66 Prozent). Die meisten waren Städter (73 Prozent aus Wohnorten über 100000 Einwohner), relativ wenige kamen aus Dörfern unter 2000 Einwohnern (55 Prozent). Und sie fuhren in diesen sechs Monaten nicht nur einmal weg (40 Prozent), sondern machten zwei (27), drei (15) oder vier und noch mehr Reisen (19 Prozent, dies vor allem die 3000-Mark-Verdiener: 42 Prozent).

Zahlreich waren auch die Ostdeutschen, die in dieser Zeit eine Tagesreise in die deutsche Nachbar-Republik unternahmen. Nur 44 Prozent blieben zu Hause. 14 von hundert schauten sich Westdeutschland nur einmal an, 12 zweimal, acht dreimal, aber 21 dreimal oder noch öfter.

Vor allem Jugendliche gönnten sich zweimal den Tagesausflug, während die viermalige Reise in beinahe allen Altersgruppen dominiert. Lediglich die Älteren blieben eher seßhaft. Aber auch von ihnen hielt es 52 Prozent wenigstens einmal nicht zu Hause.

Damit schien der Nachholbedarf an Mobilität aber noch nicht gedeckt. Nur 19 Prozent der Ostdeutschen waren sich im Einigungsjahr unschlüssig, 56 Prozent hingegen planten, in den nächsten zwölf Monaten wieder längere Zeit zu verreisen. Von ihnen begnügte sich die knappe Hälfte (45 Prozent) mit einer Reise, ein Viertel nahm sich zwei, acht Prozent drei und immer noch zwei Prozent vier oder mehr Reisen vor. Die anderen schwankten bei der Befragung, wie oft sie wegfahren wollten. Wieder waren vor allem Jugendliche besonders beweglich; 66 Prozent planten wenigstens eine längere Reise, überdurchschnittliche fünf Prozent sogar vier oder mehr.

Und bei allen, die sich immerhin eine Reise vornahmen, spielte das Einkommen keine Rolle. Im Gegenteil: 56 Prozent der Geringverdiener (bis 800 Mark) waren entschlossen zu fahren.

Touristen Ost

In beiden Teilen Deutschlands liegt der Anteil derer, die tatsächlich im Land selbst Urlaub machen, weit über dem oben erwähnten Prozentsatz von nur 27, die »am liebsten« dablieben. Von den Ostdeutschen überschreitet sogar jeder zweite für den langen Urlaub keine Grenze (52 Prozent). Von diesen ostdeutschen Deutschlandurlaubern fahren 18 Prozent auch nur in die nähere Umgebung der neuen Länder, knapp doppelt so viele (34 Prozent) in die alte Republik (ganz so viel Heimattreue finden sich, wie noch zu zeigen sein wird, im Westen nicht). Erheblich weniger Ostdeutsche reisen zum Urlaub ins Ausland.

Als dritthäufigstes Reiseziel erscheint Österreich (neun Prozent). Danach aber treten zwei Regionen auf, die den Ostdeutschen wohl nicht nur aus Gewohnheit, sondern auch wegen der dramatischen Ereignisse von 1989 besonders am Herzen liegen: die ehemalige Tschechoslowakei und Ungarn mit sieben und vier Prozent.

Jeden dritten Westdeutschland-Urlauber aus den neuen Ländern zieht es nach Bayern (35 Prozent; dort verbringen fast so geballt auch die Westler ihren Urlaub: 30 Prozent). 21 Prozent von ihnen trifft man dann in den Alpen oder dem Alpenvorland, 14 Prozent in anderen Landesteilen. Bayern ist damit nicht nur international, sondern auch republikweit das weitaus beliebteste deutsche Urlaubsland.

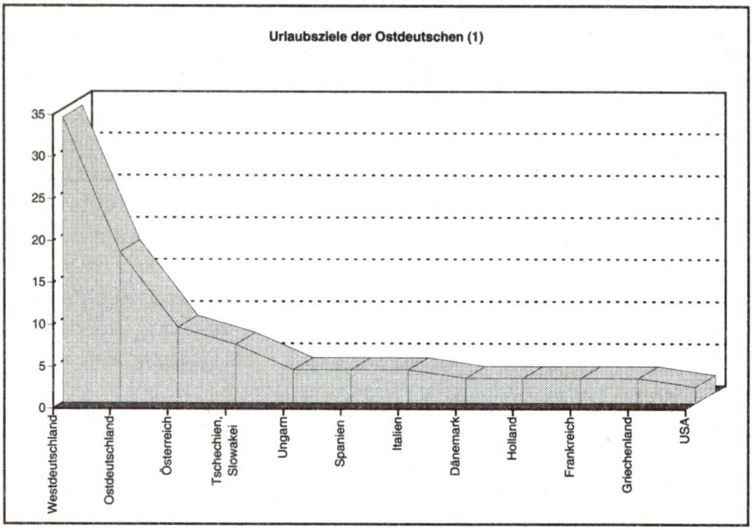

Erst mit gewissem Abstand folgen Baden-Württemberg (16), die Nordsee in Schleswig-Holstein (zehn) sowie Rheinland-Pfalz zusammen mit dem Saarland (acht Prozent). An die niedersächsischen Nordseestrände fahren drei, ins sonstige Niedersachsen und nach Bremen immerhin sechs Prozent.

Die längeren Urlaubsreisen der Ostdeutschen in die neuen Länder führen überwiegend an die Ostseeküste von Mecklenburg (16) und Vorpommern (12), sehr viele aber auch auf die Inseln Rügen und Hiddensee (15 Prozent). Andere beliebte Ziele sind Sachsen-Anhalt (zehn Prozent, von denen allein der Harz ein Drittel anlockt), Brandenburg (sieben), der Thüringer Wald und das Erzgebirge (je sechs Prozent).

Die Chance, auf diesen Reisen eine Urlauberin statt eines männlichen Urlaubers zu treffen, ist ziemlich hoch. Im ganzen sind 56 der reisenden Ostbürger weiblich, ganz besonders, wenn es sich um verreisende Thüringer handelt (64 Prozent von ihnen sind Frauen) oder auch um Urlauber aus Sachsen-Anhalt (59 Prozent). Lediglich bei den Reisenden aus Sachsen ist ein etwa so ausgeglichenes Verhältnis wie sonst in der Bevölkerung zu sehen (Frauen: 49, Männer: 51 Prozent). Um noch einmal auf die thüringischen Urlauberinnen zurückzukommen: Es müssen hier, anders als im deutschen Durchschnitt, auch nicht unbedingt die älteren Jahrgänge unterwegs sein. 18 Prozent der urlaubenden Thüringer und Thüringerinnen sind nämlich 20 bis 29 Jahre alt, 24 Prozent zwischen 30 und 39 Jahren. Die reisenden Bewohner von Mecklenburg-Vorpommern sind deutlich jünger (20 bis 39 Jahre: 52 Prozent), und immerhin sind 57 Prozent aller Urlauber dieses Bundeslandes Frauen. Die stärksten Gruppen älterer Menschen im Urlaub kommen aus Sachsen (19) und Sachsen-Anhalt (18 Prozent der Urlauber dieser Länder).

In beiden Teilen der Republik bleiben vor allem die Älteren im Urlaub gern in der Nähe. Insgesamt suchen 45 Prozent der westdeutschen Urlauber (ohne Kinderreisen) und 61 Prozent der ostdeutschen ihre Erholung im deutschsprachigen Mitteleuropa, also in Österreich, in der Schweiz oder im eigenen Land. Die über 60jährigen liegen hier aber weit über dem Durchschnitt. 76 Prozent dieser Altersgruppe im Osten und fast ebensoviele, 73 Prozent, im Westen fahren nicht weiter weg.

Schon aus geographischen Gründen zieht es etwas mehr Westdeutsche nach Westeuropa, also Frankreich, Holland und England (elf) als Ostdeutsche (sieben Prozent); das Umgekehrte gilt fast spiegelbildlich ebenso: Nach Osteuropa fahren insgesamt nur fünf Prozent der Westdeutschen, aber elf Prozent der Ostdeutschen. Bei ihnen zeigt sich nun aber eine charakteristische Altersabhängigkeit der beiden Zielregionen.

Überdurchschnittlich viele Jüngere wählen sich ein Urlaubsziel in Osteuropa, das heißt vor allem in Ungarn, Tschechien und der Slowakei (und kaum in Polen, Bulgarien oder der ehemaligen UdSSR). Nur bei den Senioren über 60 Jahren erreicht, auf niedrigem Niveau, Westeuropa ein gewisses Übergewicht. Daß diese Wahl nicht etwa aus Geldknappheit getroffen wird, zeigen ein paar weitere Zahlen: Insgesamt sechs Prozent der Ostdeutschen-Reisen ohne Kinder gehen nach Westeuropa, aber 14 Prozent der Einkommensgruppe unter 1500 Mark; nach Osteuropa reisen 13 Prozent der Ostdeutschen, aber nur zehn Prozent dieser Einkommensgruppe.

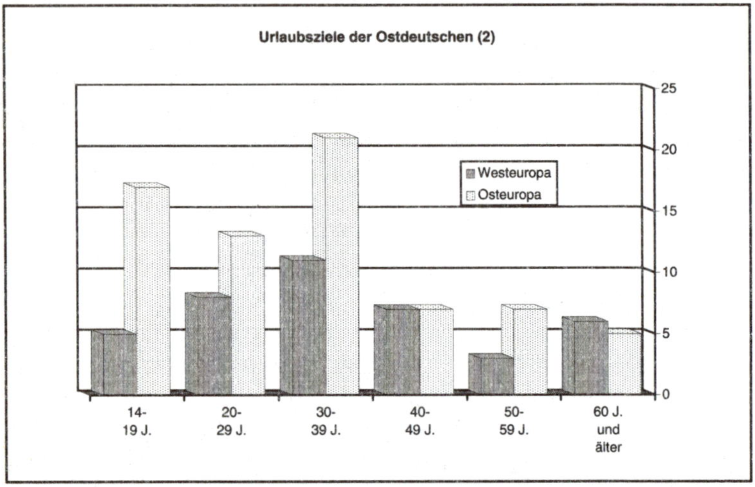

Überhaupt verteilen sich die Haushaltseinkommen bei den Urlaubern anders und regelmäßiger als in der Gesamtbevölkerung. Wenig- und Vielverdiener sind schwächer vertreten, und die Hauptmasse der Urlauber bezieht ein mittleres Einkommen: Sieben Prozent haben im Monat weniger als 1500 Mark Haushaltsgeld, 15 Prozent von ihnen 1500 bis 2250 Mark, 27 Prozent 2250 bis 3 000 Mark und 25 Prozent zwischen 3 000 und 4500 Mark. Über mehr können noch zwölf Prozent der Urlauber verfügen. Das ergäbe als Kurve einen etwas nach rechts, zu den Besserverdienenden hin verschobenen und leicht abfallenden Hügel, nicht aber jene steil abstürzende Linie, die das Fehlen der höheren Einkommen ansonsten kennzeichnete. Mit anderen Worten: Die ärmeren Ostdeutschen sind bei den Urlaubern deutlich unterrepräsentiert; um so zahlreicher dürften sie dagegen bei den Daheimgebliebenen zu finden sein.

Touristen West

Die Urlauber der westlichen Bundesrepublik unterscheiden sich von ihren Ost-Kollegen besonders dadurch, daß sie weniger konzentriert erscheinen. Nur ein Drittel von ihnen bleibt im eigenen Land (1994: 35 Prozent und nicht, wie bei den ostdeutschen Urlaubern, 52), Mitteleuropa insgesamt wird nur von 45 Prozent besucht (und nicht 61). Statt dessen trifft man relativ mehr westdeutsche Touristen in Nordeuropa (fünf statt vier Prozent), deutlicher in Westeuropa (elf statt sechs Prozent) und am sichtbarsten im sonnigen Süden Europas (19 statt neun Prozent). Dort zieht es sie vor allem in die klassischen Urlaubsländer Italien (zehn Prozent) und Spanien (acht Prozent, Osttouristen: jeweils nur vier Prozent). Auch in Griechenland, in der Türkei und in Israel treten sie stärker auf (zusammen acht statt drei Prozent). Man könnte es auch so sagen: Westdeutsche Urlauber sind reiseerfahrener, wohl auch verwöhnter, und sie fahren weiter weg als ostdeutsche Touristen.

Die frühere DDR ist für die meisten Westdeutschen noch kein richtiges Urlaubsland. Lediglich fünf mutige Prozent verbringen dort »die schönste Zeit des Jahres« (1994).

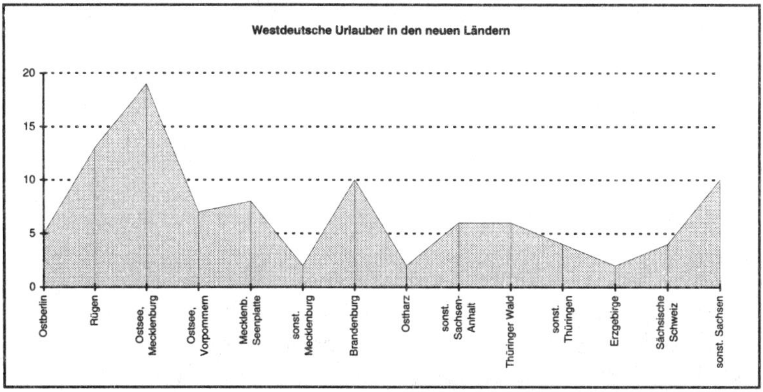

Hier allerdings werden die Reiseziele nun wieder gesamtdeutsch. Auch die »alten« Bundesbürger bevorzugen eindeutig die Ostseeküste von Mecklenburg (19 Prozent aller Ostdeutschland-Reisen) und Vorpommern (sieben Prozent) sowie Rügen und Hiddensee (13 Prozent). Auch Brandenburg (zehn) und die Mecklenburgische Seenplatte (acht Prozent) sind sehr beliebt. Abgesehen vom Erzgebirge (zwei Prozent) und der Sächsischen Schweiz (vier) kann das übrige Sachsen sogar immer noch zehn Prozent aller westdeutschen Ostreisenden willkommen heißen. Ostberlin ist nur für fünf Prozent von ihnen interessant – was kaum verwundert, da Städtereisen ohnehin nur von speziellen Liebhabern dieser Urlaubsform unternommen werden.

Ebenso ist Bayern auch für westliche Deutschland-Touristen das offenbar unvermeidliche Hauptreiseziel. 16 Prozent von ihnen tummeln sich in den Bergen und im Alpenvorland, allen voran die Landeskinder selbst (26 Prozent aller bayerischen Urlauber sind auch da), und 14 Prozent in anderen Gegenden dieses Bundeslandes. Erst dahinter sozusagen kommt das Meer als Urlaubsziel: die Nordsee (13 Prozent in Schleswig-Holstein, neun Prozent in Niedersachsen) und die eigene Ostseeküste (neun Prozent). Nach Baden-Württemberg fahren gerade noch zwölf Prozent. Alles andere erscheint daneben geradezu touristenfrei. Und insgesamt ist das etwa dieselbe Verteilung wie bei den ostdeutschen Touristen.

In der Bundesrepublik haben sich also mehrere traditionelle Urlaubsregionen herausgebildet, speziell am Meer und in den Bergen. Weitgehend unabhängig von Reisegewöhnung und Herkunft der deutschen Touristen können sie mit einem dauerhaften Stammpublikum rechnen. Der deutsche Binnenurlauber scheint wenig abenteuerlustig, er fährt offenbar am liebsten dahin, wo er sich eh schon auskennt.

Das gilt natürlich besonders für die Älteren unter ihnen. Die urlaubenden Westsenioren über 60 Jahren bleiben zu 41 Prozent im eigenen Teil der Republik und zu zwei Dritteln (65 Prozent) in Mitteleuropa. Das sind beidemale fast dieselben Anteile wie bei ihren östlichen Altergenossen (46 bzw. 76 Prozent). Man zögert, hier von einem angleichenden Zusammenwachsen zu reden, denn wahrscheinlich hat in dieser Altersgruppe niemals eine Auseinanderentwicklung stattgefunden.

Deutlich anders verreisen die Jüngeren. Die 20- bis 29jährigen zum Beispiel bleiben nur zu 20 Prozent in Westdeutschland, während überdurchschnittlich viele (14 Prozent, von den Älteren nur

5 Prozent) nach Westeuropa fahren und 23 Prozent ins westliche Südeuropa (die Älteren nur zu 13 Prozent).

Kaum überraschend finden sich unter den westdeutschen Urlaubern in Österreich besonders viele Ältere (29 Prozent). Ähnliches trifft aber auch für Skandinavien (21) und Osteuropa zu (26 Prozent). Auf der anderen Seite sind sie jedoch in einigen Ländern kaum präsent, zum Beispiel in Griechenland und Spanien (nur 10 Prozent der dortigen westdeutschen Touristen sind älter als 60 Jahre), aber auch in Frankreich (9) und ganz besonders in Holland (nur noch 5 Prozent). Im warmen Italien entspricht ihr Anteil allerdings genau dem Durchschnitt, 17 Prozent.

Dagegen konzentriert sich das jüngere westdeutsche Publikum offenbar nicht in Österreich, sondern in Holland: 14 Prozent sind dort 14 bis 19 Jahre alt, 21 Prozent 20 bis 29 (auch die Altersgruppe 30 bis 39 Jahre ist hier noch mit 31 Prozent stark überrepräsentiert). Aber die meisten 20- bis 29jährigen findet man in Spanien (25 Prozent aller westdeutschen Touristen dort) und in Griechenland (27).

Etliche westdeutsche Urlauber (ein Prozent) müssen sich ihre längere Urlaubsabwesenheit eigens vom Arbeitsamt genehmigen lassen, weil sie arbeitslos gemeldet sind. 52 Prozent nehmen, da berufstätig, ihren gesetzlichen Jahresurlaub in Anspruch. 16 Prozent von ihnen, Rentner und Pensionäre, fahren einfach ohne umständlichen Antrag los. 13 weitere Prozent sind Hausfrauen.

Einen markanten Ost-West-Unterschied bei langen Urlaubsreisen bietet die Aufschlüsselung nach Haushaltseinkommen. Die niedrigste Gruppe (unter 1500 Mark) ist im Osten mit sieben und im Westen mit sechs Prozent erwartbar schwach vertreten. Die nächste jedoch, 1500 bis 3000 Mark, stellt 42 Prozent aller ostdeutschen, aber nur 19 Prozent aller westdeutschen Urlauber. In der folgenden Gruppe, 3000 bis 4500 Mark, nähern sich die Anteile einander an: West 29, Ost 25 Prozent. Dann aber ziehen die Westdeutschen davon. Mehr als 4500 Mark haben bei ihnen ein sattes Drittel (36 Prozent), bei den ostdeutschen Reisenden aber nur noch zwölf Prozent. Entweder bleiben die wohlhabenderen Ostdeutschen im Urlaub massiv daheim (was nicht zu glauben ist). Oder die westdeutschen Urlauber übertreffen an Reichtum ihre

Brüder und Schwestern noch stärker, als schon am allgemeinen Bevölkerungsdurchschnitt zu sehen war.

Bei dieser Frage verweigern übrigens 15 Prozent der Ostdeutschen die Antwort (im Westen nur elf).

Urlaubsformen

Ein unerschrockenes Prozent der deutschen Reisenden macht Urlaub mit dem Fahrrad. Aber nicht alle Urlaubsradler, sondern nur 81 Prozent von ihnen tun dies, weil sie sich sportlich betätigen wollen (immerhin mehr als im Bundesdurchschnitt: Da interessieren sich bloß 41 Prozent für Aktivsport im Urlaub). Und nicht alle fahren mit dem Fahrrad los: 53 Prozent nehmen den Zug bis zum Ausgangspunkt. Dann verbringen sie durchschnittlich 67 Kilometer pro Tag im Sattel. Nicht gerade überwältigend tragen sie zum Umsatz der Touristikbranche bei, kaum hundert Mark am Tag.

Im Vergleich zu ihnen sind die Camper ein mächtiger Wirtschaftsfaktor. 24 Milliarden Mark geben die Deutschen in einem Jahr fürs Camping aus (1994), und zwar knappe 13 Milliarden für die Ausrüstung (vor allem Wohnwagen und Wohnmobile) und gute elf Milliarden für den Tourismus.

Reisezeiten

In Deutschland geht es nicht so zentralisiert zu wie in Frankreich, wo im August mit einem Schlag das ganze Land in den Urlaub aufbricht. Vielleicht hängt die etwas bessere deutsche Verteilung sogar mit der staatlichen Zersplitterung nach dem Dreißigjährigen Krieg zusammen, auf jeden Fall aber mit der stärker föderalistischen Struktur; jedes Bundesland bestimmt seine Schulferien selbst.

Zumindest planen die Deutschen ihre Urlaube relativ entzerrt: Wenige wollen im Winter fahren, einige im Frühjahr, etwas mehr im Herbst und viele im Sommer.

Es fällt insbesondere auf, daß die Westdeutschen ihre Urlaubszeiten möglichst über das ganze Jahr verteilen, jedenfalls weitergehend als die Ostdeutschen, von denen viele nur im Juli verreisen wollen (24 Prozent, gegenüber nur 14 Prozent der Westdeutschen).

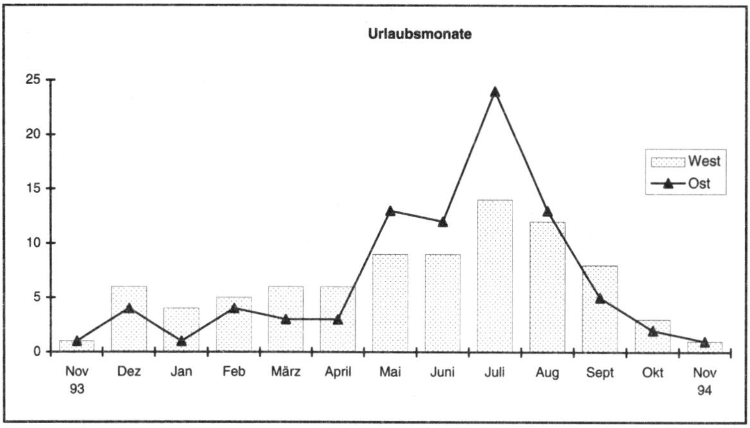

Hinter dieser generellen Verteilung stecken jedoch große Abweichungen von Bundesland zu Bundesland. Die Bayern zum Beispiel gehen, anders als der Durchschnitt, vor allem im Mai (14 Prozent) und im August in Urlaub (19 Prozent). In Schleswig-Holstein dagegen planen weniger Menschen als sonstwo einen August-Urlaub (nur sechs Prozent). Den ostdeutschen Spitzenmonat Juli treiben vor allem die Urlauber aus Ostberlin und Sachsen-Anhalt auf seine einsame Höhe (je 28 Prozent). Und eine große Zahl der Urlaubsplaner, speziell in Mecklenburg-Vorpommern (27) und Hessen (18 Prozent) mag sich überhaupt noch nicht auf einen Urlaubsmonat festlegen.

Wie lange dauert der lange Urlaub? Die bittere Antwort lautet: Für den Ostdeutschen bei weitem nicht so lange wie für den Westdeutschen. Zwar geht auch er auf eine kurze, nur fünf- bis siebentägige Ferienreise, aber das tun nur 20 Prozent aller Westurlauber, im Osten jedoch 30 Prozent. Die absolute Mehrheit der ostdeutschen Urlauber muß sich mit ein bis zwei Wochen zufriedengeben (55 Prozent), im Westen trifft das immerhin auf 44 Prozent zu.

Ein genaues Viertel der »alten« Bundesbürger fährt zwei bis drei Wochen weg; in den neuen Ländern können sich diesen Luxus nur acht Prozent erlauben. Länger ist statistisch überhaupt kein Ostdeutscher mehr unterwegs, aber bequeme neun Prozent der westdeutschen Reisenden.

Hier ist der Weg noch weit zur Angleichung der Lebensverhältnisse.

Übernachtungen

Überall ist die bevorzugte Übernachtungsform im Urlaub das Hotel. Westdeutsche schlafen hier etwas öfter (32 Prozent) als Ostdeutsche (25 Prozent). Die zweithäufigste Urlaubsübernachtung hat der Westen in der gemieteten Ferienwohnung (19 Prozent), während der Osten nur zu 14 Prozent darin unterkommt. Das preiswertere Gasthaus oder auch eine Pension suchen 14 Prozent der Urlauber aus den neuen, aber nur 12 Prozent aus den alten Ländern auf. Noch größer ist der Unterschied bei den Privatzimmern. Diese wenig billigere Unterkunft nehmen nur fünf Prozent der Westdeutschen, beachtliche 16 Prozent jedoch der Ostdeutschen. Hat man indes Freunde oder Verwandte am Urlaubsziel, bei denen man unterschlüpfen kann, so verhalten sich beide einigermaßen gesamtdeutsch. 13 Prozent der West- und 16 Prozent der Osttouristen nehmen diese Art der Übernachtung in Anspruch. Es wären im Osten vermutlich mehr, wenn sie ebensoviele Freunde mit Wohnungen im Urlaubsgebiet hätten wie die reisegewohnteren Westdeutschen. Andere Schlafstellen, wie zum Beispiel Zelt oder Wohnwagen (West: elf, Ost: sieben Prozent) oder auch Ferienclubs (je ein Prozent) spielen eine vergleichsweise geringe Rolle.

Offenbar ist jeder Deutsche gern Individualist. 70 Prozent aller Urlauber im Westen geben an, sie hätten ihre Reise ganz allein organisiert. Nur der kleinere Rest hat vorher gebucht und bezahlt, ganz oder teilweise. Man fragt sich, wovon Reisebüros eigentlich leben. In Ostdeutschland nehmen wenigstens noch 37 Prozent der Reisewilligen fremde Hilfe in Anspruch, nur 59 Prozent sagen, sie hätten den Urlaub völlig selbständig geplant und vorbereitet.

Da die westdeutschen Erwachsenen ihre Ferien gern ins weitere Ausland verlegen, benützen sie für den Reiseweg auch öfter das

Flugzeug (22) als die Ostdeutschen (elf Prozent). Für ihre Nahurlaube nehmen sie statt dessen lieber den Omnibus (15 Prozent), die Westdeutschen steigen da erheblich seltener ein (acht Prozent). Auch die umweltfreundlichere Eisenbahn ist im Osten noch etwas beliebter für die Urlaubsreise (elf Prozent) als im Westen (neun Prozent). Aber das allenthalben unvermeidliche Verkehrsmittel im Urlaub ist der eigene Pkw.

55 Prozent aller Westdeutschen, gar 59 Prozent der Ostdeutschen wollen auch auf langen Urlaubsreisen nicht auf ihr Lieblingsspielzeug verzichten.

Rechnet man jedoch Kurz- und Langurlaube zusammen, so sind nicht die Deutschen, sondern die Holländer die größeren Autofanatiker. 62 Prozent von ihnen fahren zu jedweder Erholung mit dem eigenen Pkw, bei den Deutschen kommen da nur 49 Prozent zusammen. Zwischen ihnen stehen noch die Franzosen, die – da ja meist im eigenen Land – zu 58 Prozent mit dem Auto verreisen. Relativ autofrei reisen lediglich Österreicher (41), Dänen (36) und Engländer (32 Prozent). Umweltschonender sind sie jedoch damit kaum, denn alle drei benützen um so kräftiger das Flugzeug (zu 45, 49 bzw. 57 Prozent). In diesem Europavergleich sind die Deutschen sogar die eifrigsten Bahnbenutzer (zehn Prozent), vor Österreichern, Franzosen und Holländern (je acht Prozent).

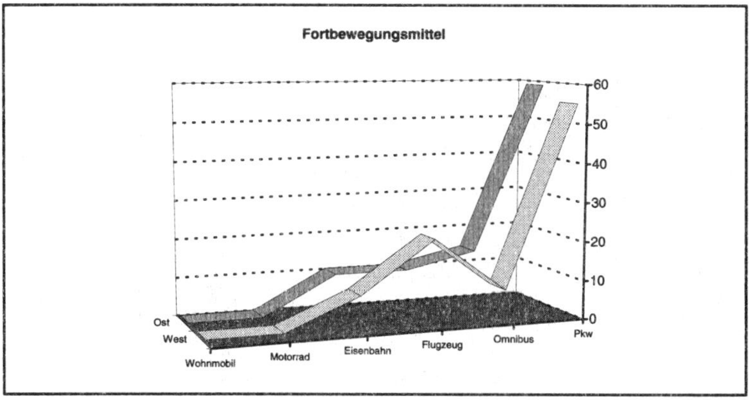

Wie erwähnt, sind die Rad-Urlauber eine nur kleine Minderheit bei den Langurlaubern. Kaum gewichtiger (auch nur ein Prozent) ist der Anteil der Motorrad-Urlauber. Statistisch ebenso unerheblich sind all jene Deutschen, die sich mit ihrem Wohnmobil auf den Weg machen. Einen Wohnwagen hängen immerhin zwei Prozent der Westdeutschen an ihren Pkw, in Ostdeutschland liegt diese Fortbewegungsart noch unter der Nachweisbarkeitsgrenze. Dasselbe gilt für ostdeutsche Schiffsreisende, während sich bei den Westdeutschen wenigstens ein Prozent im Urlaub aufs Wasser wagt. Weshalb man noch nie von einem Ferienstau auf Flüssen und Kanälen gehört hat.

Spendabel

Der Durchschnittstourist stellt sich also nicht als junger Single heraus, sondern eher als autofahrendes Paar vorgerückten Alters, und zwar in Österreich, vielleicht noch an den Stränden Südeuropas.

Das läßt sich auch an der folgenden Grafik ablesen, die zeigt, wo die deutschen Auslandsurlauber ihr Geld ausgeben.

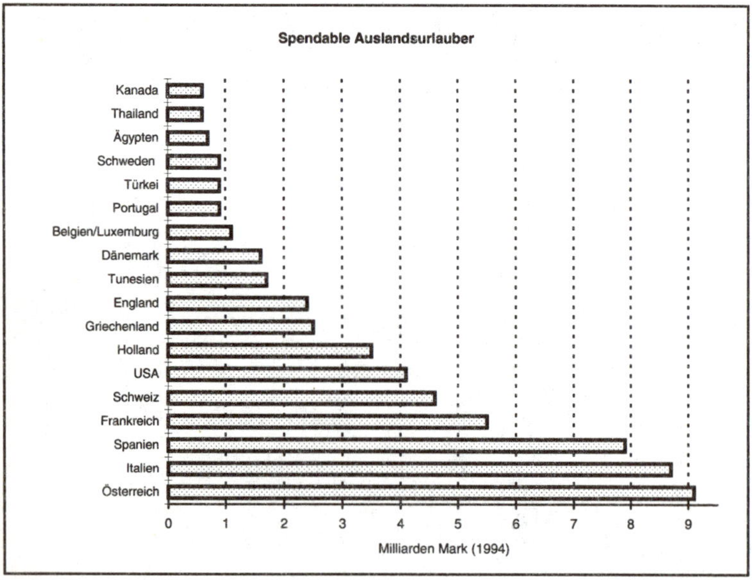

Wie fast jedes Jahr liegen auch 1994 die drei klassischen Urlaubsländer Österreich (9,1), Italien (8,7) und Spanien (7,9 Milliarden Mark) an der Spitze. Die Schweiz (4,6) und die USA (4,1 Milliarden Mark) nehmen einen unverhältnismäßig hohen Rangplatz ein, da die wenigen Deutschen, die hier Urlaub machen, relativ mehr Geld ausgeben. Dagegen steht ein garantiertes Sonnenland wie Tunesien (1,7) noch hinter England zurück (2,5 Milliarden Mark). Und in die vergleichsweise weniger Bundesbürgern sympathische Türkei fließt ebensoviel deutsches Urlaubsgeld wie in das so hochgeschätzte Schweden (0,9 Milliarden Mark).

Die Ausgaben in den dargestellten Ländern summieren sich auf 57,3 Milliarden Mark, ein Geldregen, der fast ausschließlich Europa zugute kommt. Der erheblich größere Rest der Welt nimmt von deutschen Touristen bloß nach magere 9,3 Milliarden Mark ein.

Fernsehen

Bilder sind nun mal, wenigstens für die Mehrheit, schöner als gedruckte Wörter. Bewegte Bilder sind noch schöner. Und wenn sich nur noch die Bilder bewegen und der Mensch nur noch den Zapper-Finger, ist es am allerschönsten. Etwa 40 Millionen Apparate verschaffen der Bundesrepublik dieses Tag- und Nachtvergnügen. Lediglich drei Prozent der Deutschen im Westen und ein Prozent im Osten, zwei rätselhafte Millionen, bleiben da aus Überzeugung abstinent. Deutsche, die fernsehen wollen, aber nicht können, gibt es kaum noch.

Besitzt eine deutsche Familie nur einen einzigen Fernseher, so schmückt das Gerät fast überall das Wohnzimmer (93 Prozent). Nur vereinzelt steht es vor dem Eßtisch oder im Schlafzimmer (je zwei Prozent). Das Zweitgerät, in 40 Prozent der Mehr-Personen-Fernsehhaushalte vorhanden, wird dann vor allem ins Kinderzimmer gestellt (14 Prozent), ans Bett (zehn) oder, warum nicht, zum Erstgerät ins Wohnzimmer; andere haben es lieber im Eß- und im Gästezimmer, aber auch im Hobbyraum (je zwei Prozent). Den dritten Fernseher, den sich immerhin noch acht Prozent leisten, findet man fast nur noch im Kinderzimmer (vier) und im Schlafzimmer (ein Prozent der Haushalte).

Das Fernseh- und Medienverhalten der Deutschen wird im Fünf-Jahres-Rhythmus seit 1964 in einer Langzeitstudie »Massenkommunikation« untersucht. Die neuesten Zahlen, erstmals nun für beide Teile der Republik, liegen für 1990 vor.

Ihnen zufolge erreicht die Tageszeitung zwischen Montag und Samstag über drei Viertel der Deutschen (West: 75, Ost: 83 Prozent), der Hörfunk vier Fünftel (80 bzw. 87 Prozent) und das Fernsehen noch mehr als diese (81 bzw. 90 Prozent). Am Sonntag sinkt die Nutzung der beiden ersteren Medien, nicht aber die des Fernsehens.

In den alten Bundesländern hat der erwachsene Deutsche im Schnitt 8:17 Stunden (acht Stunden und 17 Minuten) pro Wochentag Freizeit. Von diesen verbringt er insgesamt 5:21 Stunden mit den genannten Medien. Für die Zeitung benötigt er davon 0:28 Stunden, Radio hört er erstaunliche 2:50 Stunden lang, etwas weniger wird ferngesehen (2:15 Stunden oder 135 Minuten). In den neuen Bundesländern steht ihm zwar weniger Freizeit offen (7:41 Stunden), aber er sitzt länger vor dem Bildschirm (2:51 Stunden oder 171 Minuten), hört länger Radio (3:02) und liest etwas länger in der Tageszeitung (0:33 Stunden).

In einer anderen Erhebung wird die deutsche Einschaltdauer 1992 erfaßt. Erwachsene lassen demnach ihren Fernseher täglich 172 Minuten laufen (davon die 14- bis 29jährigen 112, die über 50jährigen 226 Minuten).

Sehverhalten

Zu einem gewissen Teil ist Fernsehen ein Mittel gegen Langeweile. Menschen, die ihr Leben als abwechslungsreich empfinden, sehen weniger fern. Ist der Grad der Abwechslung jedoch niedrig, so wächst der tägliche Fernsehkonsum. In den neuen Ländern zum

Beispiel steigt die Verweildauer am Apparat von 159 Minuten bei einem eher aufregenden Leben auf 191 Minuten bei einem nicht sehr abwechslungsreichen Leben (im Westen von 114 auf 158 Minuten). Abgesehen von der schon bekannten Erscheinung, daß die Ostdeutschen dem Fernsehen insgesamt ausgiebiger zusprechen, fällt eine hohe Ost-West-Ähnlichkeit dieses Verhaltens ins Auge. Langeweile führt in ganz Deutschland zu höherem Fernsehkonsum.

Unter einem anderen Aspekt, dem Interesse an verschiedenen Lebensbereichen, verteilt er sich aber wieder anders. Der am öffentlichen und politischen Leben interessierte Westdeutsche hat nun den höchsten Fernsehverbrauch pro Werktag (140 Minuten). Seltsamerweise sehen die Menschen, denen angeblich Kinder und Familie wichtig sind, kaum weniger fern (138 Minuten). Wer besonders Freizeit und Erholung sucht, kommt mit 131 Minuten am Tag aus. Wem Beruf und Arbeit über alles gehen, der setzt sich bloß noch 128 Minuten vor den Apparat. Die geringste Verweildauer zeigen natürlich diejenigen, die lieber Freunde und Bekannte sehen (123 Minuten). Bemerkenswerterweise haben sich die Minutenzahlen seit 1985 zwar etwas erhöht, aber die Reihenfolge und damit das Gefälle sind genau gleichgeblieben.

Verschiedene Zeitbudgets

Der ostdeutsche Bundesbürger hat gegenwärtig zwar weniger Freizeit, aber er verbringt einen größeren Anteil davon zu Hause (76) als der Westdeutsche (70 Prozent), weshalb ihm dafür absolut eine etwas höhere Zeitspanne zur Verfügung steht (im Wochendurchschnitt 351 Minuten pro Tag gegenüber 347 im Westen). Da er überdies einen größeren Teil dieser heimischen Freizeit für den Medienkonsum in Anspruch nimmt, ergibt sich zwangsläufig auch ein höherer östlicher Fernsehkonsum (im Wochendurchschnitt 42 gegenüber westlichen 34 Prozent oder 146 gegenüber 118 häuslichen Freizeitminuten pro Tag).

Die Befragungsergebnisse zeigen hier aber durchweg, Ost wie West, ein seltsames Phänomen. Fragt man nach der Fernsehdauer je durchschnittlichem Wochentag, so ergeben sich die obigen Werte. Fragt man jedoch nach dem Fernsehkonsum am zufälligen Stichtag, so liegen die Angaben überall weit höher, nämlich bei

175 Minuten Ost (das heißt: die halbe Freizeit) und 160 Minuten West (46 Prozent davon). Eine ähnliche Abweichung hatte sich schon bei der Buchlektüre ergeben, als zuerst allgemein nach dem Bücherlesen und dann speziell danach gefragt wurde, ob die Angabe auch für den Vortag zutreffe. Dort allerdings war der Prozentsatz der Vortagsleser deutlich niedriger als der allgemeine Anteil der Buchleser.

Es sieht fast so aus, als stellten sich die Befragten beim Bücherlesen wie beim Fernsehen »besser« dar, als sie sind. Man hat am Stichtag tatsächlich weniger gelesen und mehr ferngesehen, als man allgemein zuzugeben bereit ist. Offenbar hat das Buch eine Restaura von geistigem Anspruch behalten, während das Fernsehen irgendwie populärer, also von geringerem Ansehen ist.

Am Stichtag kann natürlich gerade etwas besonders Spektakuläres passiert sein, so daß man praktisch den Tag am Fernseher verbringen mußte. Dem widerspricht aber, daß sowohl bei der generellen Angabe wie der Tagesauskunft die Altersverteilung einigermaßen gleichbleibt: Die Jüngeren sehen in ihrer Freizeit weniger fern, die Älteren mehr. Im Westen geben zum Beispiel die 20- bis 29jährigen allgemein 90 tägliche Fernsehminuten zu, am Stichtag aber 148; im Osten lauten die entsprechenden Zeiten 128 und 164 Minuten. Bei den Älteren ist der Fernsehkonsum höher, die Abweichungen zwischen allgemeiner und spezieller Angabe aber geringer. Die über 70jährigen Westdeutschen sehen im allgemeinen nur 155 Freizeitminuten pro Tag fern, am speziellen Tag waren es aber 180; ihre ostdeutschen Alterskollegen liefern fast identische Zahlen, nämlich 158 und 186 Minuten häusliches Freizeitfernsehen. Fazit, wenn auch etwas waghalsig: Die Jüngeren sitzen tatsächlich viel länger vor dem Apparat, als sie generell zugeben, während die Älteren, ihnen ansonsten ähnlich, ein bißchen ehrlicher sind.

Behält man also den Stichtag und seinen vermutlich zutreffenderen Fernsehkonsum im Auge, so zeigt sich, daß in Ostdeutschland die Männer mehr häusliche Freizeit vor dem Bildschirm verbringen als ihre Frauen (180 bzw. 171 Minuten). Im Westen scheint das Verhältnis geradezu ausgeglichen (161 bzw. 159 Minuten). Abgesehen davon und vom insgesamt höheren Fernsehverbrauch in den neuen Ländern treten jedoch keine großen Ost-West-Unterschiede zwischen den einzelnen Gruppen auf.

Erwartungsgemäß verbringen die Senioren mehr Freizeit mit diesem Medium als die jüngeren Generationen, und zwar ohne große Ost-West-Unterschiede (über 70jährige täglich 180 Minuten im Westen, 186 im Osten; 14- bis 19jährige 147 bzw. 148 Minuten).

Auffallend niedriger ist der TV-Konsum bei Menschen mit hoher formaler Bildung (Abitur), 131 Minuten im Westen, 156 im Osten. Mit sinkender Formalbildung steigt die tägliche Freizeit am Fernsehen auf 172 bzw. 194 Minuten.

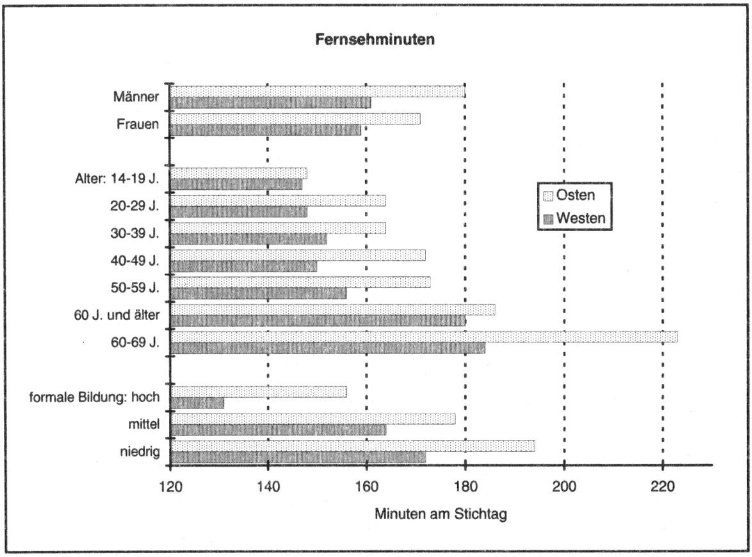

Eine geringere Rolle spielt die Einkommensgruppe. Menschen mit niedrigem Einkommen sitzen am längsten beim Fernsehen daheim, und zwar in Ost und West fast gleich lang (186 bzw. 185 Minuten), während die Bezieher hoher Einkommen, besonders im Westen, offenbar noch Alternativen dazu sehen (Ost: 172, West: 138 Freizeitminuten). Und selbstverständlich können Nichtberufstätige länger gucken (Ost: 190, West: 167 Minuten) als Berufstätige (Ost: 160, West: 147 Minuten).

Diese Unterschiede verringern sich noch einmal, sobald man nur den Abend zwischen 18 und 23 Uhr betrachtet. Um diese Zeit liegen die Extremwerte aller Gruppen sehr viel näher beieinander. Nur zwei Beispiele: Ein westlicher Bezieher eines niedrigen Einkommens sieht dann noch 153 Minuten fern (Ost: 156), einer mit hohem Einkommen 124 Minuten (Ost: 135). Und der schwach politisch Interessierte im Westen tut sich den Fernseher 142 Minuten an (Ost: 149), der stärker Interessierte fast ebensolang (139, Ost: ebenfalls 149 Minuten). Abends ist demnach die Fernsehnation weitgehend geeint.

Programmentscheidungen

Manche Programmsparten haben es wirklich nicht leicht mit den Deutschen. Über die Hälfte von ihnen sehen sich nie eine Oper oder ein Theaterstück im Fernsehen an (51 Prozent West, 58 Ost). Selten oder nie lassen sich 69 Prozent aller Deutschen mit Kunst oder überhaupt Kultur belästigen. Sendungen zu wissenschaftlichen Themen sind für lediglich sechs Prozent regelmäßig sehenswert. Sogar Ratgebersendungen schauen sich nur sechs Prozent im Westen und elf Prozent im Osten so gut wie immer an.

Vielleicht werden selbst Talkshows weit überschätzt: 45 Prozent der Westdeutschen und 53 der Ostdeutschen schauen statt dessen immer oder doch gelegentlich etwas anderes an. Auf acht Prozent Stammpublikum kann diese Sendung immerhin rechnen. Und das ist mehr als bei den irreführend so genannten »Erotik«-Sendungen, die, nach eigenen Angaben, nur ein Prozent im Westen und vier Prozent im Osten regelmäßig sehen wollen.

Die kaum überraschenden Renner sind natürlich die Nachrichten und Filme, erst in zweiter Linie Sport und Quiz- und Gameshows. In fast allen Sparten ist das feste Publikum im Oster größer als im Westen.

Eine andere, neuere Umfrage untersucht (1993), wer sich für welche Sparte »sehr stark« oder »stark interessiert«, und kommt zu Resultaten, die durchaus einige Vorurteile bestätigen. So haben zum Beispiel Frauen ein stärkeres Interesse an Heimatfilmen

(West: 30, Ost: 20 Prozent) als Männer (10 bzw. 16), ebenso an allen Fernsehshows und Quizsendungen (West: 28, Ost: 42 Prozent, die Männer nur zu 25 bzw. 30 Prozent). Die Männer sind dafür eher an Dokumentationen zur Zeitgeschichte interessiert (West: 47, Ost: 41 Prozent) als ihre Frauen (37 bzw. 27 Prozent).

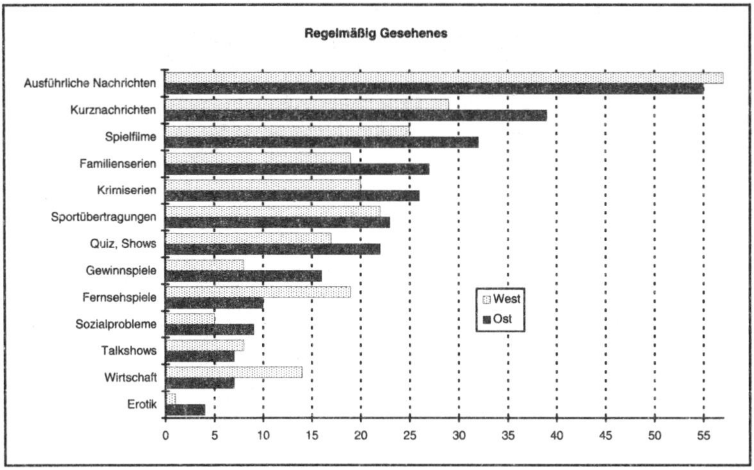

Actionfilme sind wohl naturgemäß eine Sache vor allem für junge Deutsche. Das Interesse daran läßt mit steigendem Alter schnell nach. Im Westen sehen sich so etwas 40 Prozent der unter 30jährigen, aber nur noch 14 der über 45jährigen an, und im östlichen Deutschland ist es, auf etwas höherem Niveau, ganz genauso (56 bzw. 16 Prozent). Ähnlich verlieren Science-fiction-Filme ihr interessiertes Publikum; hier sinkt es zwischen den beiden Altersstufen im Westen von 34 auf acht, im Osten von 52 auf 14 Prozent. Umgekehrt bei den gefühligeren Heimatfilmen; da steigt es altersmäßig in der alten Republik von vier auf 29, in den neuen Ländern von neun auf 39 Prozent.

Die formale Bildung beeinflußt, wenig überraschend, die Beschäftigung mit zeitgeschichtlichen Sendungen (das Interesse wächst mit dem Bildungsgrad auf über 50 Prozent) und Heimatfilmen (rapide auf unter zehn Prozent sinkendes Interesse mit steigendem Bildungsgrad). Bei einer Sorte Film allerdings gehen die Angaben dazu seltsame Wege: bei Science-fiction. Im Westen interessieren sich 20 Prozent der Zuschauer mit niedrigem Abschluß dafür, aber bei denen mit Abitur sind es immer noch 18. Im Osten steigt die Zahl der Interessenten sogar mit dem Bildungsgrad von 20 auf 24 Prozent.

Die Untersuchung zeigt außerdem, daß zwei Sparten in den neuen Ländern auf geringeres, vier andere jedoch auf ein deutlich höheres Interesse stoßen.

Es ist kaum übertrieben, in diesen Abweichungen einen charakteristischen Ost-West-Unterschied zu sehen. Von schwerer Kultur und Zeitgeschichte hat der Ostdeutsche erst mal eine Weile genug. Jetzt holt er vor allem das nach, was ihm lange Zeit nur dosiert zugänglich war: Amüsement und Action, leichte Kost und starke Reize.

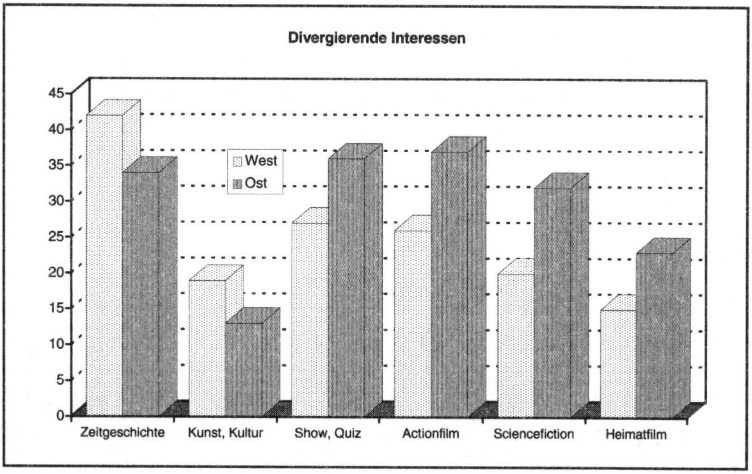

Die neuen Länder sind aber auch besonders aufgeschlossen für alles Schöne der Fernsehwerbung, die hier offenbar auf jungfräuliches Gelände vorstößt. Zwar ist Reklame in ganz Deutschland nicht übermäßig beliebt. Aber während im Westen 30 Prozent meinen, sie sei geradezu schädlich, wollen im Osten nur 18 Prozent so streng mit ihr ins Gericht gehen. 28 Prozent der Westdeutschen meinen, die Werbung sei übertrieben; in Ostdeutschland denken nur 19 Prozent so schlecht von ihr. Auch der gelegentlich bestreitbare Humor der Fernsehwerbung kommt in den neuen Ländern besser zur Wirkung: Immerhin finden hier noch neun Prozent die Reklame lustig, im Westen sind dabei nur vier Prozent amüsiert.

Die konkurrierende Programmvielfalt schafft im Mehr-Personen-Haushalt das Problem, was jeder nun zu sehen bekommt. Es stehen ja nicht überall drei oder mehr Geräte, und manchmal will man auch selbst dann zusammenbleiben.

Erfreulicherweise gibt es einige, obschon wenige, Sendungen, bei denen sich die Sehwünsche leicht vereinigen lassen: Am häufigsten werden Nachrichten und Spielfilme genannt.

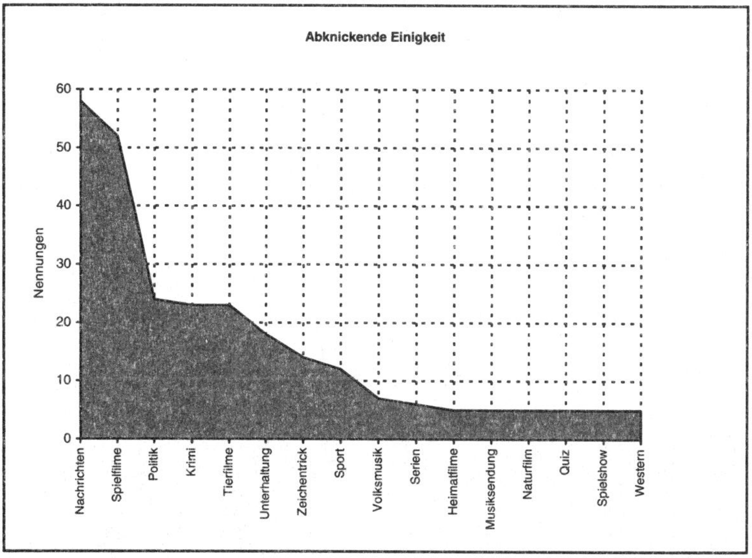

Nicht mehr ganz so einhellig ist der Familienwille bei politischen Sendungen, Krimis und Tierfilmen. Man kann in der abfallenden Kurve die divergierenden Interessen schier ablesen: Nur noch die

Kinder sind für den Zeichentrickfilm, die Väter wollen Fußball und die Mütter ihren Heimatfilm sehen.

Wer trifft nun die schwere Entscheidung, wann ferngesehen wird?

Die gute Nachricht lautet: In 69 Prozent der Familien nicht ein und dieselbe Person. Diese scheinbare Demokratie kommt aber vor allem dadurch zustande, daß nicht immer alle gleichzeitig etwas sehen wollen, der jeweilige Sehwillige also oft allein entscheiden kann. Aber auch bei den übrigen 31 Prozent bestimmt nicht immer der Mann (nur in 13 Prozent aller Fälle), sondern auch die Frau (11) oder ein anderer Erwachsener (4), wenn nicht gar die Kinder (3 Prozent). Gerade mit ihnen hat der Mann es schwer (in nur 9 Prozent der Haushalte mit Kindern diktiert er das Programm); im Zwei-Personen-Haushalt setzt er sich etwas leichter durch (16 Prozent).

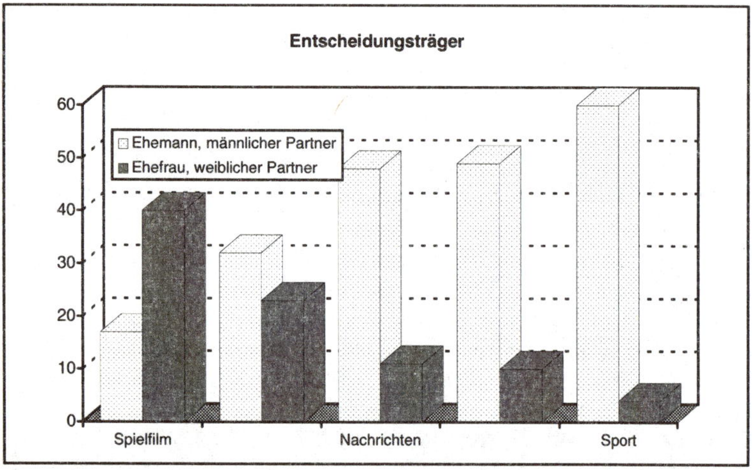

Die nicht ganz so gute Nachricht: Zwischen 19 und 22 Uhr hat allein der Mann das Sagen. Erstens entscheidet hauptsächlich er (in 40 Prozent der Mehr-Personen-Haushalte), daß überhaupt ferngesehen wird, seltener mehrere Personen miteinander (29) oder die Frau des Hauses (19 Prozent). Angeblich beschließen dann in 81 von hundert Familien verschiedene Personen, was gesehen wird. Aber auch hier hat wieder in den meisten Fällen der Mann das letzte Wort. Der weibliche Partner bringt allenfalls beim Spielfilm seinen Wunsch öfter zur Geltung.

Selbst beim Film muß jedoch die Frau zurückstecken, wenn andere Erwachsene im Haushalt leben; dann treffen nämlich vorrangig diese die Entscheidung (33 Prozent).

Im allgemeinen bestimmt eher der männliche Partner. Auf die erwachsenen Mitfernseher muß allerdings auch er eine gewisse Rücksicht nehmen; wenn es um eine Krimiserie geht, geben wiederum hauptsächlich sie den Ausschlag (27 Prozent; der Mann nur in 20 Prozent der Haushalte). In den drei übrigen Sparten jedoch herrscht sein Sehwunsch zumeist völlig unabhängig von anderen Haushaltsmitgliedern.

Nebentätigkeiten

Nicht nur das Radio, auch das Fernsehen ist – fachlich gesprochen – ein Begleitmedium: Man kann daneben etwas anderes tun. Sich unterhalten, zum Beispiel. Frühmorgens, mittags und spätabends tut das in Deutschland jeder vierte Zuschauer »häufiger«, zwischen 17 und 20 Uhr beinahe jeder Dritte. Nur am Vormittag (16) und nach elf Uhr nachts (14 Prozent) wird weniger nebenbei geredet.

Man kann auch sehr gut telefonieren während des Fernsehens. Und beim Essen stört es so gut wie überhaupt nicht. Überhaupt: Gegessen wird vor dem deutschen Fernsehapparat offenbar ganztägig; bis acht Uhr abends ist ein Viertel, zu Spitzenzeiten sogar ein Drittel aller Zuschauer nebenbei mit der Nahrungsaufnahme beschäftigt. Das Schönste aber ist, daß man beim Fernsehen auch lesen kann. Am Morgen nehmen 18 Prozent der Zuschauer ihre Frühstückslektüre zur Hand, während der Apparat läuft, und den ganzen Nachmittag, ja bis 20 Uhr ist noch jeder zehnte Zuschauer mit sozusagen einem Auge in etwas Lesbares vertieft. Man könnte es auch so sagen: Mit Andacht ferngesehen wird eigentlich erst nach 23 Uhr.

Was übrigens mit einer Aufmerksamkeitsskala von »kaum hingeschaut« bis »aufmerksam hingeschaut« auch überprüft und bestätigt ist. Die Ergebnisse zeigen hohe Aufmerksamkeit beim Frühstücksfernsehen nur bei 32 Prozent der Zuschauer. Am Vormittag sinkt die Zahl der aufmerksamen Zuschauer dann auf 26 Prozent ab. Das ist der Tiefpunkt. Danach steigt die Kurve wieder an. Am Mittag und bis 17 Uhr hebt sie sich leicht auf 29, in der Vorabendzeit aber schon auf 40 und in den Stunden zwischen 20 und 23 Uhr auf 52 Prozent. Ihren Höhepunkt erreicht sie tief in der Nacht; da schauen 64 Prozent aufmerksam hin. Das ist es dann aber auch schon. Mehr als zwei Drittel wirklich aufmerksame Zuschauer kriegt das durchschnittliche deutsche Fernsehen zu keiner Tageszeit.

Die beste Zeit, beim Fernsehen einer Nebenbeschäftigung nachzugehen, ist zweifellos während einer Serie von Werbespots. Gern wird dann aber auch auf ein anderes Programm umgeschaltet, also weggezappt. Während des sogenannten »Scharnierblocks« (zwischen zwei Sendungen) zappen sich 13,9 Prozent woanders hin, beim ersten »Unterbrecher« (während der Sendung) noch 10,5, bei weiteren Unterbrechern nur noch sensible acht Prozent.

Die Werbeblöcke sind besonders abends unbeliebt, als müßte irgendwann mal Schluß damit sein. Jedenfalls ist nach 20 Uhr der Anteil der Zapper (17 Prozent) am höchsten und bleibt auch nach 23 Uhr fast so hoch (16,8 Prozent). Eher akzeptabel scheint die Werbung den Frühstücksfernsehern vor neun Uhr, nur 6,4 Prozent von ihnen sind Zapper. Insgesamt schalten nach einer Minute (öffentlich-rechtlicher) Werbung drei Prozent der Zuschauer um, nach sieben Minuten bereits 21 Prozent. Männer sind dabei schneller mit dem Finger auf der Fernbedienung als Frauen.

Bindungen

Alle drei Massenmedien haben ihre Unschuld verloren. Im Jahr 1970 waren noch 56 Prozent der westdeutschen Mediennutzer überzeugt, Fernsehberichte seien wahrheitsgetreu (»Sehen heißt glauben«); vom Hörfunk nahmen das damals immerhin noch 47 Prozent an und von der Tageszeitung ohnehin nur 23 Prozent (»Papier ist geduldig«). Ein Vierteljahrhundert später wollten nur noch 28 Prozent dem Fernsehen die Wahrheit abnehmen, 24 Prozent dem Hörfunk und 19 Prozent der Zeitung. Denselben

Verlauf in immer schlechtere Beurteilungen nahm auch die den Medien zugeschriebene Objektivität. Den tiefsten Fall hat dabei das Fernsehen getan.

Erst in neuerer Zeit sieht es so aus, als würden sich Wahrheits- und Objektivitätsvermutung stabilisieren, wenn auch auf recht niedrigem Niveau.

Objektivität

Was die Objektivität der Fernsehberichte betrifft, ist das Ansehen dieses Mediums überdurchschnittlich gut bei den 60- bis 69jährigen (41 Prozent) und den noch Älteren (39), bei Menschen mit niedriger formaler Bildung (44) und schwachem Politikinteresse (40 Prozent). Dabei werden die Programme der privaten Sender besser bewertet als die öffentlich-rechtlichen; umgekehrt ist das kritikfreudige, gebildete Publikum bei diesen stärker präsent als bei den Privaten. Als deutlich weniger objektiv stuft jemand das Fernsehen insgesamt ein, der 20 bis 29 Jahre alt ist (27 Prozent), Abitur hat (19) und sich stark für Politik interessiert (28 Prozent).

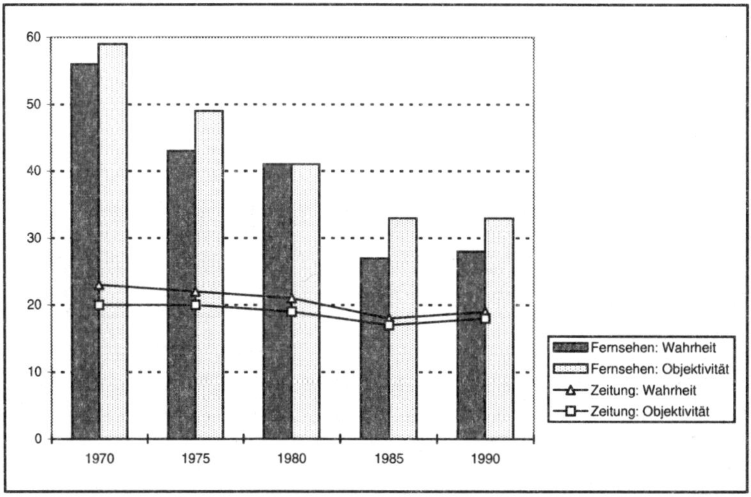

Zwischen neuen und alten Bundesländern besteht in der Beurteilung der Objektivität ein gewisser Unterschied. Das Fernsehen ist hierbei in Ostdeutschland etwas besser angesehen als im Westen. Immerhin 35 Prozent der Nutzer der Westprogramme halten diese 1990 für objektiv, und gar 37 Prozent trauen das dem noch existierenden DDR-Fernsehen zu. Und anders als im Westen sind es auch die Menschen mit starkem Politikinteresse, die jetzt so positiv urteilen (37 Prozent). Bei den Ostdeutschen, die sich nur wenig für Politik interessieren, halten etwas weniger das DDR-Fernsehen für objektiv (31 Prozent), deutlich mehr aber das Angebot aus dem Westen (40 Prozent). Der westlichen Tageszeitung traut man das aber weit seltener zu (elf Prozent) als den eigenen Blättern (17 Prozent).

Das Fernsehen hat demnach in den neuen Ländern einen merklichen Objektivitätsbonus, während die Zeitung im Vergleich zum Westen, wo sie ohnehin als nicht sehr objektiv gilt, noch kritischer gelesen wird.

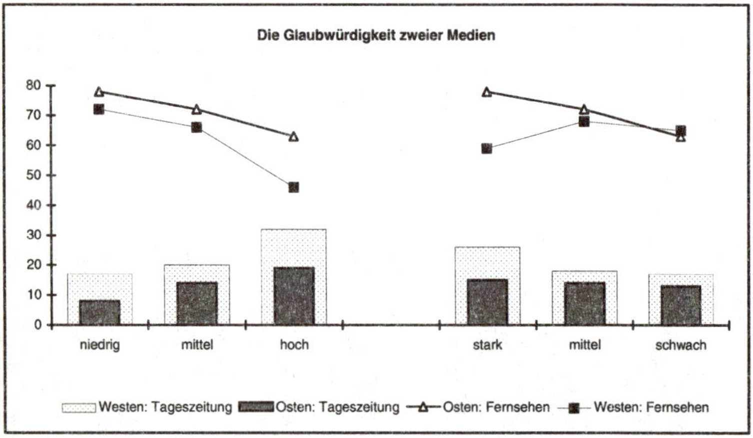

Angenommen, die drei Medien Fernsehen, Hörfunk und Zeitung berichteten in ganz verschiedener Weise über dasselbe Ereignis, wem würden die Deutschen dann noch am ehesten glauben? Ganz überwiegend dem Fernsehen, und zwar 63 Prozent in den alten und

70 Prozent in den neuen Ländern. Das Radio trifft dabei nur auf 14 bzw. 16 Prozent, der Tageszeitung nehmen wenigstens noch 22 Prozent im Westen und 15 Prozent im Osten ihren Bericht gutgläubig ab. Für den Grad an Glaubwürdigkeit spielen, jedenfalls bei Fernsehen und Zeitung, politisches Interesse und formale Bildung natürlich mit, dazu mit einem markanten West-Ost-Unterschied.

Durchgängig ist die hervorragende Stellung des Fernsehens. Seine Glaubwürdigkeit sinkt aber mit höherer Bildung (im Westen von 72 auf 46 Prozent, im Osten von 78 auf 63 Prozent). Gleichzeitig steigt die Vertrauenswürdigkeit der Tageszeitung (West: von 17 auf 32 Prozent, Ost: von acht auf 19 Prozent).

Nicht ebenso eindeutig beeinflußt das politische Interesse die Glaubwürdigkeit der beiden Medien. In den alten Ländern läßt sich für das Fernsehen überhaupt kein Trend ablesen, allenfalls für die Tageszeitung. Ihre Glaubwürdigkeit sinkt, gewissermaßen natürlich, mit niedrigerem Politikinteresse (von 26 auf 17 Prozent). Für die Ostdeutschen jedoch ist sie, unabhängig vom politischen Interesse, praktisch immer gleich vertrauenswürdig. Dafür beurteilen sie nun das Fernsehen ziemlich eindeutig positiver, um so mehr, je ausgeprägter ihr Politikinteresse ist (78 Prozent gegenüber nur 63 der wenig politisch Interessierten).

Warum das alles so ist, bezeichnet auch die Langzeitstudie als offene Frage. Im schlimmsten Fall läßt sich zumindest die trotz Ansehensschwund hohe Glaubwürdigkeit des Fernsehens damit erklären, daß überhaupt so viele regelmäßig fernsehen und das Lesen, auch das Zeitunglesen, zur Kulturfertigkeit einer ausdünnenden Gesellschaftsschicht wird.

Unverzichtbares

Fragt man die Deutschen ein wenig anders, und zwar, welches Medium sie »stark« oder gar »sehr stark vermissen« würden, so steht das Fernsehen plötzlich gar nicht so alleinherrschend da. Ganz im Gegenteil: Im Westen ginge es nur 51 Prozent der Menschen »am stärksten« ab, das Radio aber 56 und die eben noch so schlecht geliebte Tageszeitung sogar 63 Prozent; im Osten liegen alle drei Werte höher, aber hier würden die Menschen am meisten das Radio vermissen (69 Prozent), in zweiter Linie die Zeitung (66) und dann erst das Fernsehen (64 Prozent).

Das scheint nun allem Bisherigen zu widersprechen. Das jüngste und deutschlandweit beliebteste Medium, das Fernsehen, erscheint mit einem Mal das verzichtbarste.

Eine zweite hypothetische Frage rückt die verkehrte Welt aber wieder zurecht: Wenn Sie von allen dreien nur eins behalten könnten, welches wäre das? Dabei fallen die Antworten dramatisch anders aus.

Abgeschlagen liegt die eben noch stark vermißte Zeitung da. Nur acht Prozent im Osten und 20 im Westen würden sie als einzige Informationsquelle behalten wollen. Kaum besser geht es dem Hörfunk, den gesamtdeutsch 26 Prozent übrigließen. Und als strahlender Sieger geht wiederum das Fernsehen hervor: 52 Prozent der Westdeutschen und 64 der Ostdeutschen möchten auf keinen Fall ohne die bunte Mattscheibe leben. In beiden Teilen des Landes sind das vor allem Ältere (im Westen aber auch überdurchschnittlich viele 14- bis 19jährige, 59 Prozent), Männer, Menschen mit niedriger formaler Bildung (West: 58, Ost: 81 Prozent), schwachem Politikinteresse und ohne Berufstätigkeit. Für die entschiedene Mehrheit von ihnen ist das Fernsehen strikt unverzichtbar.

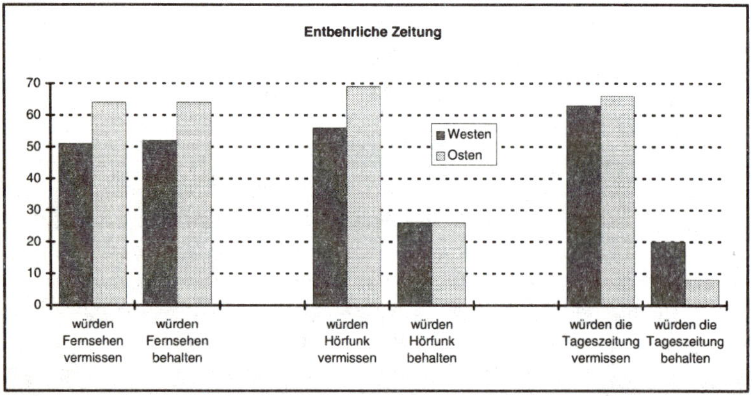

Werte

Kulturpessimisten sagen uns, wir leben in einer Zeit völliger Beliebigkeit. Jeder sucht nur noch sein Vergnügen, und allgemein Verbindliches findet keine Anerkennung mehr. Die Fachausdrücke dafür lauten »Postmoderne«, Permissivität oder, etwas flockiger, »Anything goes«. Für eine dünne Schicht der Gesellschaft stimmt das vielleicht sogar, ein bißchen auch für viele, aber gewiß nicht für den mittleren Deutschen an sich.

Er hält nämlich weiterhin an Werten fest, die nicht alle der Lustmaximierung dienen. Werte sind in dieser Definition so etwas wie grundlegende Orientierungen oder Leitlinien, die unabhängig von Situationen gültig sind. Sie bestimmen die Wahrnehmung und steuern das Verhalten und Handeln in der Welt.

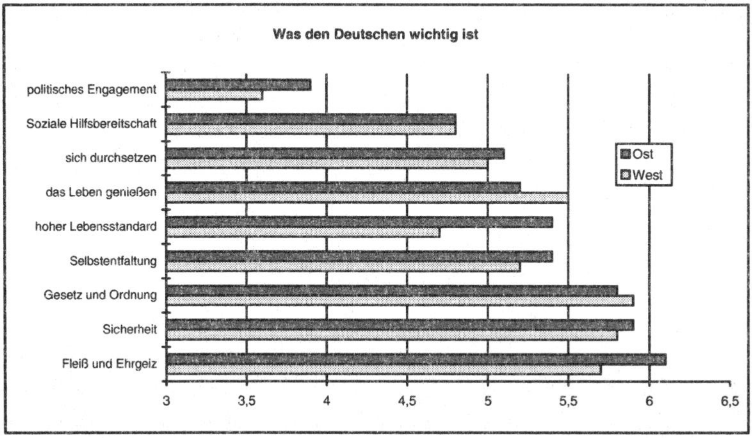

Fragt man die Deutschen, was sie gern erreichen wollen oder was ihnen besonders wichtig ist, und legt man ihnen dazu verschiedene Lebenswerte und Prinzipien vor, so kommen Ergebnisse heraus, die sicher manchen erstaunen. Die Befragten sollten auf einer Skala von 1 (»ganz unwichtig«) bis 7 (»sehr wichtig«) angeben, welche Bedeutung gewisse Werte für sie haben. Aus allen Antworten wurde ein Mittelwert errechnet. Mit 5,9 Punkten ist der westdeutsche Sieger in diesem Wettbewerb – die Anerkennung von Gesetz und Ordnung.

Auch in Ostdeutschland fällt das Ergebnis wenig anders aus, nur daß hier die ersten Werte die Plätze tauschen: Im Osten erreicht das Anerkennen von Gesetz und Ordnung 5,8, das Sicherheitsbedürfnis aber, das im Westen auf 5,8 kommt, klettert auf 5,9 Punkte. Das Bild vom braven, gesetzestreuen deutschen Bürger stimmt demnach mit dem Selbstbild der Deutschen durchaus überein.

Den Spitzenplatz, 6,1 Punkte, nimmt in den neuen Ländern jedoch ein anderer Wert ein, der in der Umgangssprache Fleiß und Ehrgeiz, von Fachleuten etwas abschätzend »konventionelle Leistungsethik« genannt wird. Das westliche Ergebnis liegt deutlich darunter (5,7). Genau umgekehrt geht es bei der nächsten Frage zu, wie wichtig es ist, das Leben zu genießen (West: 5,5, Ost: 5,2 Punkte). In diesen Abweichungen enthüllt sich ein deutlicher Ost-West-Unterschied: Im einen Teil Deutschlands hält man Fleiß und Ehrgeiz für nicht mehr so notwendig und genießt statt dessen das Erreichte; im anderen Teil sieht man diesen satten Zustand offenbar erst noch vor sich. Dem entspricht auch die im Osten viel größere Bedeutung eines hohen Lebensstandards (5,4), den der Westdeutsche anscheinend errungen hat und daher niedriger einstuft (4,7 Punkte).

Bedenklicher ist, daß es in Ost und West (5,2 bzw. 5 Punkte) als ziemlich erstrebenswert gilt, »sich und seine Bedürfnisse gegen andere durchzusetzen«. Und das gesamtdeutsch schlechte Abschneiden der Bereitschaft, den Schwächeren in der Gesellschaft zu helfen (4,8 Punkte), trägt auch nicht gerade zur Verminderung der sozialen Kälte bei.

Nicht einmal bei den kleinen Freuden, die sie einander machen könnten, sind die Deutschen besonders eifrig. Beispiel: das Blumenschenken. Die meisten (31 Prozent) schenken nur einige Male pro Halbjahr einen Blumenstrauß. Ein paarmal im Monat tun das schon erheblich weniger Menschen (21 Prozent). In dieser Gruppe sind die Ostdeutschen spürbar freundlicher (27) als die Westdeutschen (19 Prozent), Männer (16) jedoch überraschend nachlässiger als Frauen (24 Prozent).

Schlicht erschreckend ist das allgemeine Desinteresse am politischen Engagement in der Werte-Skala (3,6 bzw. 3,9 Punkte). Vielleicht wirkt sich hier tatsächlich eine »Politikverdrossenheit« aus, und zwar unabhängig vom wechselnden Image der Politiker: Diese Selbstbewertung der Deutschen ist nämlich über Jahre hinweg ziemlich stabil.

Einstellungen

Wie konservativ die Deutschen sind, speziell im Westen der Republik, zeigt auch die verblüffend hohe Zustimmung zu einigen altehrwürdigen Lebensmaximen. Etwa das Prinzip »Man muß unbeirrt seine Pflicht tun«: Es hat im Westen 75, im Osten 87 Prozent Anhänger. Daß eine Frau nach Möglichkeit einen Beruf ausüben sollte, halten nur 69 Prozent der Westdeutschen für richtig, aber quasi alle Ostdeutschen (92 Prozent). Und selbst der Grundsatz »Eine Frau sollte sich ganz dem Mann und den Kindern widmen, das ist ihr Beruf« findet im Westen noch eine absolute Mehrheit (51 Prozent), in den neuen Ländern bekennt sich allenfalls jeder Vierte zu dieser Forderung. Und ginge es nach 44 Prozent der Westdeutschen, so hätte bei wichtigen Entscheidungen der Mann das letzte Wort, womit sich bei den Ostdeutschen höchstens 27 Prozent abfinden würden.

Lebensstile

Auch wenn man die ungleiche Verteilung des Wohlstands beachtet, gewinnt man gelegentlich den Eindruck, manche Westdeutsche hätten den passenden Maßstab verloren. Jedenfalls behaupten 26 Prozent von ihnen »voll und ganz«, sie führten »ein einfaches, bescheidenes Leben«, und für genau 50 Prozent trifft das angeblich im großen und ganzen zu. Neben ihnen genießen nur 14 Prozent im Westen das Leben »in vollen Zügen«, und zeitweise machen es ihnen auch bloß 39 Prozent nach.

Glaubwürdig ist solche Bescheidenheit allenfalls insoweit, als das wichtigste Lebensziel im Leben der Westdeutschen nicht das Einkommen ist, sondern die Gesundheit (82 Prozent sagen 1993, sie ist ihnen sehr wichtig). Auch bei den Ostdeutschen ist sie ein hohes Gut (78), wird aber noch von der Bedeutung der Familie übertroffen (82 Prozent). Etwas weniger wichtig sind beiden Liebe und Zuneigung im Leben (West: 71, Ost: 73 Prozent).

Daß auch die Umwelt schützenswert sei, ist dem Westen ein erheblich wichtigeres Anliegen (57) als dem Osten (41 Prozent; drei Jahre vorher waren es noch 68 Prozent). Hier wird statt dessen und verständlicherweise die Arbeit als wertvolles Gut angesehen (58 Prozent), sehr viel häufiger als in den alten Ländern (37 Prozent). Ebenso hoch und ebenso verschieden wird an dieser Stelle die Bedeutung eines hohen Einkommens bewertet (36 bzw. 59 Prozent). Wieder zeigt sich weit abgeschlagen der Wunsch nach politischem Einfluß (nur für zehn bzw. sechs Prozent ist er sehr wichtig).

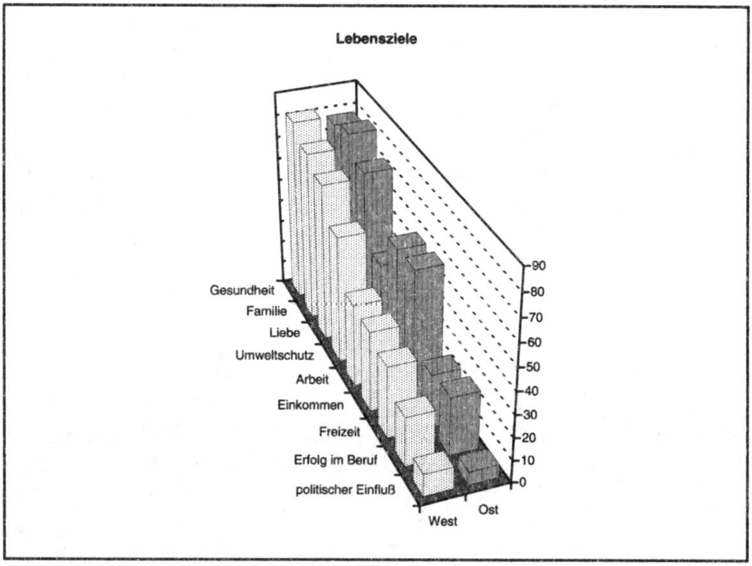

Eine Aufschlüsselung nach Geschlechtern beweist erneut den Unterschied im Rollenverständnis der Frau zwischen alten und neuen Bundesländern. Im Westen ist die Arbeit für 43 Prozent der Männer und nur für 36 Prozent der Frauen (Erwachsene bis 64 Jahre) ein sehr wichtiger Lebensbereich; im Osten aber sagen das fast ebensoviele Frauen wie Männer (63 bzw. 64 Prozent).

Ein eklatanter Unterschied besteht auch in der Einschätzung der beruflichen Tätigkeit durch Arbeitslose. In Ostdeutschland ist eine Beschäftigung für erwartbare 82 Prozent aller Arbeitslosen sehr wichtig. In Westdeutschland jedoch geben ihr nicht mehr als 35 Prozent der Arbeitslosen eine so hohe Bewertung. Anscheinend fehlt das tätige Leben manchen nicht so sehr wie anderen.

Was ist Schönheit?

Eine solche Frage findet natürlich keine endgültige Antwort. Aussichtsreicher ist sie in dieser Form zu stellen: Woran denken Sie bei dem Begriff Schönheit? Und da kommen bei den Deutschen die unglaublichsten Dinge zusammen (1991).

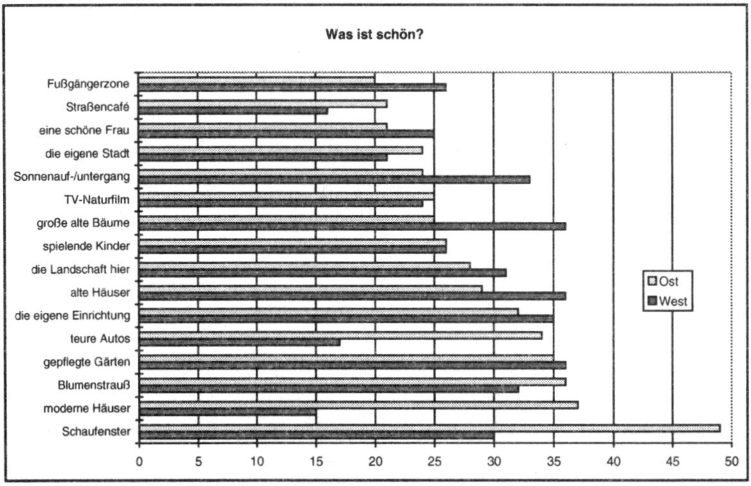

In der früheren Bundesrepublik denkt da gut jeder Dritte zuerst an gepflegte Gärten, alte Häuser und große Bäume (je 36 Prozent). Die neuen Länder können diesen Gegenständen deutlich weniger abgewinnen. Sie sehen Schönheit überraschenderweise zumeist in Schaufensterauslagen verwirklicht (49 Prozent), an zweiter Stelle in modern gestalteten Wohn- oder sogar Geschäftshäusern (37 Prozent). Ebenso verwunderlich ist der Schönheitsbegriff, den viele Ostdeutsche mit teuren Autos verbinden (34 Prozent, im Westen bloß 17). Selbst Straßencafés finden sie schöner als der Westen (21 gegenüber 16 Prozent). Schön ist hier wohl alles, was man zu lange entbehren mußte.

Eher ist schon verständlich, daß man sich in den neuen Ländern nicht so sehr für alte Häuser begeistern mag (29 Prozent). Was man dort aber gegen schöne große Bäume hat (nur 25 Prozent finden sie ansprechend), bleibt schleierhaft.

Nicht einmal ein Viertel aller Deutschen verbinden den Begriff mit einer schönen Frau (West: 25, Ost: 21 Prozent), erst recht wenige gar mit einem schönen Mann (13 bzw. zehn Prozent).

Weitere besonders schöne Dinge auf der Hitliste sind dann noch, kunterbunt durcheinander: festliche Kleidung (West 17 und Ost 15 Prozent), Hunde und Katzen (16 und zehn), eine Kirche (14 und 12), Friedhöfe (je elf), moderne Kunst (sechs und fünf) sowie Leuchtreklamen (sechs und 18) und, man faßt es kaum, Plakatwände (fünf und zehn Prozent).

Die Ergebnisse dieses Schönheitswettbewerbs sind vor allem den Frauen zu verdanken, die viel häufiger auf die Ästhetik ihrer Umwelt achten (55 Prozent) als die Männer (30 Prozent), denen das richtige Funktionieren wichtiger scheint. Einen gewissen Ausschlag geben dabei auch die Jüngeren. Die unter 30jährigen wollen ihre Umgebung zu 50 Prozent mit schönen Gegenständen schmücken, bei den über 59jährigen würden das nur noch 41 Prozent tun.

Insgesamt aber tritt die Schönheit hier nicht so sehr als ästhetische Kategorie hervor, sondern als angenehme Erinnerung. Man denkt vorrangig an ein irgendwie »schönes Erlebnis«. So gesehen, verläuft nun allerdings eine scharfe Trennlinie zwischen ost- und westdeutscher Schönheit: Die einen mögen es offenbar lieber nostalgisch und naturnah, die anderen modern und konsumorientiert.

Partner- und andere Glück-Wünsche

Kluge 18 Prozent aller Deutschen wissen keine Antwort auf die Frage, was für sie das Glück sei. Das ist weise, denn das Glück fällt am liebsten denen zu, die es nicht suchen. Fast ebenso viele Menschen, zweifellos ernstere Naturen, sind der Meinung, ihr Glück bestehe darin, ihre Pflicht zu erfüllen (18 Prozent). Aber die klare Mehrheit (61 Prozent) gibt die naheliegende, wenn auch etwas mechanische Auskunft: wenn sich alle meine Wünsche erfüllen.

Der Wunsch nach Romantik zum Beispiel. Es klingt unerwartet: Aber nicht die deutsche Frau ist hier der gewissermaßen weichere Typ, sondern der Mann. Mehr Männer (61) als Frauen (59 Prozent) haben sogar im Alltag ein Verlangen danach oder geben zu, romantische Stimmungen und Gefühle zu lieben (83 gegenüber 78 Prozent). Die männlichen Deutschen hatten auch schon öfter mal, was sie ein romantisches Erlebnis nennen (77 gegenüber nur 66 Prozent). Das Bedürfnis nach Romantischem steigt übrigens deutlich mit dem Alter, aber nur bis zur Gruppe der 40- bis 49jährigen (79 Prozent), bei den Älteren fällt es wieder ab. Das Nettoeinkommen jedoch beeinflußt weder bei Frauen noch bei Männern die Liebe zur Romantik.

Vom hohen Stellenwert des Familienlebens war schon einige Male die Rede. Bei fast allen erreicht es sehr hohe Bedeutsamkeitswerte über 80 Prozent, bei östlichen Hausfrauen sogar 97 Prozent. Lediglich Schüler und Studenten sehen es etwas skeptischer (sehr wichtig ist es nur für 61 Prozent von ihnen im Westen und 72 Prozent im Osten). Zum Ausgleich steuern sie die höchste Wichtigkeit bei Liebe und Zuneigung bei (West: 79, Ost: 93 Prozent).

Befragt man die westdeutschen Erwachsenen, wie sie es mit der Treue zum Partner halten, so stellt man fest, daß 32 Prozent von ihnen überzeugt sind, ein gelegentliches Fremdgehen bringe neuen Schwung in die Beziehung. Diese Meinung ist nicht nur unter zahlreichen Schülern und Studenten verbreitet (40 Prozent), sondern auch – und häufiger – unter Beamten (42 Prozent). Allenfalls Hausfrauen (26 Prozent) und Angestellte (27 Prozent) stehen da etwas unterrepräsentiert beiseite. Aber das ist vielleicht auch nur Wunschdenken. Denn 25 Prozent halten die Treue zu einem Partner für wichtig, 73 Prozent sogar für sehr wichtig. Dabei sind es besonders die Frauen, die auf Treue achten (78 Prozent, Männer nur zu 67 Prozent), aber nicht so sehr – insgesamt – die jüngeren 18- bis 29jährigen (71), sondern die über 50jährigen (77 Prozent). Fast allen fällt es leicht, treu zu sein (90 Prozent), wenn auch den Kinderlosen etwas leichter (95) als dem Partner mit Kindern (91 Prozent).

Kein Wunder also bei so viel Zusammenhalt, daß das typisch deutsche Familienfest, Weihnachten, von den allermeisten Deutschen zu Hause (73) oder bei den Kindern oder Eltern verbracht wird (21 Prozent). Nur je drei Prozent gehen an diesen Tagen zu Freunden oder fahren gleich in Urlaub (1993).

Eine ähnliche, jüngere Umfrage ein Jahr danach erbringt kaum etwas anderes. 90 Prozent feiern das Fest im Familienkreis. Drei von hundert Deutschen aber sind am Heiligen Abend allein.

Sechs Prozent verbringen das Fest mit Freunden und Bekannten. Was nicht unbedingt heißt, daß sie jeden Feiertag zu Hause bleiben. Denn drei Prozent der Deutschen gehen an Weihnachten in eine Kneipe, zwei auf eine Party und ebensoviele ins Kino, ins Theater oder in ein Konzert.

Einige Bräuche dieses Festes sind merklich geschwunden. Die Weihnachtsgeschichte wird nur noch von einem guten Viertel der Deutschen vorgelesen (26 Prozent), und selber Weihnachtslieder singen wollen nur noch 46 Prozent. Konservenmusik ist erheblich beliebter (82 Prozent). Immerhin backen 85 Prozent noch selbst, und 86 Prozent schmücken einen Christbaum. Angeblich gehen sogar 61 Prozent zum Fest in die Kirche.

Überhaupt sind Zyniker und Materialisten an diesem Abend in der Minderheit. Für lediglich sieben Prozent ist das Fest kein Fest, weil sie nicht an Gott glauben; für nur 18 Prozent bedeutet Weihnachten vor allem Streß mit der Verwandtschaft; 38 Prozent genießen gutes Essen und Trinken zum Fest. Aber die übergroße Mehrheit, 85 Prozent, freut sich trotzdem auf Weihnachten, weil es nun mal das Fest der Familie ist.

Die Letzten Dinge

So nannte man einst, bevor der Tod aus dem Leben wegretuschiert wurde, die Dinge, die mit Sterben und Auferstehung zu tun hatten. Da ist allerdings einiges geschehen inzwischen. Der religiöse Glaube ist noch für 13 von hundert Westdeutschen sehr wichtig (im Osten nur für sieben Prozent), für 52 von ihnen ist er weniger wichtig oder sogar ohne Bedeutung (Ost: 79 Prozent).

Im Bismarck-Reich konnte sich noch die Gesamtheit der Deutschen christlich nennen. Es war ein protestantisches Deutschland: 62,5 Prozent waren evangelisch, die Katholiken mit 36 Prozent in der Minderheit. In der früheren Bundesrepublik Deutschland waren die beiden Konfessionen etwa gleich stark (je 43 Prozent). In der DDR gehörten 46 Prozent einem protestantischen Bekenntnis an, fast ebensoviele waren ohne Religionszugehörigkeit (45 Prozent) und nur sieben Prozent katholisch. In der vereinten Republik haben sich die Christen noch einmal vermindert. Nur etwa jeweils 38 Prozent aller Deutschen gehören wenigstens der Form nach einer der beiden christlichen Kirchen an.

Noch niedrigere Zahlen ergeben sich, wenn man die Väter schulpflichtiger Kinder anschaut. Von ihnen bekennen sich nur noch 32 Prozent zur evangelischen, 31 Prozent zur katholischen Kirche, der Rest ist ohne Kirchenzugehörigkeit (davon natürlich wieder besonders viele in den neuen Ländern: 69 Prozent). Nur etwas kirchentreuer scheinen die Mütter (evangelisch: 36, katholisch: 34 Prozent).

Von denjenigen, die aus der katholischen Kirche austreten (1992), geben 68 Prozent die Meinung Roms zu Empfängnisverhütung und Ehescheidung als Grund an. Hinzu kommt (bei 59 Prozent), daß sie keine Kirchensteuer mehr zahlen wollen. Bei 49 Prozent sind es zudem die Aussagen der Kirche zu aktuellen politischen Problemen, die zum Trennungsentschluß führten. Für 41 Prozent ist die katholische Kirche einfach zu reich. Lediglich 32 Prozent nennen als Grund, daß ihnen Religion wenig bedeute.

Mehrere Umfragen ergeben denn auch immer wieder, daß die knappe Hälfte der Deutschen nie betet (im Westen 41, im Osten 68 Prozent). Nicht öfter als »selten« beten 17, »gelegentlich« 21 und »häufig« bloß 15 Prozent. Immerhin: Wenn überhaupt ein Gebet gesprochen wird, dann in der Mehrzahl der Fälle nicht, um etwas zu erbitten (48 Prozent), sondern um sich für etwas Empfangenes zu bedanken (56 Prozent). Ganz unabhängig von Gründen, sozusagen gewohnheitsmäßig, beten 27 Prozent.

Die Esoterik steht eigentlich nicht so gut da, wie ihr publizierter Ruf glauben macht. Zahlreicher noch als die Nicht-Beter sind nämlich diejenigen, die niemals meditieren (81 Prozent). Je acht Prozent versenken sich selten oder gelegentlich, nur drei Prozent gehen häufiger in sich.

Und wenn sie es tun, dann nicht immer als geistige Übung (das ist nur bei 23 Prozent der Meditierer der Fall) oder um sich auf das Wesentliche zu konzentrieren (28 Prozent). Für einige ist Meditation einfach eine Methode der Ablenkung (13), für die meisten schlichte Entspannung (55 Prozent).

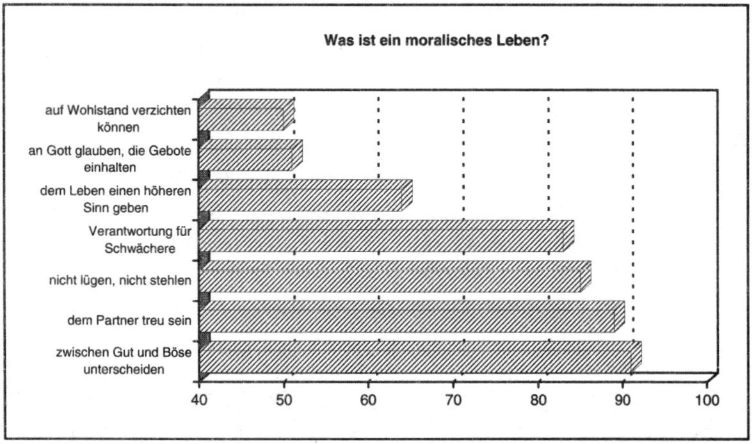

Bleibt bei so viel Weltlichkeit wenigstens eine Art Restmoral? Durchaus, und wenig überraschend bei der oben festgestellten konservativen Mehrheit: 87 Prozent der Deutschen (im Osten sogar 92), und zwar Junge wie Alte, sind der Überzeugung, daß Moral nichts Altmodisches an sich hat. In die Antworten auf die Frage, welche Handlungen zu einem solchen Leben gehören, mischt sich kurioserweise auch etwas Umweltschutz hinein, aber die klassischen Probleme – Gut und Böse, Wahrheitsliebe, der Sinn des Lebens – kommen wenigstens auch vor.

Wieder steht die Partnertreue sehr hoch im Kurs (89 Prozent). Übrigens: 45 Prozent der Deutschen halten die Forderung, unberührt in die Ehe zu gehen, auch nach der sogenannten sexuellen Revolution nicht für übertrieben (noch 38 Prozent der 14- bis 19jährigen denken ebenso). Auch mit den Angaben zur Wahrheitsliebe (85 Prozent) kann der Moralist zufrieden sein. Besonders, wenn er dazu erfährt, daß 63 Prozent beispielsweise das Schwarzfahren ablehnen, von den Jüngeren bis 19 Jahre sogar 86 Prozent. Und 51 Prozent wissen immerhin, daß es göttliche Gebote gibt. Da ist es alles in allem verschmerzbar, daß die genaue Hälfte meint, der Verzicht auf Reichtum gehöre nicht zu einem moralischen Leben.

Hier sind indes zwei Einwände fällig.

Die Antworten kennzeichnen einen Idealzustand, aber die leidige Praxis sieht nicht ganz so glänzend aus. Beispielsweise das Lügen. Im Jahr 1993 haben gelogen: heute vier Prozent, gestern und vorgestern je fünf, vor ungefähr einer Woche elf, vor zwei, drei Wochen sieben, vor einem Monat acht und vor noch längerer Zeit 48 Prozent. Das hätte schlimmer ausfallen können. Jeder zehnte Deutsche hat angeblich noch nie in seinem ganzen Leben gelogen. Zwei Prozent verweigern die Antwort (wohl, um nicht zu lügen).

Und zudem meinen die Menschen heute, wenn sie etwa vom »Bösen« reden, nicht dasselbe wie ein Christ von ehedem. Mit Sünde oder ähnlichem hat dieser Begriff nichts mehr zu tun. 58 Prozent zum Beispiel halten den gegenwärtigen Zustand der Welt für »böse«. Für 73 Prozent hat das »Böse« in den letzten Jahren sogar noch zugenommen. Was verstehen sie darunter? Die Begriffe, die ihnen dazu einfallen, sind vor allem »Krieg« (52 Prozent), »menschliches Versagen« (32 Prozent), »Kriminalität« (30), »Politik, Wirtschaft« (19), dann schon wieder »Umwelt« (17) oder auch »soziale Probleme« (neun Prozent). In diesem Allerlei ist nur an wenigen Stellen ein »Böses« als Schicksal und Unabänderlichkeit herauszulesen.

Nun zum Ende aller Fragen und Umfragen.

Wenn ein Freund oder Verwandter im Sterben liegt, würden nur 20 Prozent ihn einem Hospiz oder Krankenhaus übergeben. 76 Prozent jedoch würden ihn zu Hause bis zu seinem Tod begleiten. Eine selbstlose Aussage und um so bemerkenswerter, als lediglich 18 Prozent der Deutschen selbst einen so langsamen Tod wollen, daß noch Zeit ist zum bewußten Abschiednehmen. Die große Mehrheit (75 Prozent) wünscht sich das Ende schnell, unvorbereitet, abrupt.

Das Bild des Deutschen

Wie ist nun der Deutsche an sich? Die Frage, selbst nach all dem Aufgezählten, bleibt absurd und also ohne Antwort.

Leichter ist es, sich sozusagen einen mittleren Deutschen vorzustellen. Das wäre ein Querschnitt durch Eigenschaften und Gewohnheiten, die man allesamt mit einem gewissen Recht »typisch« nennen darf. Nicht in dem Sinn, als könnte man diesem Deutschen jemals begegnen. Nein, typisch steht hier in anderer Bedeutung: als Bündel von Lichtstrahlen aus 74 Millionen Richtungen. In ihrem Brennpunkt formen sie sich dann doch zu einem Deutschen-Bild. Man kann es sehen, aber nicht anfassen. Man kann es aufstellen, aber nicht mitnehmen. Es ist eine Art Hologramm. Ein sichtbares, nicht existentes Bild: der virtuelle Deutsche.

Und über ihn läßt sich eine ganze Menge sagen.

Er ist eher eine Frau, vermutlich zwischen 20 und 39 Jahren alt. Hat man drei mittlere Deutsche vor sich, so sind gewiß zwei davon verheiratet, und jeder hat nicht mehr als anderthalb Kinder (wenn überhaupt welche). Von Beruf ist er Angestellter (nicht leitend). Sein persönliches Nettoeinkommen beträgt 2 000 bis 2500 Mark im Monat, könnte aber auch weit höher liegen (im Westen) oder darunter (im Osten). Im ersteren Fall hat er 57 000 Mark im Sparstrumpf, im anderen nur 14 000 (und zumeist auf einem Sparkassen-Sparbuch). Die Zinsen davon gehörten eigentlich nicht versteuert, meint er. Er kennt auch jemanden, der das Finanzamt schon mal beschummelt hat; selber hat er es aber noch nie getan.

In vielem findet der Deutsche sein Land vorbildlich für andere, besonders in der Wirtschafts- und Währungspolitik. Einer der Drei findet sogar, hier sei die soziale Gerechtigkeit am schönsten verwirklicht. Trotzdem bewundern alle, gerade in diesem Punkt, die Schweden. Auch ein gewisser Respekt vor der Kultur Frankreichs ist noch zu spüren. Recht eindeutig fühlt sich der mittlere

Deutsche der österreichischen, mit halbem Herzen auch der Schweizer Mentalität verwandt. Österreich ist denn auch sein allerliebstes Ferienland.

Er arbeitet weniger als andere Industrienationen. Aber keiner läßt sich den verdienten Urlaub so viel kosten wie er. Türken und Polen hat er nicht so gern. Tschechen und Ungarn wären ihm in der EG willkommen. Zigeuner, sagt vielleicht einer der drei, sind selber schuld, wenn man sie nicht mag.

Der mittlere Deutsche fährt gern Auto. Aber nicht weiter als 19 Kilometer und nur höchstens 30 Minuten lang. Er macht das mit einer Geschwindigkeit von 38 Stundenkilometern und empfindet dabei große Freude speziell an komfortableren Autos. Wenn er älter wird, kommt er nie mehr in einen Verkehrsstau und findet fast immer einen Parkplatz.

Er strotzt vor Gesundheit. Sicher, er hat schon mal Kopfweh oder – seltener – einen Schnupfen. Aber so gut wie nie eine Mandelentzündung oder Husten mit Auswurf. Auch Appetitlosigkeit ist ihm fremd. Allerdings, seit dem Ozonloch legt er sich nicht mehr ganz so oft in die Sonne zum Bräunen. Als Mann schluckt er mehr Medikamente, speziell gegen Venenleiden und Darmträgheit. Sehr wahrscheinlich hat er eine Lebensversicherung abgeschlossen.

Im Alkoholtrinken läßt sich der mittlere Deutsche von niemandem auf der Welt übertreffen. Zigaretten wiederum raucht von den dreien womöglich keiner, erst ein hinzukommender Vierter.

Jeder zweite Deutsche, sofern männlich, säubert die Wohnung mit dem Staubsauger (sagt er) und putzt jedes zweite Fenster (sagt er auch). Die weibliche mittlere Deutsche sieht das etwas anders. Beide wünschen sich aber, daß in der Wohnung »immer alles blitzt und blinkt«. Das Küchengeschirr waschen sie mit hoher Wahrscheinlichkeit von Hand. In jedem Fall leben sie als Mieter in einer Wohnung. Daß einer für sich allein etwa 35 Quadratmeter beanspruchen kann, ist ein guter Tip.

Die mittleren Mütter gehen fast alle täglich mit ihren Kindern die Hausaufgaben durch (sagen sie). Ihre Kinder würden lieber mit dem Fallschirm abspringen als ein Buch lesen.

Jeder Großstadt-Deutsche wirft täglich zwei Kilo Lebensmittel in den Müll und läßt, ebenso täglich, fünf Badewannen Wasser durch den Abfluß rauschen. Aber brav übergibt er jedes Jahr 30 Kilo Glas dem Container.

Beim Einkaufen nimmt sich der mittlere Deutsche bis zu zwei Stunden Zeit. Zum Frühstück bevorzugt er Erdbeermarmelade, nicht aber Cornflakes. Sein Brotverbrauch pro Jahr ist ein 80-Kilo-Rekord. Morgens und nachmittags trinkt er Kaffee. Fisch ißt er zumeist aus Dosen und als Stäbchen. Er schleckt öfter Vanille- als Schokoladeneis. Er kaut im Jahr 107 Kaugummis.

Um sich nicht zu langweilen, setzt er sich vor den Fernseher, bis zu drei Stunden am Tag. Während er zuschaut, liest er die Zeitung, ißt oder telefoniert. Mit ganzer Aufmerksamkeit folgt er dem Bildschirm erst ab 23 Uhr.

Im großen und ganzen glaubt er fest daran, daß er ein einfaches und bescheidenes Leben führt. Gesetz und Ordnung gehen ihm über alles in der Welt. Er zeigt Fleiß und Ehrgeiz. Er ist seinem Partner treu, hat jedoch daneben »romantische Erlebnisse«. Er lügt selten und meidet das Schwarzfahren. Er tut entschlossen seine Pflicht. In der Politik engagiert er sich nicht mal als Student. Aber sehr wichtig sind ihm Gesundheit, Familie, Liebe und Zuneigung.

Wer möchte einem so gemütlichen, humor-, aber harmlosen Menschen gram sein? Gar Angst vor ihm haben?

Und doch ist es kein unnützer Rat, die Augen offenzuhalten. Denn tief versteckt in den inneren Falten dieses Gemüts lauern der Wunsch nach dem »starken Mann« und eine kleine Lust auf Gewalt gegen Fremdes. Das schöne Bild ist etwas störanfällig: Irgendeine mittelschwere Erschütterung, schon wackelt es. Und dann sieht es plötzlich nicht mehr so schön aus.

Aber du und ich und sie und er – wir sind natürlich alle ganz anders.

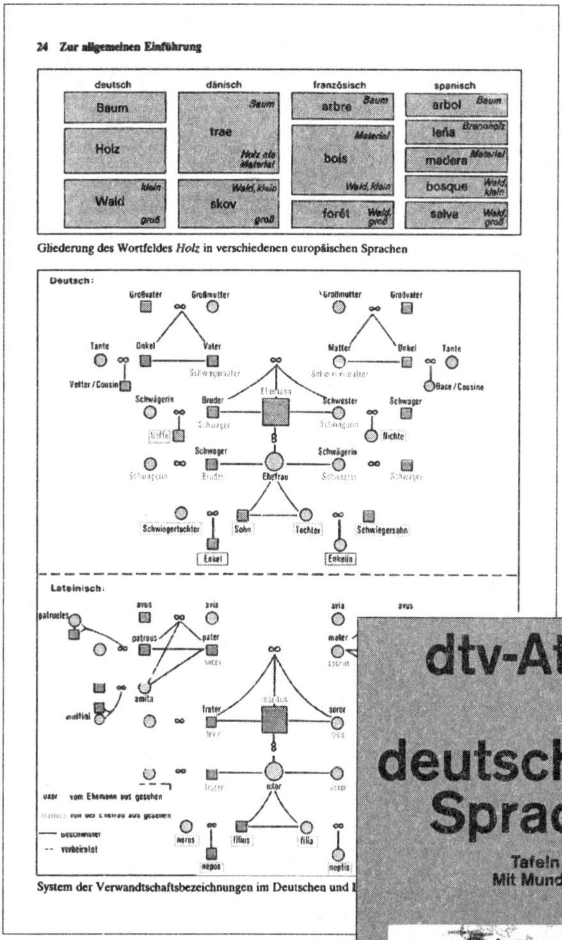
24 Zur allgemeinen Einführung
deutsch
dänisch
französisch
spanisch
Baum
Holz
Wald
trae
skov
arbre
bois
forêt
arbol
leña
madera
bosque
selva
Gliederung des Wortfeldes Holz in verschiedenen europäischen Sprachen
Deutsch:
Lateinisch:
System der Verwandtschaftsbezeichnungen im Deutschen und

dtv-Atlas
zur
deutschen
Sprache
Tafeln und Texte
Mit Mundart-Karten